職人必藏增訂版！

拼布基本圖案集

1050

｜製圖方法｜縫份倒向｜拼接配置｜作品實例｜

PATCHWORK PATTERN 1050

序

　　若能依自己想要的尺寸製圖，創作的空間也會更大。即使沒有原寸紙型，使用方眼格紙也能自由地描繪出圖案！不論是壁飾或包包，都能依自己喜歡的尺寸設計，讓製作原創作品變得更加簡單。本書收錄的1050個圖案，全部皆附有製圖方法、縫份倒向、拼接順序。從初學者到進階者，是拼布愛好者必備的實用聖典。

　　書中以大家耳熟能詳的傳統圖案為主要內容，都是我非常喜歡的圖案，最古老的甚至有在200年前即誕生於美國的圖案，在拼布愛好者手中代代相傳至今。充滿智慧的命名、完美的幾何圖形、美式分割法，在編寫本書時，讓我再次對先人們湧上深深敬意，對創造出令人開心愉快圖案的拼布家們，懷抱著感謝的心情，促使了本書的誕生。

　　此次我增加了新的圖案，進行改版，書中放入我的朋友──法國拼布家瑪麗及我自己的原創圖案。希望各位讀者們也能嘗試看看，將自己輕鬆發想的創意──「製作成屬於自己的圖案！」

　　「只要改變1條線，就能產生如此有趣的圖案！」希望讀者能感受到這樣的想法。也期許本書能成為養分，幫助您製作出屬於自己的圖案集，並且在拼布技藝上有所成長。

製圖‧解説／中嶋由美子

PATCHWORK 拼布美學29

職人必藏增訂版！拼布基本圖案集1050：
製圖方法‧縫份倒向‧拼接配置‧作品實例全收錄

作　　　　　者／BOUTIQUE-SHA
譯　　　　　者／楊淑慧
發　行　人／詹慶和
總　編　輯／蔡麗玲
執　行　編　輯／黃璟安
編　　　　　輯／蔡毓玲‧劉蕙寧‧陳姿伶‧李佳穎‧李宛真
執　行　美　編／韓欣恬
美　術　編　輯／陳麗娜‧周盈汝
出　　版　者／雅書堂文化事業有限公司
發　　行　者／雅書堂文化事業有限公司
郵 政 劃 撥 帳 號／18225950
戶　　　　　名／雅書堂文化事業有限公司
地　　　　　址／新北市板橋區板新路206號3樓
網　　　　　址／www.elegantbooks.com.tw
電　子　郵　件／elegant.books@msa.hinet.net
電　　　　　話／(02)8952-4078
傳　　　　　真／(02)8952-4084

2018年1月初版一刷　定價680元

經銷／易可數位行銷股份有限公司
地址／新北市新店區寶橋路235巷6弄3號5樓
電話／(02)8911-0825
傳真／(02)8911-0801

國家圖書館出版品預行編目(CIP)資料

職人必藏增訂版!拼布基本圖案集1050：製圖方法‧縫份倒向‧拼接配置‧作品實例全收錄 / BOUTIQUE-SHA著；楊淑慧譯.
-- 初版. -- 新北市：雅書堂文化, 2018.1
　面；　公分. -- (拼布美學；29)
ISBN 978-986-302-400-2(平裝)

1.拼布藝術 2.手工藝

426.7　　　　　　　　　　106021515

參考文獻

日文書
「1001 パッチワークデザイン」マギー マローン」《日本VOGUE社》
「アメリカンパッチワーク事典」《小林恵‧文化出版局》
「パッチワーク教室」‧「パッチワーク通信」《パッチワーク通信社》

外文書
「ENCYCLOPEDIA of Pieced Quilt Patterns」《Barbara Brackman American Quilter' Society》

電腦軟體
「ELECTRIC QUILT」‧「Block Base」《エレクトリック キルト社》
http://electricquilt.com
上述軟體在日本的販售公司‧日文語言支援 らせん階段
http://www.rasenkaidan.co

Profile

中嶋由美子

1978年與拼布相遇，向黑羽志壽子老師學習。曾在Patchwork通信社從事編輯及製圖的工作，離職後，目前在中嶋建築設計事務所從事本業的設計工作（一級建築士）。

製圖‧解説／中嶋由美子
封面作品製作／中嶋由美子‧師橋崇子
攝影／綾部年次
版面設計／林 久美子‧小林郁子(P.231至P.246)
編輯／神谷夕加里‧佐佐木純子

PATCHWORK PATTERN 1050

目　錄

※本書為（株）PATCHWORK通信社發行之「パッチワークパターン集1050」，追加全新內容的增訂版。

職人必藏增訂版！拼布基本圖案集1050

本書使用方法

傳統圖案名及分割方法有許多作法，無法斷定怎樣的製作是正確或不正確，所以我們在書中整理出一般廣為人知的方法。拼接方法及縫份倒向沒有絕對的規則，本書介紹簡單且能縫製出美麗成品的方法。

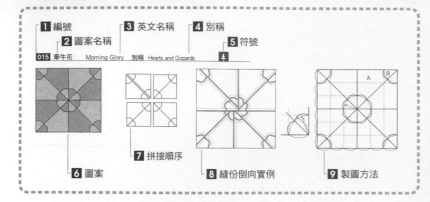

1 編號	3 英文名稱	4 別稱
2 圖案名稱		5 符號
015 牽牛花 Morning Glory 別稱 Hearts and Gizzards		

6 圖案　　7 拼接順序　　8 縫份倒向實例　　9 製圖方法

1　編號＊自001號到1050號，全部圖案皆有編號
2　圖案名稱＊在日本一般通稱的圖案名稱
3　英文名稱＊美國文獻中記載的原文名稱
4　別稱＊同一個圖案若有兩個名稱時，會附註別稱
5　符號＊圖案分成12種種類，標記其關聯性
6　圖案＊正式的圖案完成圖
7　拼接順序＊一般容易拼接的順序
8　縫份倒向實例＊依一般拼接順序進行縫份的倒向
9　製圖方法＊使用正方形及圓形進行製圖

2 圖案名稱

拼布圖案自古從美國的拓荒者時代，經由人們口耳相傳而廣為人知。因此，重新編排的圖案流傳出去後，名字也跟著改變。例如檸檬星這個有名的圖案，聽說原本是叫路夢依星。

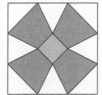 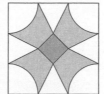

希臘的十字架（1）　　希臘的十字架（2）

3 英文名稱

來自美國的圖案原文名稱。2的圖案名稱是將英文名稱翻譯成容易理解的日文。但像是人名、地名等專有名詞，或是在日本不常見的植物名等，會將英文名以片假名標記。

4 別稱

同一個圖案會有幾個不同的名字。像是偶然地同時出現同一圖案而各自取名的情況，或是好念的圖案名，與原本的圖案名同時並存的情況。本書盡可能地使用一般常見的名稱，其他就以別稱標示。像右方的圖，分割方式不同，而外觀看起來相似時，我們會把它當作是其他圖案。

6 圖案

圖案的分割方法不只限於一種，如果分割的格子數多，紙型的種類會變少，嵌入式縫合處也會減少。但是若拼接處多，縫製時間會增加，縫份多會讓成品變得厚重，無法倒落地收尾。本書選用最合適的比例分割，呈現作品的美感。

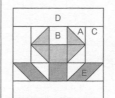 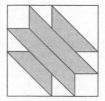 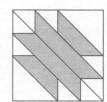

「鬱金香」由A至E，5個拼片組成。也會有連接2片花朵部位三角形A，變成1片的例子。

「鐵砧」的圖案有2種。左邊是正方形沒有接合處，倒落鮮明的感覺。右邊是採分割方法，使用紙型少，不需要作入嵌入式縫合。

通常這會被整理成同1種種類，若是有名的圖案，兩者都會被標記。

 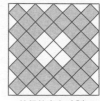 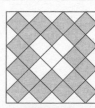

基督教十字（1）　　基督教十字（2）　　煙囪打掃人

5 符號

圖案是由很多元素延伸出來的。像是花，動物及建築物等，表現具體事物的圖案，也有像是喜悅、明暗等將沒有形體的抽象感覺圖案。在此我們分成12種符號標示，什麼樣的圖案與什麼有關聯，讓人一看就能懂。請符號當作配色及製作作品的參考吧！

建築物　除了有名的校舍及山中小屋外，還有公園及橋樑等人類製作的大型建築物。

幾何學　從三角拼圖、四方形衍生出來的圖形。也包含「L拼片」的字母。

自然　表示下雪或暴風雨等天氣及春夏等季節。還有山脈、河川、海邊、草原等雄偉的地形。

宗教　雅各及約翰等聖經上出現的人名。十字架、祭壇等的宗教儀式上使用的工具也會標上此符號。

用品　杯子或籃子等生活用品，也包含車子或船等交通工具。為了讓生活更加豐富，人類製作出來的用品。

植物　受到古今的女性喜愛的花朵，是圖案中種類最多的項目。其他也有樹木、草、藤蔓植物等。

星星　在取名月亮、太陽等的天體名稱時，會以星星的印象取名，像是○○星。

抽象　喜悅、喜歡等表達感情的詞彙。或是繁榮、封鎖等沒有具體形體的常見詞彙。

生物　動物、昆蟲、鳥等植物以外的所有生物們。像是連續的直角三角形組成海鷗及飛雁等有名的候鳥圖案。

人物　○○阿姨、蘇珊娜、××滑雪阿姨等，以親近的家人及好朋友的名字來取名，是充滿愛的圖案。

地名　美國的州及都的名字，或小都市及村莊名。

其他　屬於任何種類會歸在其他類。豐收祭，百年紀念會等重要節日的名子，也屬於此類別。

7 | 拼接順序

圖案的拼接順序沒有「正確答案」。雖然說，從邊緣一片一片依序嵌入縫合，也能完成。但這種方式不太適合，無法完美地拼接作品。因此，本書將拼接片數控制在最少量，思考出可以簡單縫製的方法。另外，若有幾個方塊需要接在同一拼片上，請先製作各個方塊後再拼接。

ABCD～的字母，會同時顯示紙型的種類及縫合順序。雖然沒有一定要依標示的順序縫合，請當作參考標準。

1 從小拼片開始整理

盡可能以直線方式拼接，訣竅是從小拼片開始整理。「與製圖時畫線的順序相反方向拼接」。舉俄亥俄之星為例，整體分割成九等分後再分成兩等分。拼接時，先拼接三角形後，製作9個正方形，再將各個布塊連結起來。

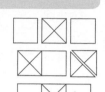

俄亥俄之星

2 嵌入縫合時的注意事項

縫合六角形的拼片時，需要作嵌入式縫合。被嵌入側的凹角縫至成品線的記號處後進行回針縫，可以讓布不亂滑動。

相反地，若不作嵌入式縫合而進行直線縫合時，每片倒向的縫份先縫合至布邊，縫份就不會移動，背面也能保持整齊。

嵌入式縫合

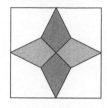
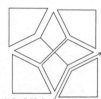

嵌入式縫合

3 細長形拼片用於貼布縫及刺繡

花朵圖案中，莖部的寬在1cm以下時，以貼布縫呈現的話比較漂亮。貼布縫的步驟會在拼接前完成。依尺寸不同，需要拼接更細的拼片時，以輪廓縫刺繡的方式處理。

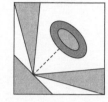
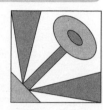

8 | 縫份倒向

為了煩惱不知道如何處理縫份的讀者們，我們舉例以圖示說明，依拼接順序與一定的規則處理縫份。倒向的縫份與下一片拼片一起縫合，如此一來，縫份就能整齊服貼。另外，也有將全部拼片縫合至記號處，順時針就全部以順時針同一方向倒向的「風車倒向法」。此方法是先將拼片全部縫合後再自由地倒向，優點是縫份不會偏掉。本書只有在縫份集中時會採用「風車倒向法」。以下介紹本書的縫份倒向規則。

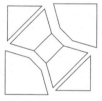

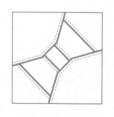

1 往想要強調的拼片側倒向。倒向時注意重疊部分不要太多。

右方的圖案，為了強調X圖形與中心的正方形，往A與C側倒向。但是這樣會讓中心的正方形縫份過於集中，所以只有2邊部分往外側倒向。例外的情況是，若想要強調的那側布料是白色，縫份會穿透，往顏色深的布料側倒向。

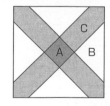
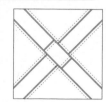

2 往外側倒向

細長帶狀的拼片連續排列時，避免縫份重疊，不要在意圖案排列，外側就往外側倒向。小木屋、法院階梯、鳳梨等，中心是小拼片，由中心往外側倒的方式，縫份處理才能俐落收尾。

小木屋　　鳳梨

3 圓弧往內側倒

圓弧不考慮圖案形狀全部皆往內側倒。若是要往反方向倒，就需要開牙口，會容易纏線。但是，在連接雙重婚戒的圖案時，縫合至記號處，往圓弧的外側倒向，可以強調婚戒圖案。

雪球　　　　雙重婚戒

4 往相同方向倒

若縫份容易重疊，統一一方向倒向，使背面看起來整齊。另外，若中心處的角集中，如右圖，以各1／2的量往同一方向倒向，最後在中心接合。這樣中心不用打洞，就能將縫份重疊控制在最小範圍。

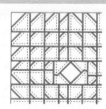
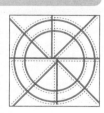

5 風車倒向法

邊角縫份集中時，先縫合到記號處，縫份同一方向倒向，展開中心的縫份。俗稱風車倒向法。本書中有特別細小的角度集中圖案時，或是有凹凸的圓弧一次拼接時，會採用此倒向法。

有凹凸的圓弧　　角度集中的圖案

▶▶▶ 製圖基本篇

工具

製圖不需要使用很多的工具。比起使用量角器及模板等方便的工具，只以圓規及量尺製圖反而能正確地畫出適合的圖案。本書不使用現成的紙型，希望大家能自己能作出不同圖案的製圖。因此先從描繪正方形及正三角形這樣的基本圖案開始吧！

●量尺
使用於製圖的量尺，主要是使用於畫線。避免畫歪或是缺角。

●鉛筆
請準備尖頭的鉛筆。線如果太粗，紙型就會不太準確。自動鉛筆能隨時畫出細線。

●方眼格紙
畫圖的紙使用白紙也沒關係，使用方格紙會比較方便。但是要注意標示不準確的情況。

●三角量尺
三角量尺通常是以2片為1組販賣，只要有其中一片就可以。三角量尺在畫直角使用，其中一方有方眼格，會比較方便。本書推薦使用的製圖工具。

●圓規
正確製圖的最重要工具。注意圓規筆芯固定沒有鬆動，筆芯保持尖頭。
本書推薦使用製圖專用的圓規。

紙型作法

① 將完成製圖的圖案作成紙型吧！最簡單的方法是在附有方格的厚繪圖用紙上製圖後直接裁切的方法。只要簡單的步驟紙型就完成了！但是繪圖用紙的標示容易不準確，請當作參考使用。

② 在普通用方格紙及白色紙上製圖時，貼在厚紙上，裁切有需要的紙型。使用紙張用白膠，可以讓紙平滑地貼合不產生皺褶。直線以美工刀裁切，線會比較漂亮。

③ 三角形的拼片在作上記號時，邊角會變圓。厚紙的角貼上透明膠帶補強。
塑膠製的專用墊也是製圖時的好工具。

製圖方法的基本功

● 從外框開始分割

4拼片

旋轉門
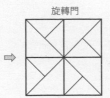

荷蘭風車
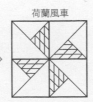

一邊分成2等分，連接各自的點，裁切出需要的紙型。

製作4拼片後，各邊在分割，連接各個點。

將分割好的拼片再均分，取出需要的紙型。

9拼片

雙9拼片

野餐花束

畫出喜歡的大小，一邊分成3等分，連結交叉點。

將分割好的中一格正方形再分成3等分，畫出小格子。

將四個角的正方形分成3格，製作需要的紙型裁切。

● 基本的製圖方法

再怎麼樣困難的圖案，都是由正方形、三角形、八角形等基本的圖形組成。將基本形狀分成2等分、3等分的方式，製作出複雜的圖案。先記住基本多角形的製圖及分割方法吧！

製作直角

 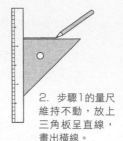

1. 製作正方形時，首先要畫出正確的直角。先畫出基準的線吧！

2. 步驟1的量尺維持不動，放上三角板呈直線，畫出橫線。

3. 完成直線。基準線先畫長一點，之後調整時擦掉。

畫平行線

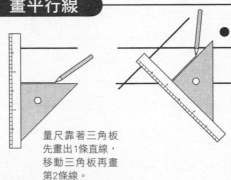

● 平行四邊形的畫法

量尺靠著三角板先畫出1條直線，移動三角板再畫第2條線。

先畫出平行線，將量尺擺放至自己喜歡的角度，與三角板相靠，移動三角板再畫上2條線。以這個方法可以畫出想要的平行線條數。

一邊分成2等分

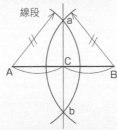

線段

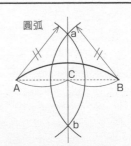

圓弧

AB線段分2等分的方法。從AB各點，以任意的半徑（適當的長度）畫出2個弧形，將交會的交點ab連接則得到C。圓弧的2分法也是相同方法。

一邊分成3等分

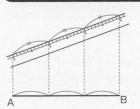

從AB兩點往上上方畫出垂直線，在3的倍數位置上（像是30cm等等），將量尺斜放，每10cm取一點，畫出垂直線。

角度分成2等分

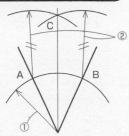

任何角度都可以，從AB上以任意的半徑（適當的長度）畫出圓弧，連接交點C與圓的中心後，分成2等分。

● 試著自己製圖吧！

如果自己會製圖，就能製作任何圖案及喜歡的尺寸。除了原創作品外，參考本書製作作品時，也能變換尺寸，與其他圖案一起搭配。開始習慣自己製圖後，自然而然地學會製圖的基本功，可以享受創作圖案及搭配變化現成圖案的樂趣，讓作品能更上一層樓。

正方形

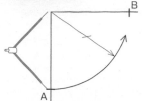 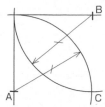 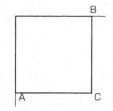

1. 以左頁畫出直角的方法畫兩邊，以正方形一邊的長度畫圓弧。

2. 從1的圓弧交點AB處，各自以相同長度畫上圓弧，得到交點C。

3. ABC連接起來就完成了！改變1的半徑就可以畫出想要的正方形尺寸。

正三角形

● 菱形

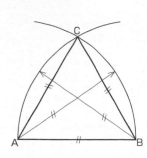 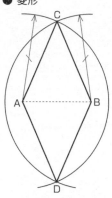

決定三角形一邊的長度AB，此長度作為半徑，以AB點為中心，畫出圓弧，連接交點C。

從線段AB點，依想要的長度畫圓弧，得到交點C，在相反側得到交點D，連接各點。

正六角形

① ② ③

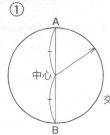 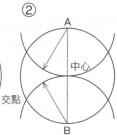 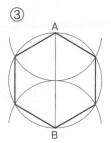

以喜好的長度作為直徑畫圓。這個長度會成為六角形長側的寬度。

畫出通過圓中心的線，以交點AB為中心，用相同的圓半徑畫出圓弧。

②圓的外圈與圓弧的4個交點與AB相連，完成六角形。

● 運用正六角形製作的圖案

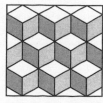　　寶寶益智積木　　　指示之星　　　旋轉三角　

正八角形

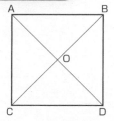 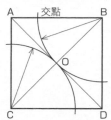 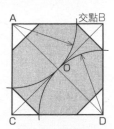

1. 畫出與八角形一樣大小的正方形，角與角相連，畫出對角線。

2. 以BC的角為中心，取能通過對角線交點O的長度，以圓規畫出2條圓弧

3. 各自以AD的角為中心，取能通過對角線交點O的長度畫出圓弧，將各點連起來後完成八角形。

● 描繪檸檬星

 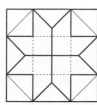 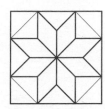

1. 依上圖的重點畫出正方形，自各點往斜向對邊方向畫線。

2. 上下兩處與左右兩處的點各自連接，畫出檸檬星的外框。

3. 連上星星的內側的點，畫出各拼片。不需要的線之後再擦掉。

圓

● 1/4圓　　　　● 1/4圓分成3等分

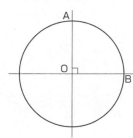 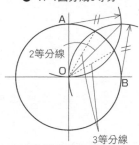

畫圓，穿過中心畫出一條線A。與線B呈直角。

依左方的重點將圓分割成1/4，自AB點畫出通過中心O的圓弧，連接交點。

圓弧的畫法

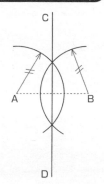 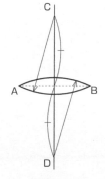 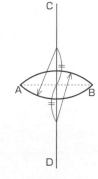

1. 畫出圓弧的方法。AB點為中心，以任意的半徑長畫出圓弧，接下來再畫出垂直線CD。

2. 垂直線CD上，從隨意的一個點，畫出通過A的圓弧。相反側也依相同長度畫出圓弧。

3. 將圓弧的半徑改短，就能畫出帶圓的弧形，改長則會變成被壓平的弧形。

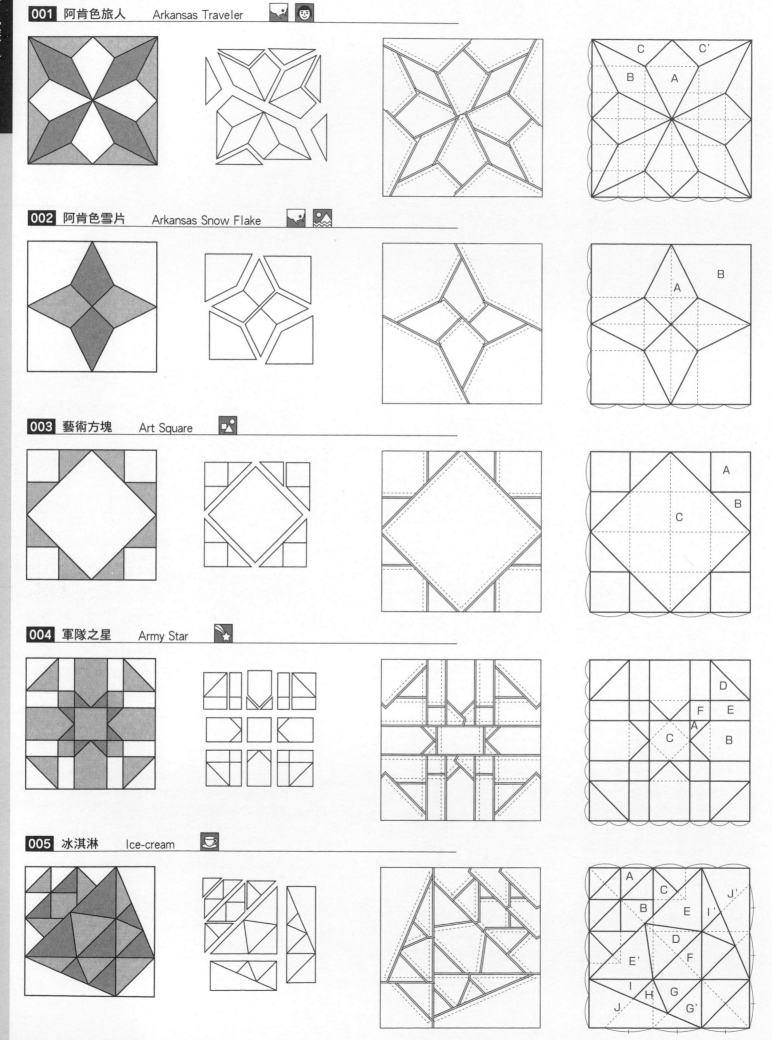

001 阿肯色旅人　Arkansas Traveler

002 阿肯色雪片　Arkansas Snow Flake

003 藝術方塊　Art Square

004 軍隊之星　Army Star

005 冰淇淋　Ice-cream

006 冰淇淋甜筒　Ice-cream Corn

007 愛麗絲　Iris

008 綠色火炎　Blue Blazes　others

009 秋色　Autumn Tines

010 秋葉　Autumn Leaves

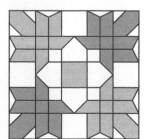
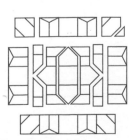
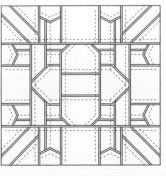
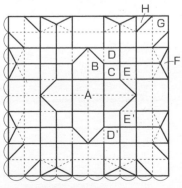

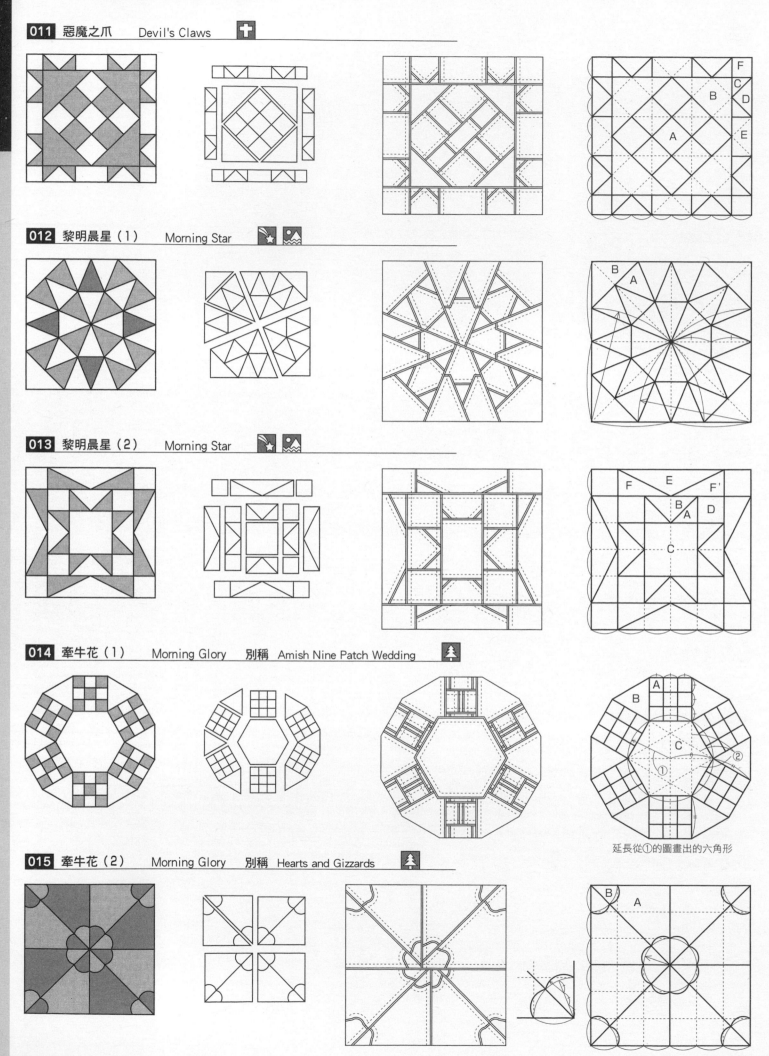

011 惡魔之爪　Devil's Claws

012 黎明晨星（1）　Morning Star

013 黎明晨星（2）　Morning Star

014 牽牛花（1）　Morning Glory　別稱　Amish Nine Patch Wedding

延長從①的圖畫出的六角形

015 牽牛花（2）　Morning Glory　別稱　Hearts and Gizzards

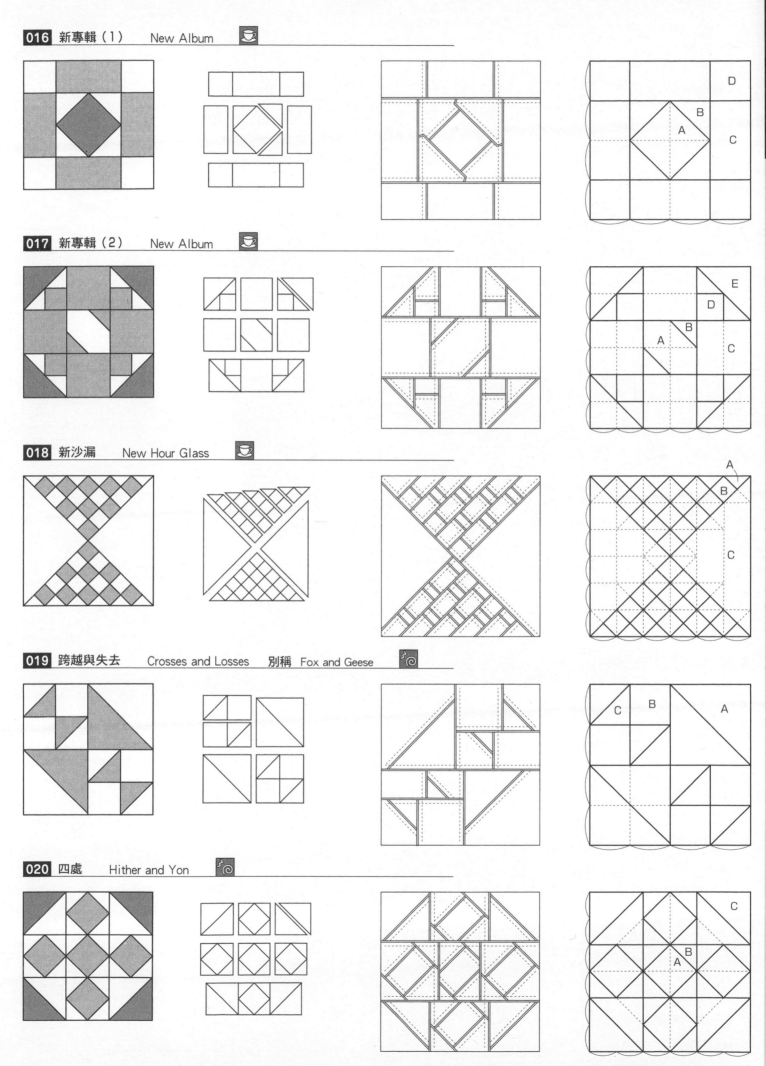

016 新專輯（１）　New Album

017 新專輯（２）　New Album

018 新沙漏　New Hour Glass

019 跨越與失去　Crosses and Losses　別稱　Fox and Geese

020 四處　Hither and Yon

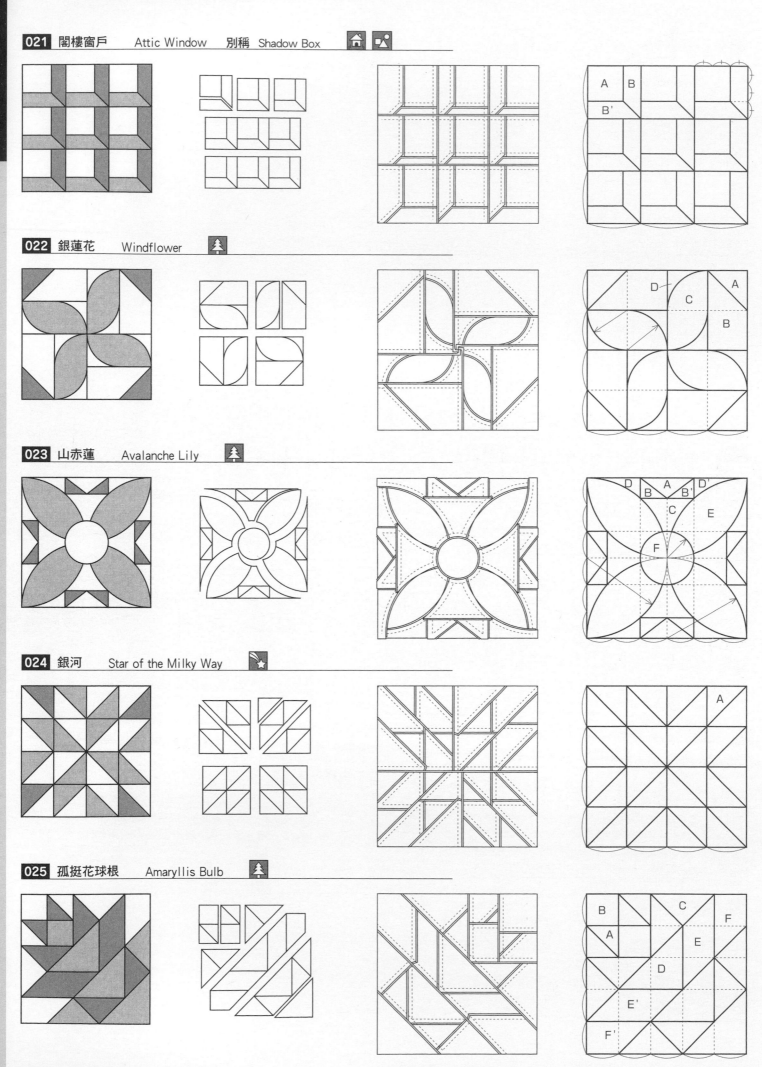

021 閣樓窗戶　Attic Window　別稱　Shadow Box

022 銀蓮花　Windflower

023 山赤蓮　Avalanche Lily

024 銀河　Star of the Milky Way

025 孤挺花球根　Amaryllis Bulb

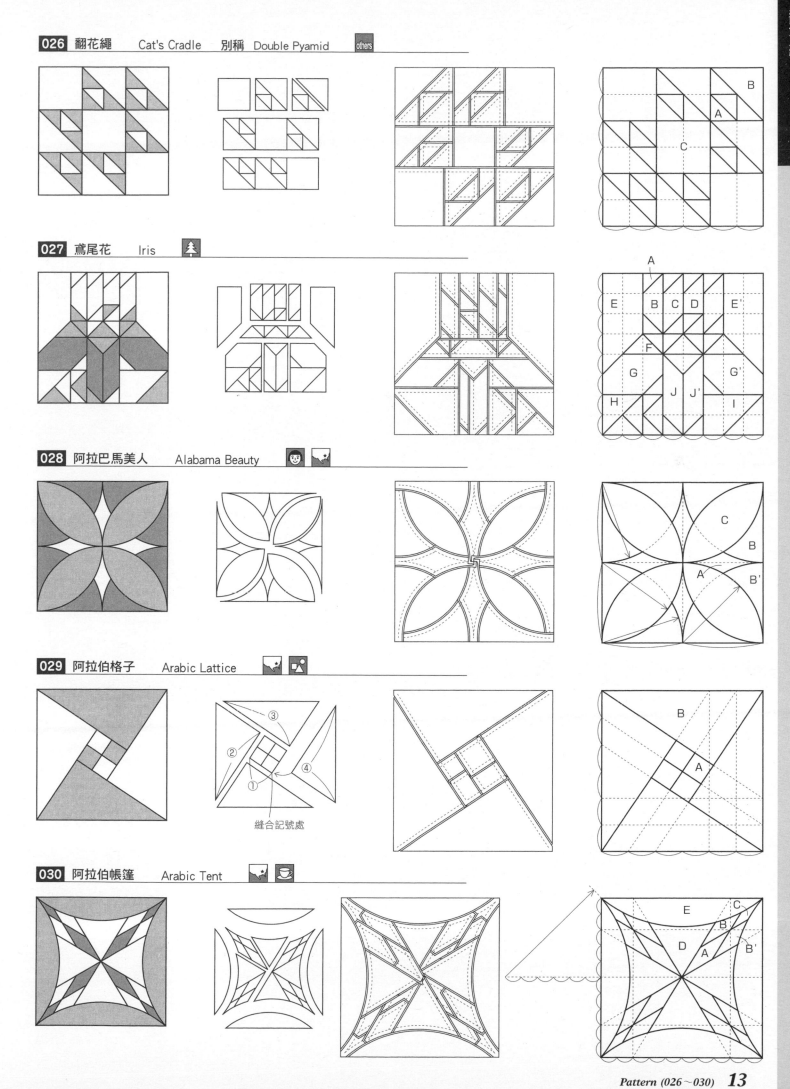

026 翻花繩　Cat's Cradle　別稱　Double Pyamid　others

027 鳶尾花　Iris

028 阿拉巴馬美人　Alabama Beauty

029 阿拉伯格子　Arabic Lattice

縫合記號處

030 阿拉伯帳篷　Arabic Tent

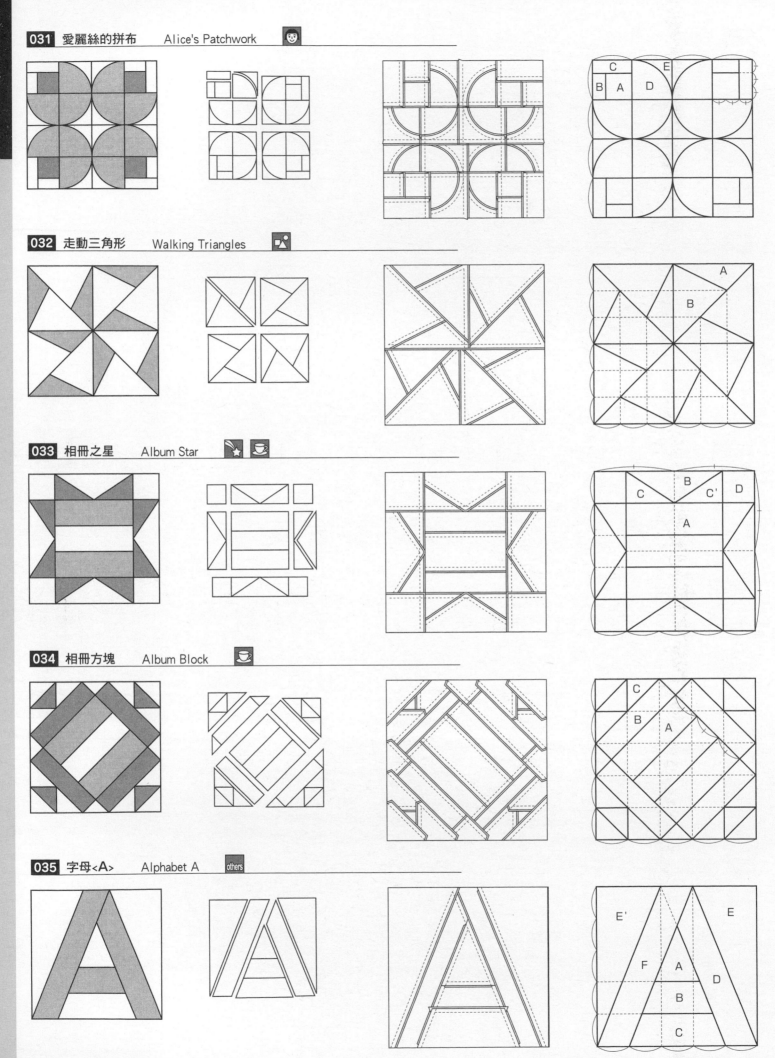

031 愛麗絲的拼布　Alice's Patchwork

032 走動三角形　Walking Triangles

033 相冊之星　Album Star

034 相冊方塊　Album Block

035 字母<A>　Alphabet A

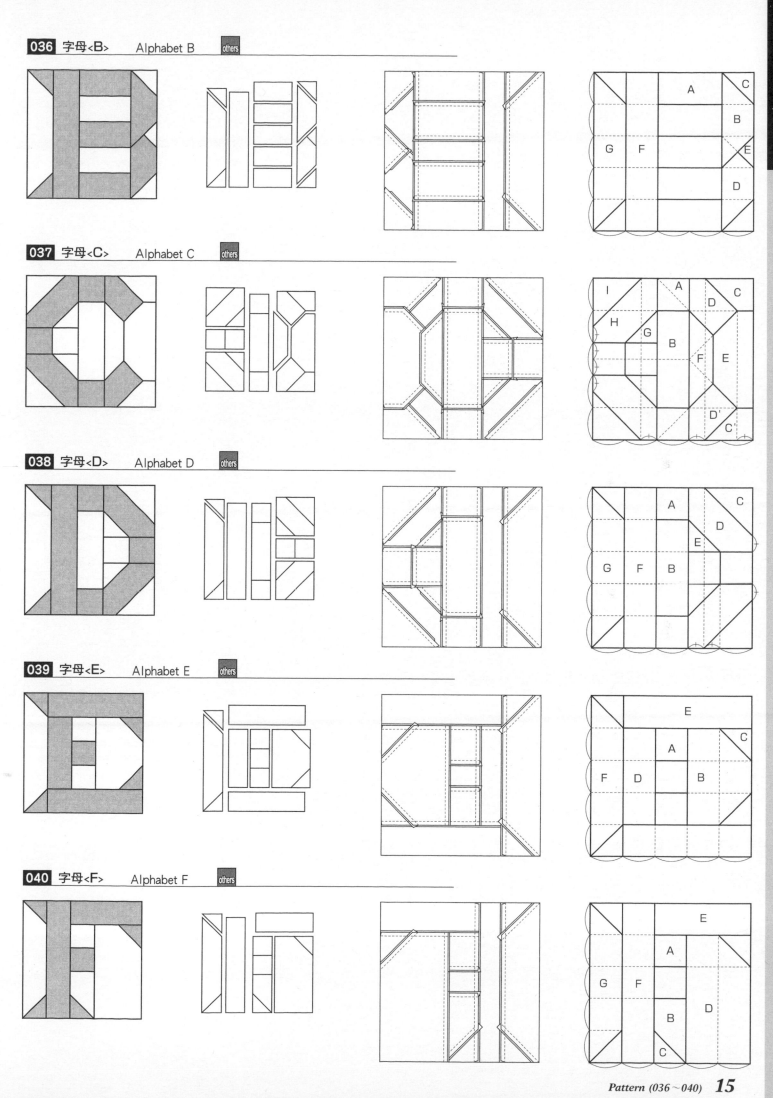

036 字母＜B＞　　Alphabet B　　others

037 字母＜C＞　　Alphabet C　　others

038 字母＜D＞　　Alphabet D　　others

039 字母＜E＞　　Alphabet E　　others

040 字母＜F＞　　Alphabet F　　others

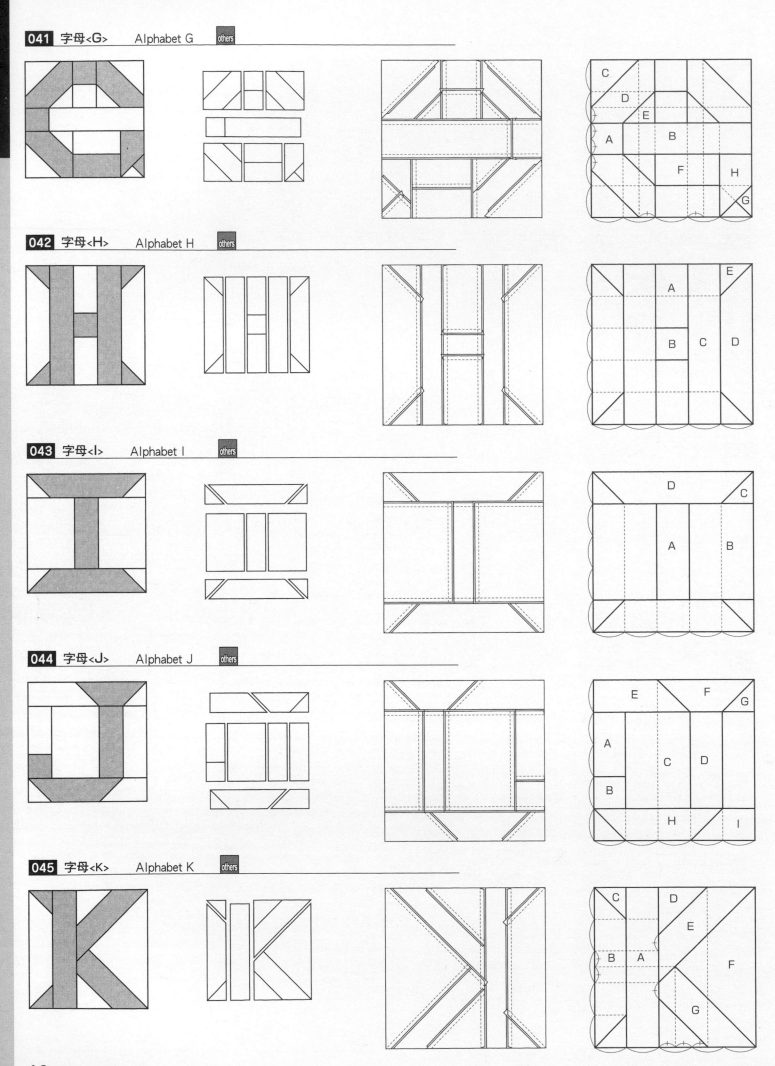

041 字母⟨G⟩ Alphabet G others

042 字母⟨H⟩ Alphabet H others

043 字母⟨I⟩ Alphabet I others

044 字母⟨J⟩ Alphabet J others

045 字母⟨K⟩ Alphabet K others

046 字母<L>　　Alphabet L　others

047 字母<M>　　Alphabet M　others

048 字母<N>　　Alphabet N　others

049 字母<O>　　Alphabet O　others

050 字母<P>　　Alphabet P　others

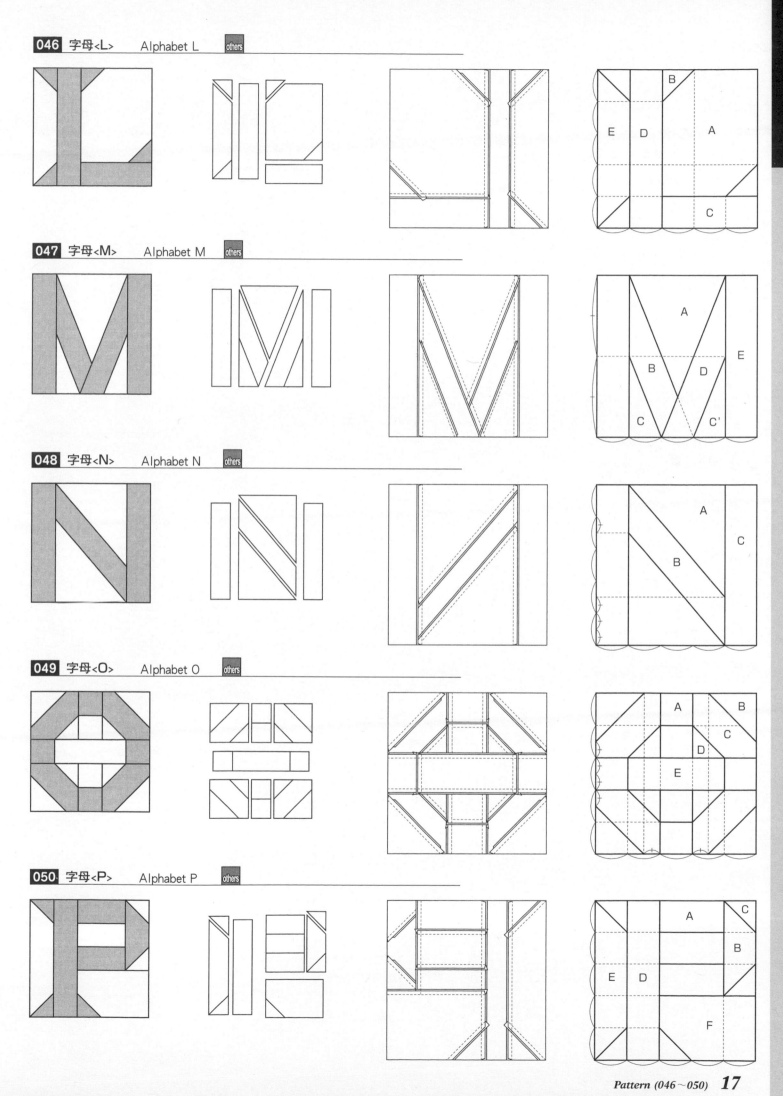

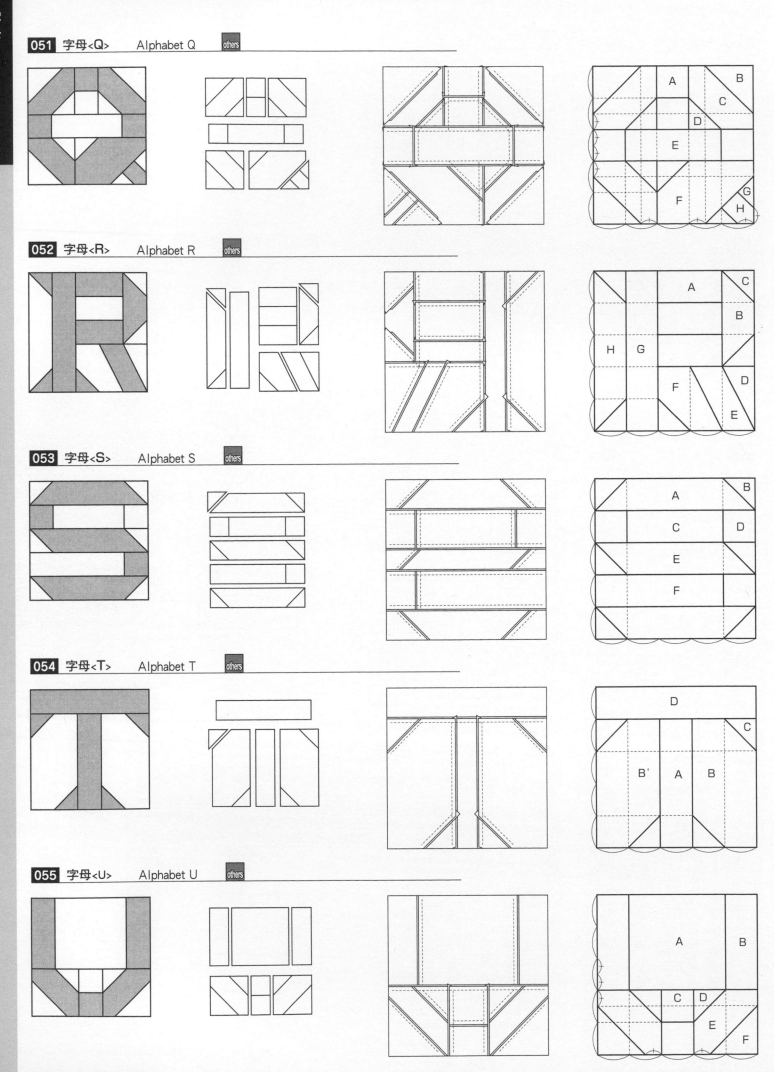

051 字母<Q>　　Alphabet Q　others

052 字母<R>　　Alphabet R　others

053 字母<S>　　Alphabet S　others

054 字母<T>　　Alphabet T　others

055 字母<U>　　Alphabet U　others

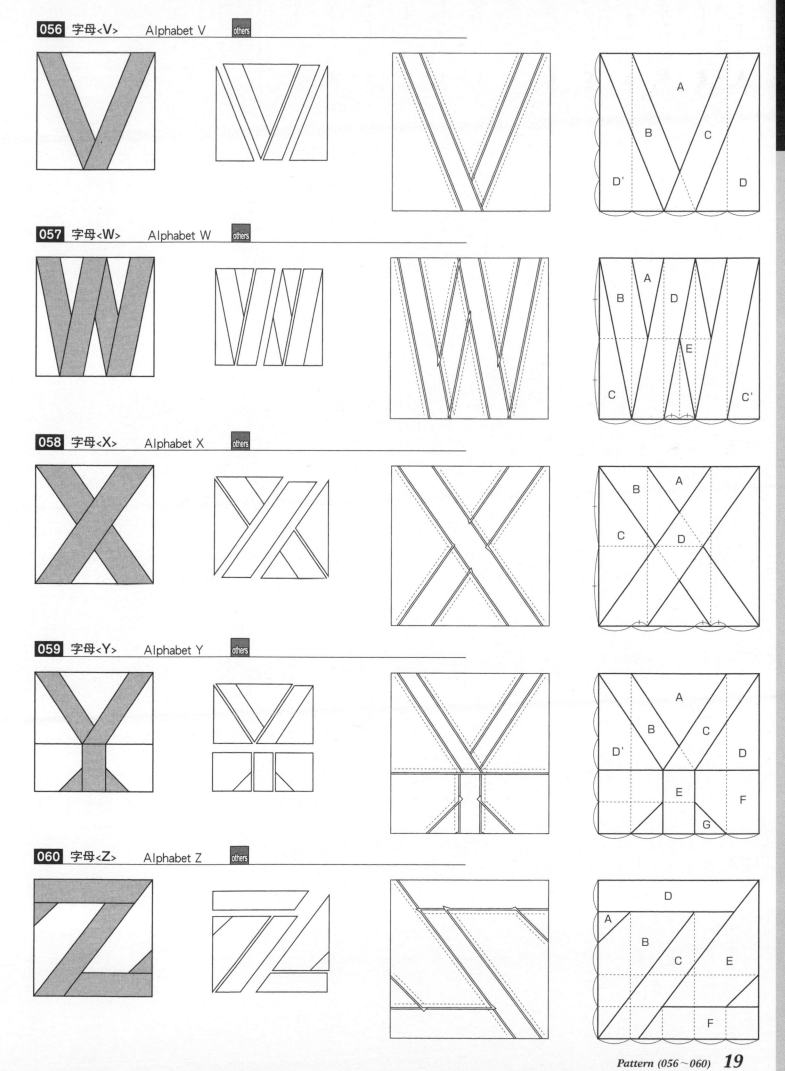

056 字母＜V＞　　Alphabet V　〔others〕

057 字母＜W＞　　Alphabet W　〔others〕

058 字母＜X＞　　Alphabet X　〔others〕

059 字母＜Y＞　　Alphabet Y　〔others〕

060 字母＜Z＞　　Alphabet Z　〔others〕

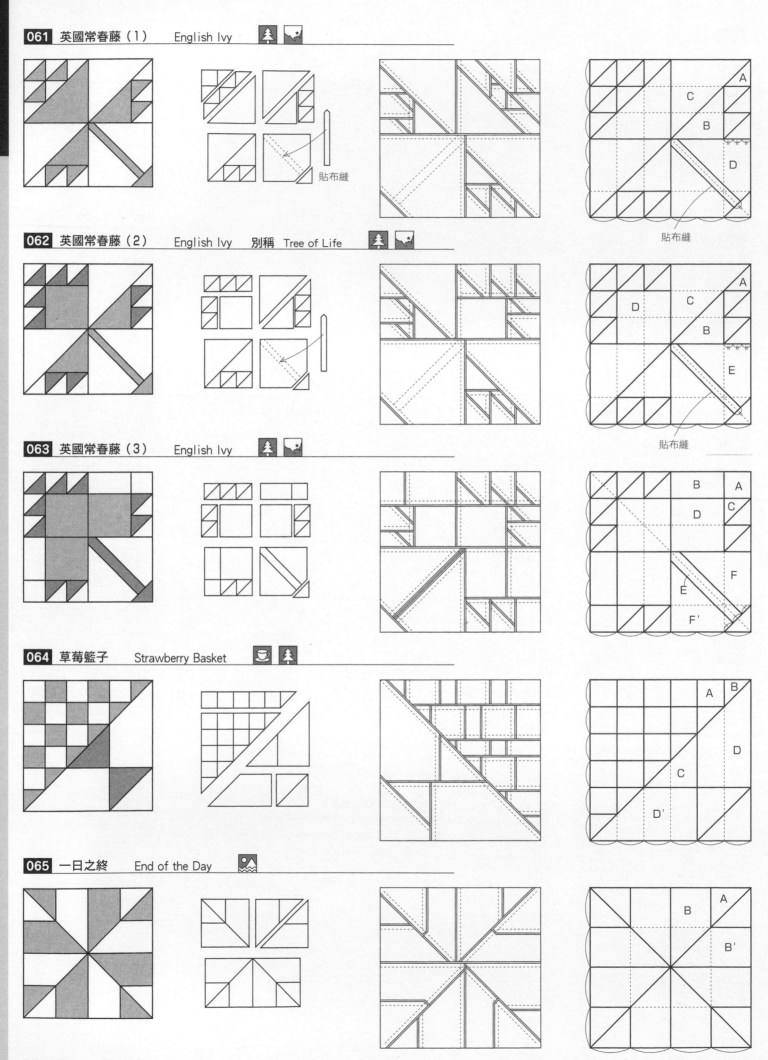

061 英國常春藤（1）　English Ivy

062 英國常春藤（2）　English Ivy　別稱　Tree of Life

063 英國常春藤（3）　English Ivy

064 草莓籃子　Strawberry Basket

065 一日之終　End of the Day

貼布縫

A
C
B
D

貼布縫

A
D
C
B
E

貼布縫

B　A
D　C
E
F
F'

A　B
D
C
D'

B　A
B'

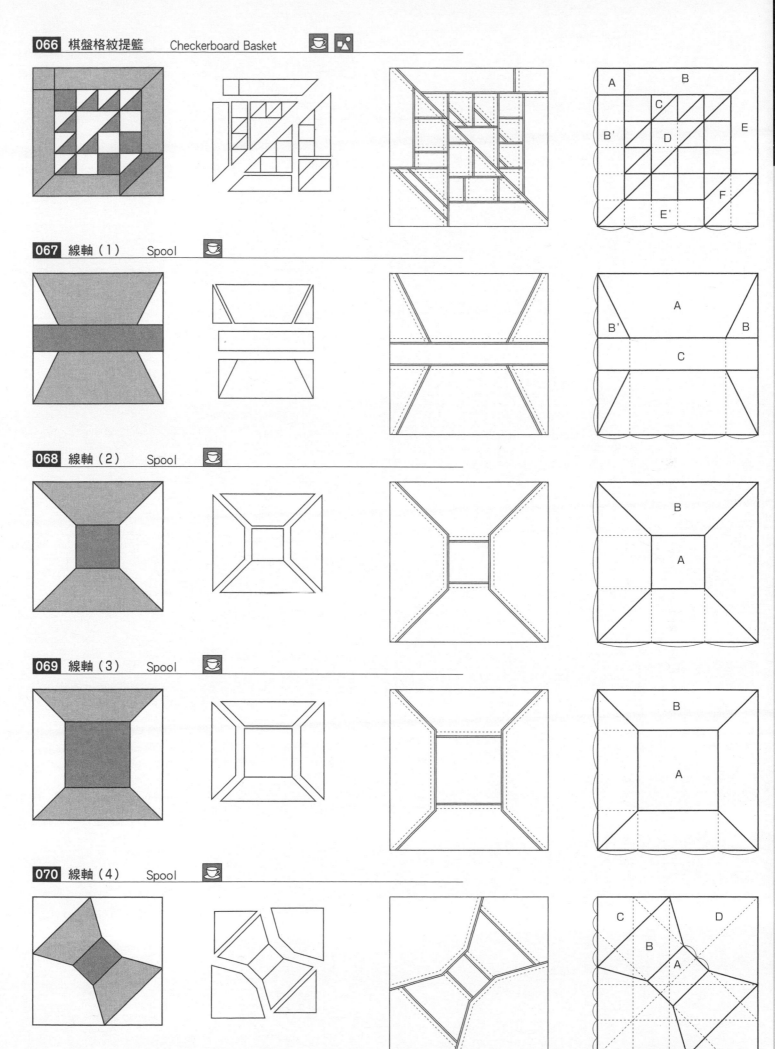

066 棋盤格紋提籃　Checkerboard Basket

067 線軸（1）　Spool

068 線軸（2）　Spool

069 線軸（3）　Spool

070 線軸（4）　Spool

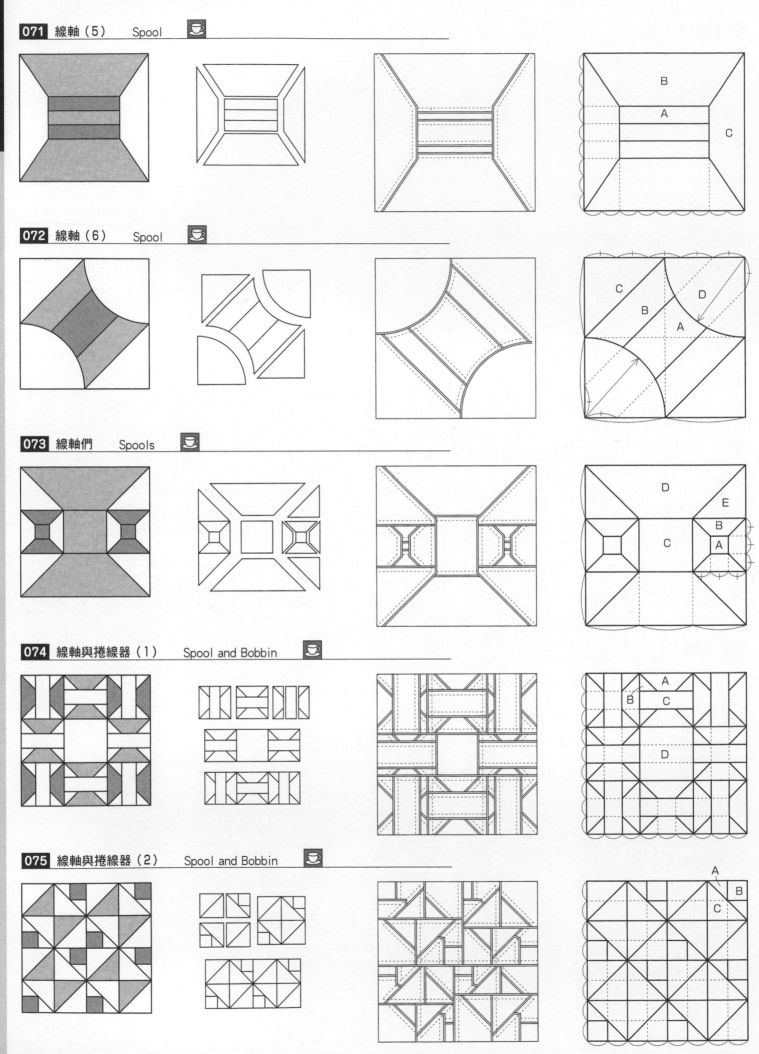

071 線軸（5） Spool

072 線軸（6） Spool

073 線軸們 Spools

074 線軸與捲線器（1） Spool and Bobbin

075 線軸與捲線器（2） Spool and Bobbin

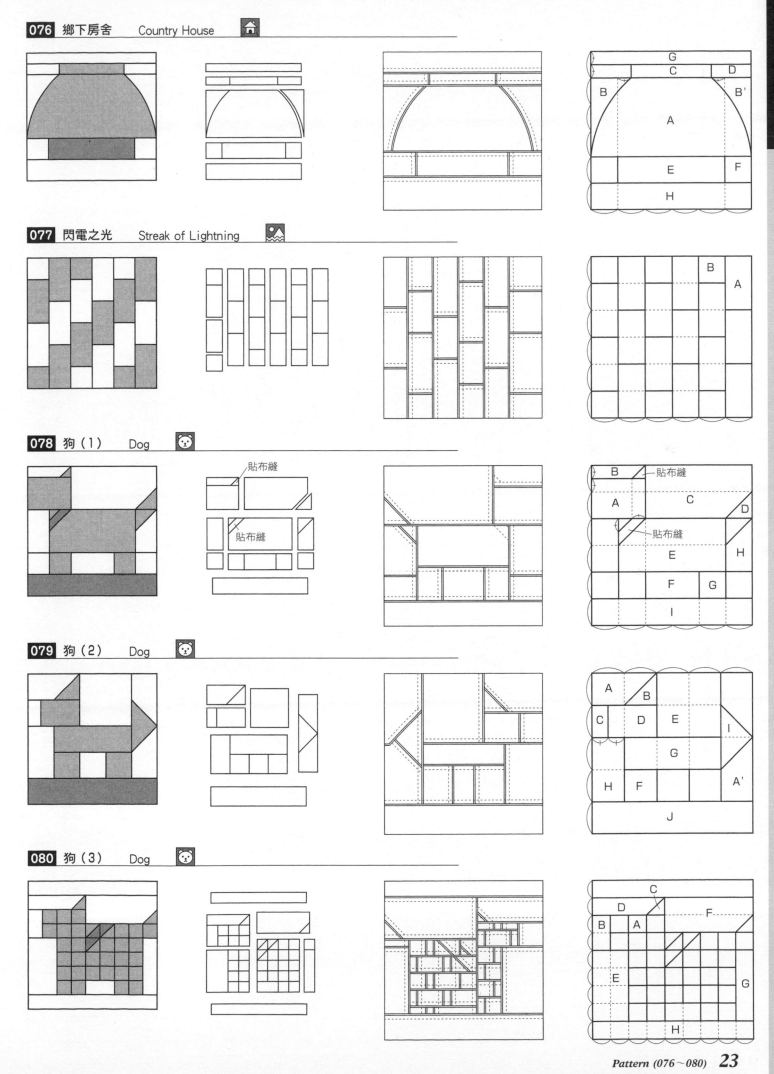

076 鄉下房舍　Country House

077 閃電之光　Streak of Lightning

078 狗（1）　Dog

貼布縫
貼布縫

079 狗（2）　Dog

080 狗（3）　Dog

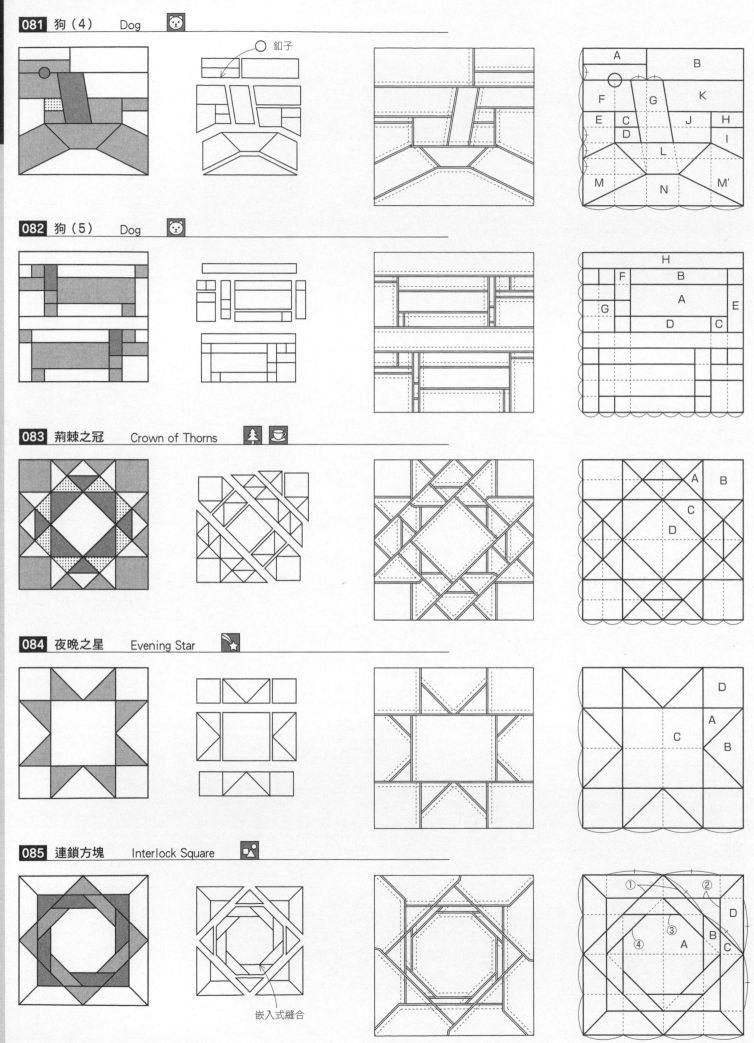

081 狗（4） Dog

○ 釘子

082 狗（5） Dog

083 荊棘之冠 Crown of Thorns

084 夜晚之星 Evening Star

085 連鎖方塊 Interlock Square

嵌入式縫合

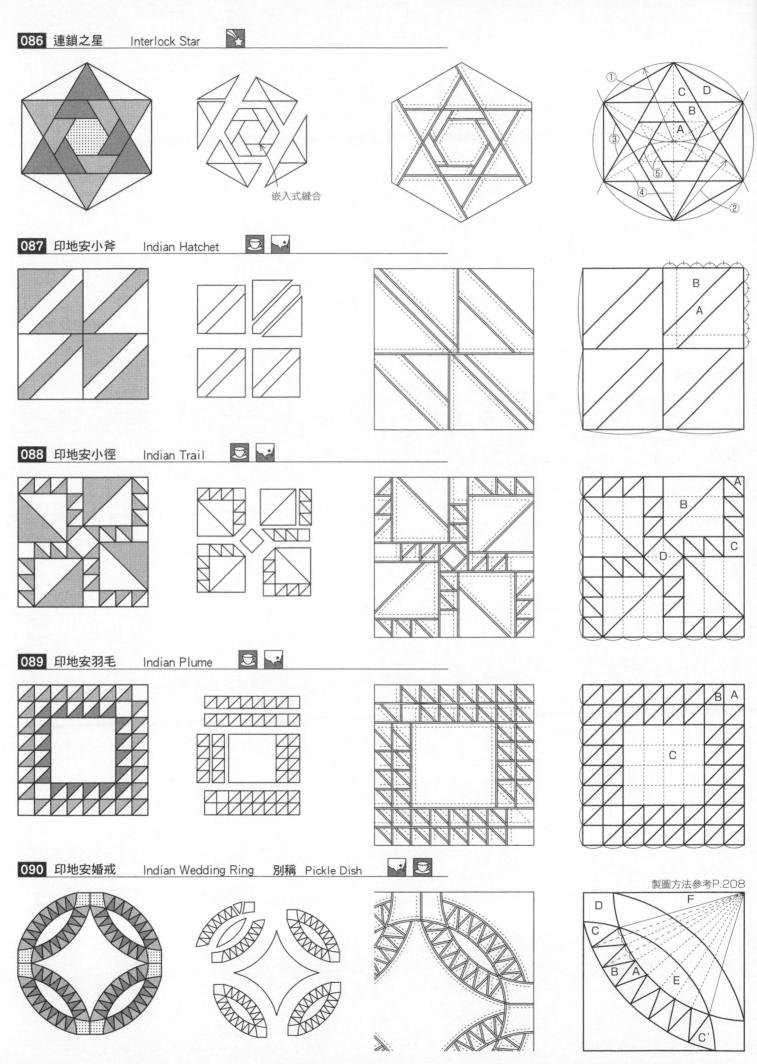

086 連鎖之星　Interlock Star

嵌入式縫合

087 印地安小斧　Indian Hatchet

088 印地安小徑　Indian Trail

089 印地安羽毛　Indian Plume

090 印地安婚戒　Indian Wedding Ring　別稱　Pickle Dish

製圖方法參考P.208

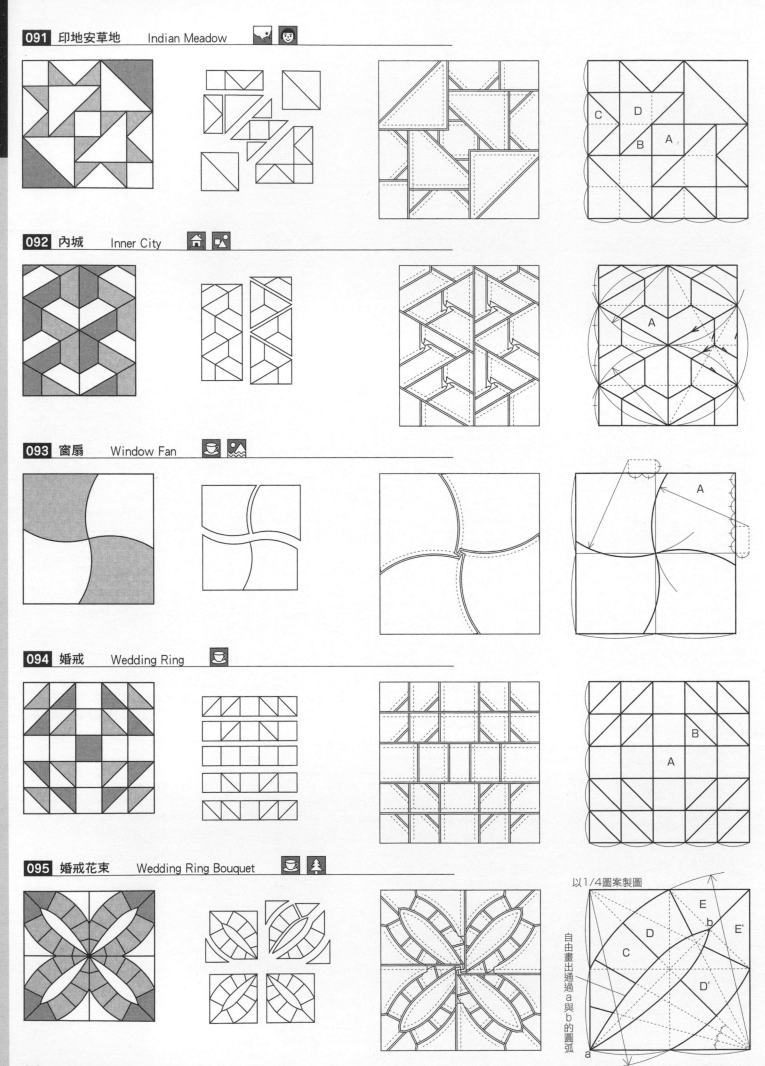

091 印地安草地　　Indian Meadow

092 內城　　Inner City

093 窗扇　　Window Fan

094 婚戒　　Wedding Ring

095 婚戒花束　　Wedding Ring Bouquet

以1/4圖案製圖

自由畫出通過 a 與 b 的圓弧

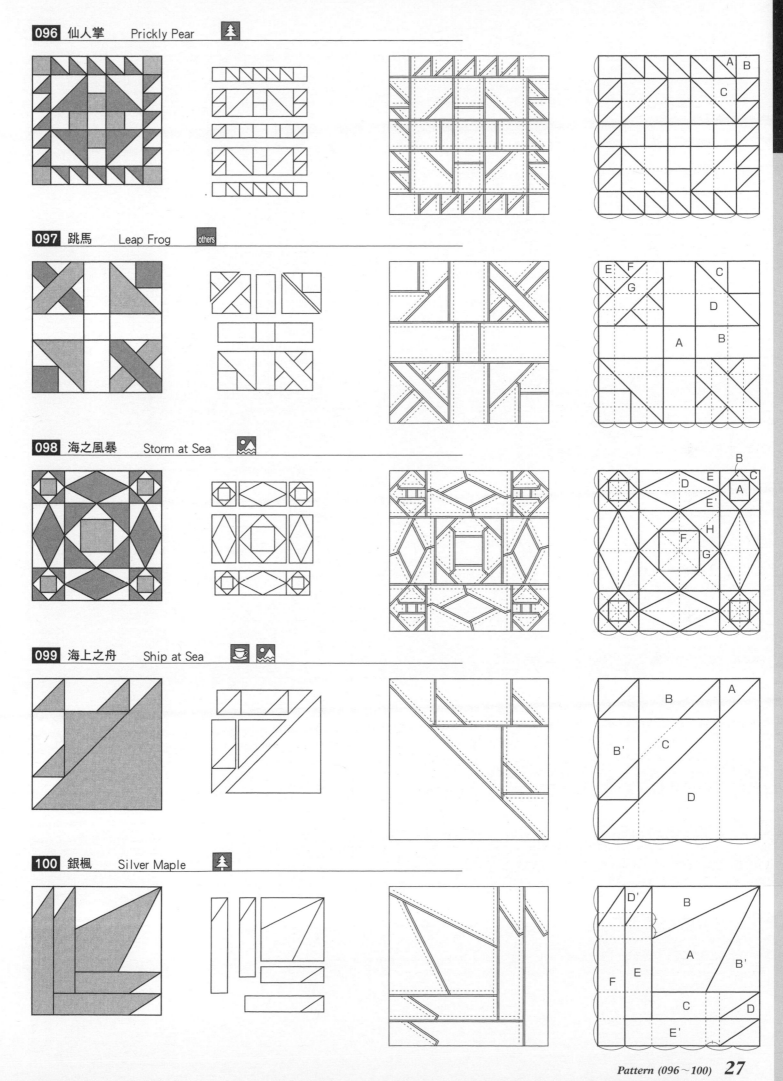

096 仙人掌　Prickly Pear

097 跳馬　Leap Frog　others

098 海之風暴　Storm at Sea

099 海上之舟　Ship at Sea

100 銀楓　Silver Maple

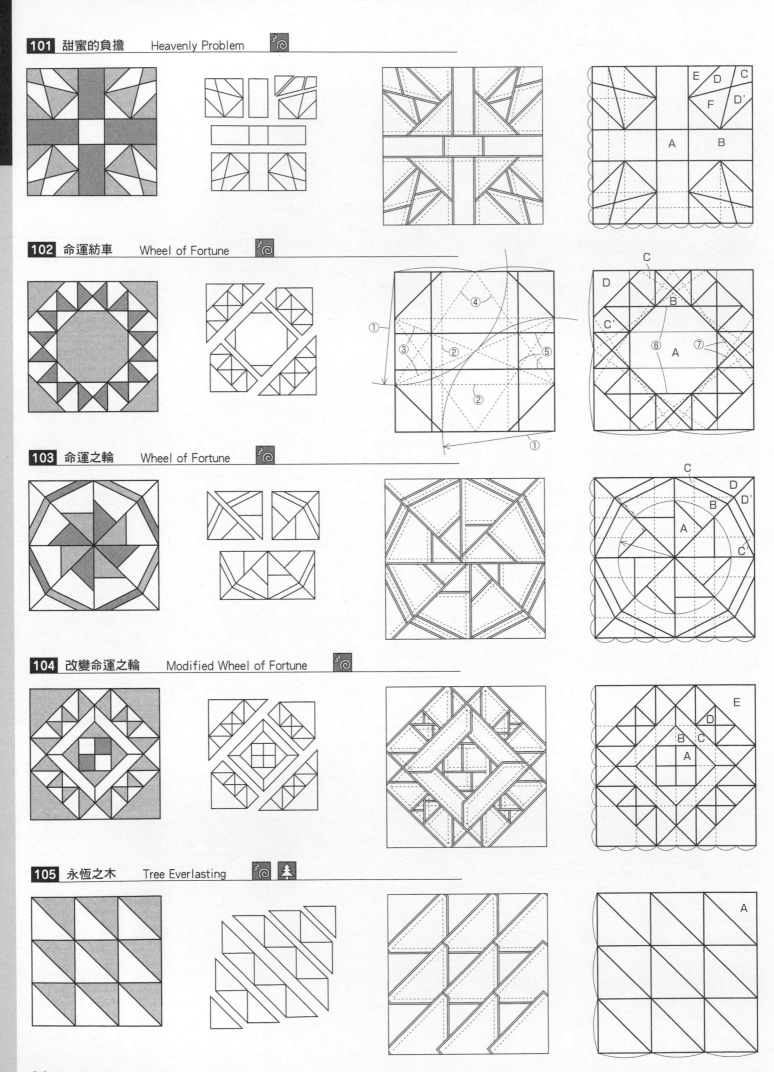

101 甜蜜的負擔　Heavenly Problem

102 命運紡車　Wheel of Fortune

103 命運之輪　Wheel of Fortune

104 改變命運之輪　Modified Wheel of Fortune

105 永恆之木　Tree Everlasting

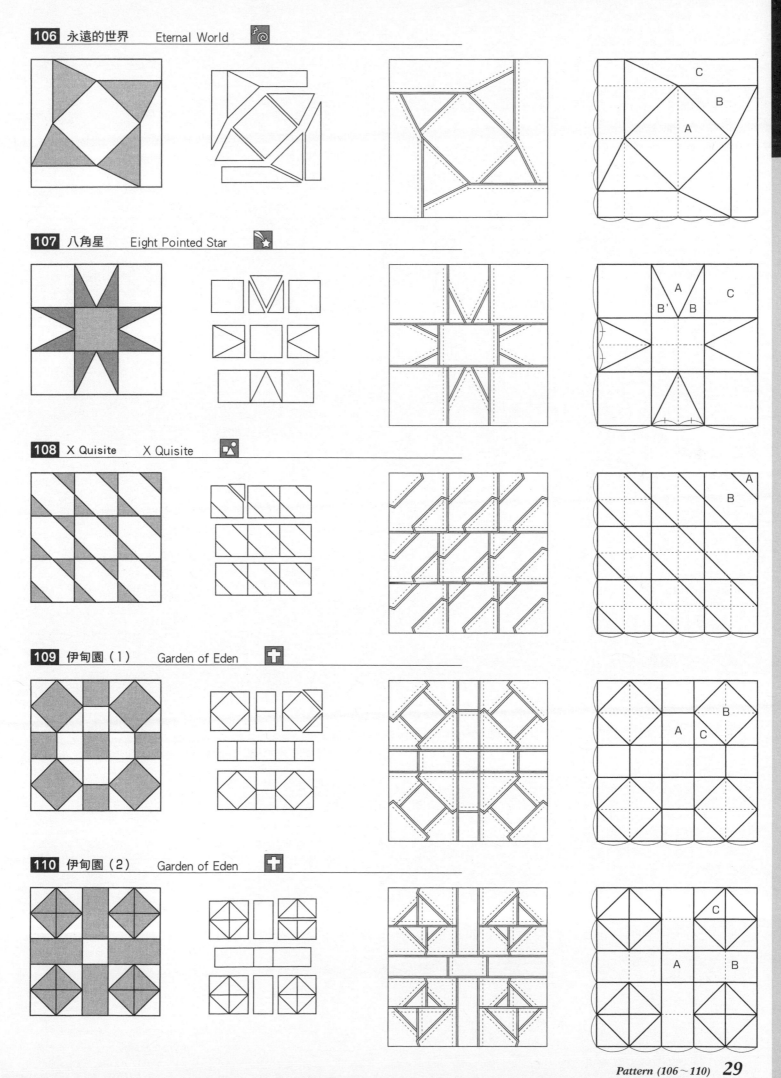

106 永遠的世界　　Eternal World

107 八角星　　Eight Pointed Star

108 X Quisite　　X Quisite

109 伊甸園（1）　　Garden of Eden

110 伊甸園（2）　　Garden of Eden

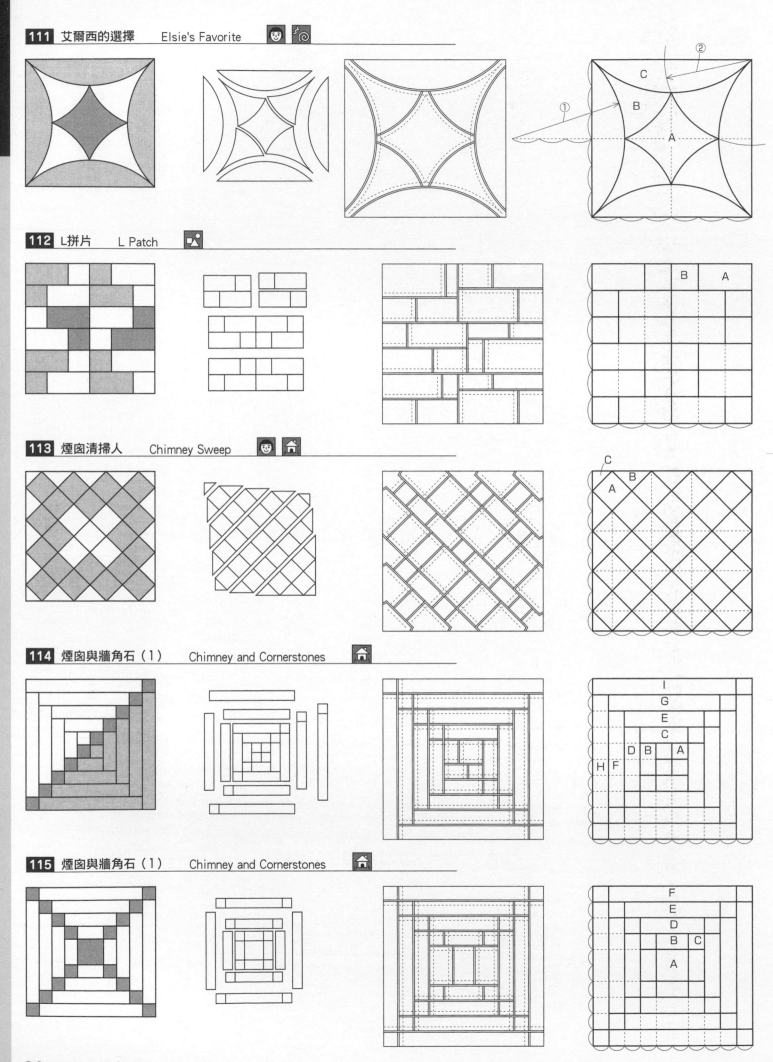

111 艾爾西的選擇　Elsie's Favorite

112 L拼片　L Patch

113 煙囪清掃人　Chimney Sweep

114 煙囪與牆角石（1）　Chimney and Cornerstones

115 煙囪與牆角石（1）　Chimney and Cornerstones

116 煙囪之燕　Chimney Swallows

117 追逐　Steeple Chase　others

118 黃金階梯　Golden Stairs

119 國王的X　King's X

120 國王的皇冠　King's Crown

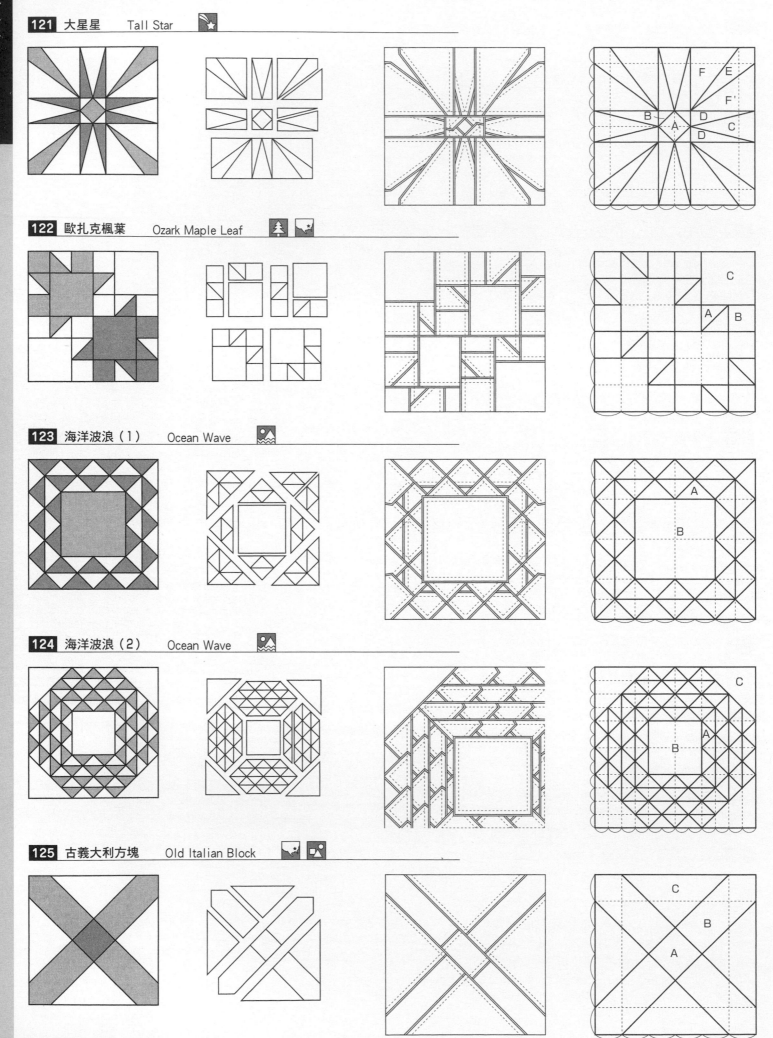

121 大星星　　Tall Star

122 歐扎克楓葉　　Ozark Maple Leaf

123 海洋波浪（1）　　Ocean Wave

124 海洋波浪（2）　　Ocean Wave

125 古義大利方塊　　Old Italian Block

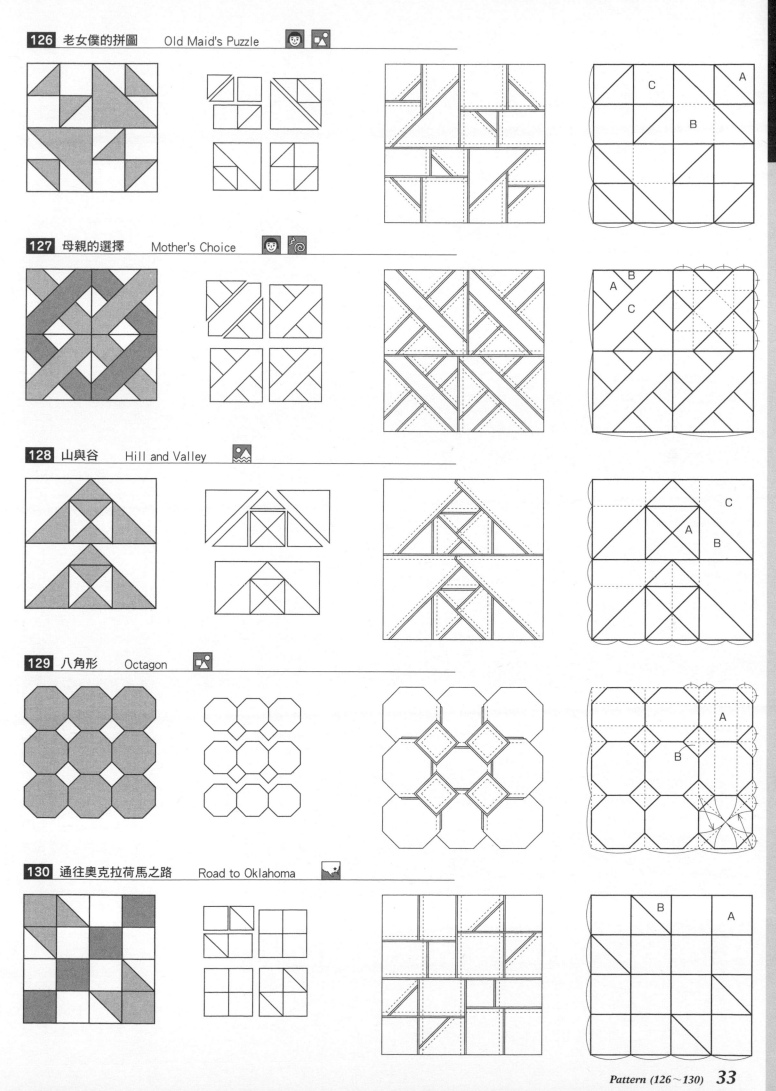

126 老女僕的拼圖　Old Maid's Puzzle

127 母親的選擇　Mother's Choice

128 山與谷　Hill and Valley

129 八角形　Octagon

130 通往奧克拉荷馬之路　Road to Oklahoma

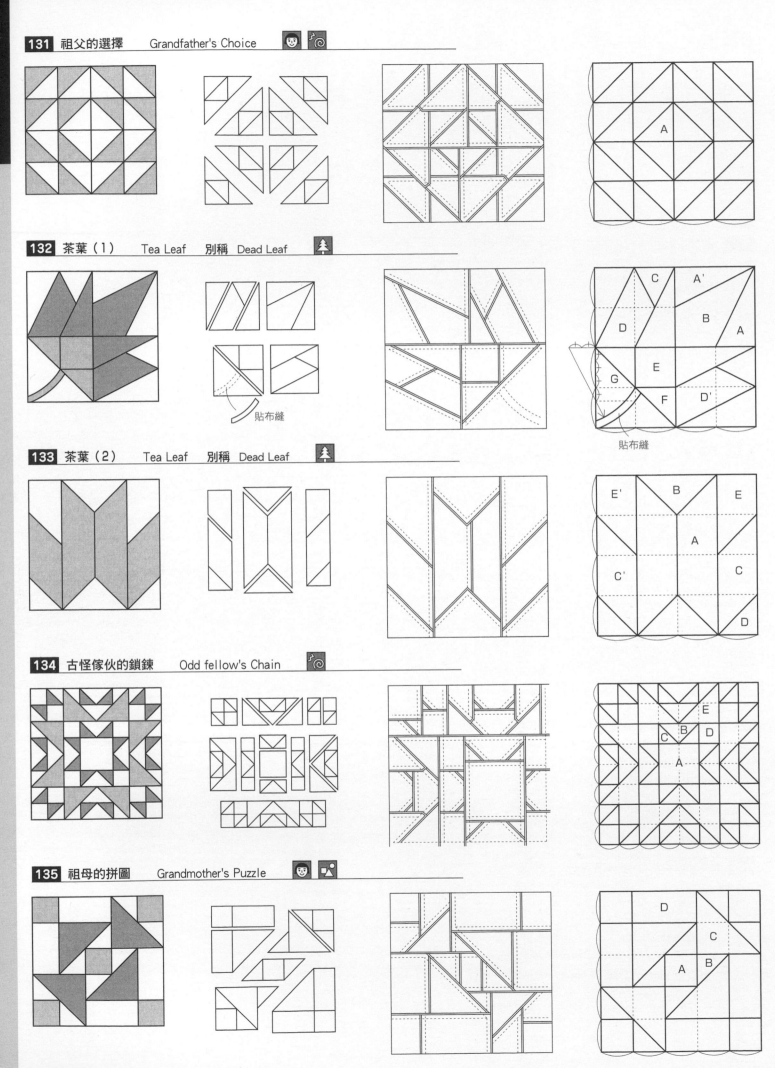

131 祖父的選擇　Grandfather's Choice

132 茶葉（1）　Tea Leaf　別稱　Dead Leaf

貼布縫

C　A'
D　B　A
G　E
F　D'
貼布縫

133 茶葉（2）　Tea Leaf　別稱　Dead Leaf

E'　B　E
A
C'　C
D

134 古怪傢伙的鎖鍊　Odd fellow's Chain

E
C　B　D
A

135 祖母的拼圖　Grandmother's Puzzle

D
C
A　B

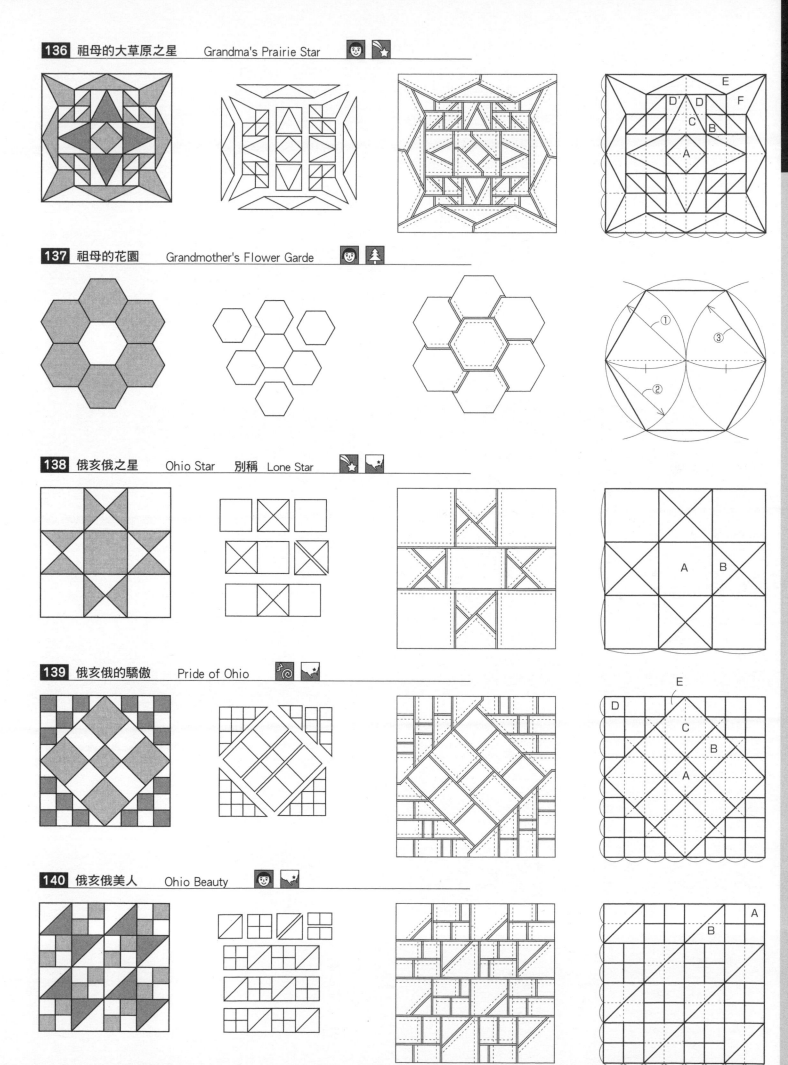

136 祖母的大草原之星　Grandma's Prairie Star

137 祖母的花園　Grandmother's Flower Garde

138 俄亥俄之星　Ohio Star　別稱　Lone Star

139 俄亥俄的驕傲　Pride of Ohio

140 俄亥俄美人　Ohio Beauty

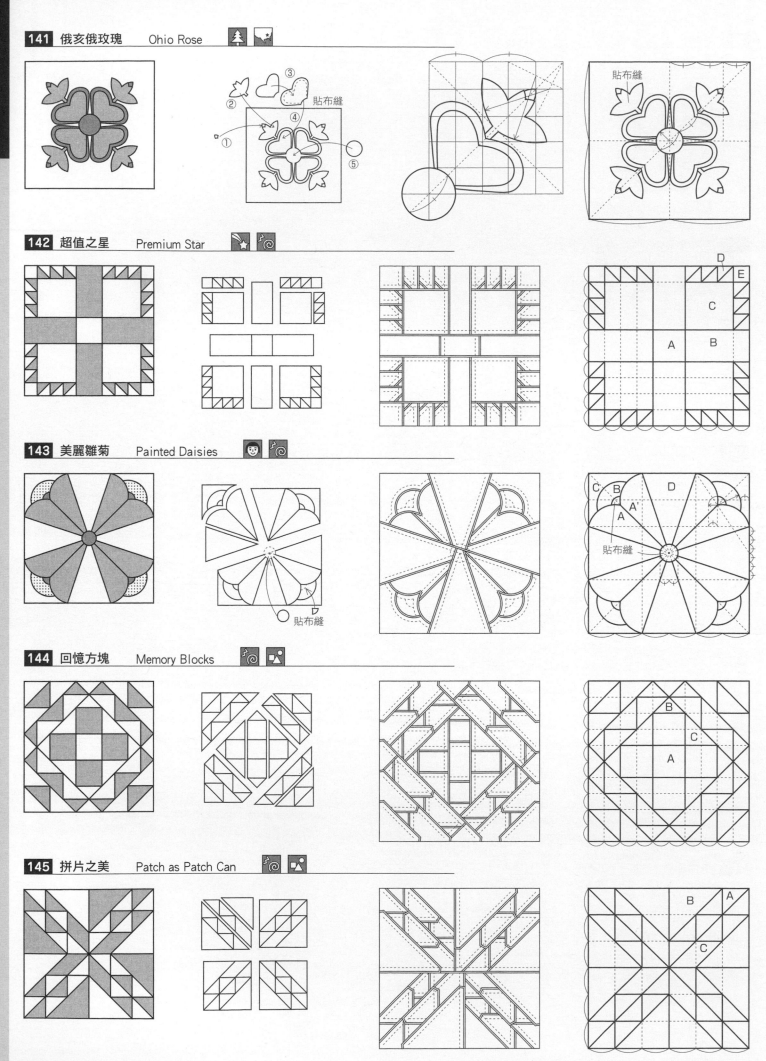

141 俄亥俄玫瑰　Ohio Rose

貼布縫

142 超值之星　Premium Star

143 美麗雛菊　Painted Daisies

貼布縫

144 回憶方塊　Memory Blocks

145 拼片之美　Patch as Patch Can

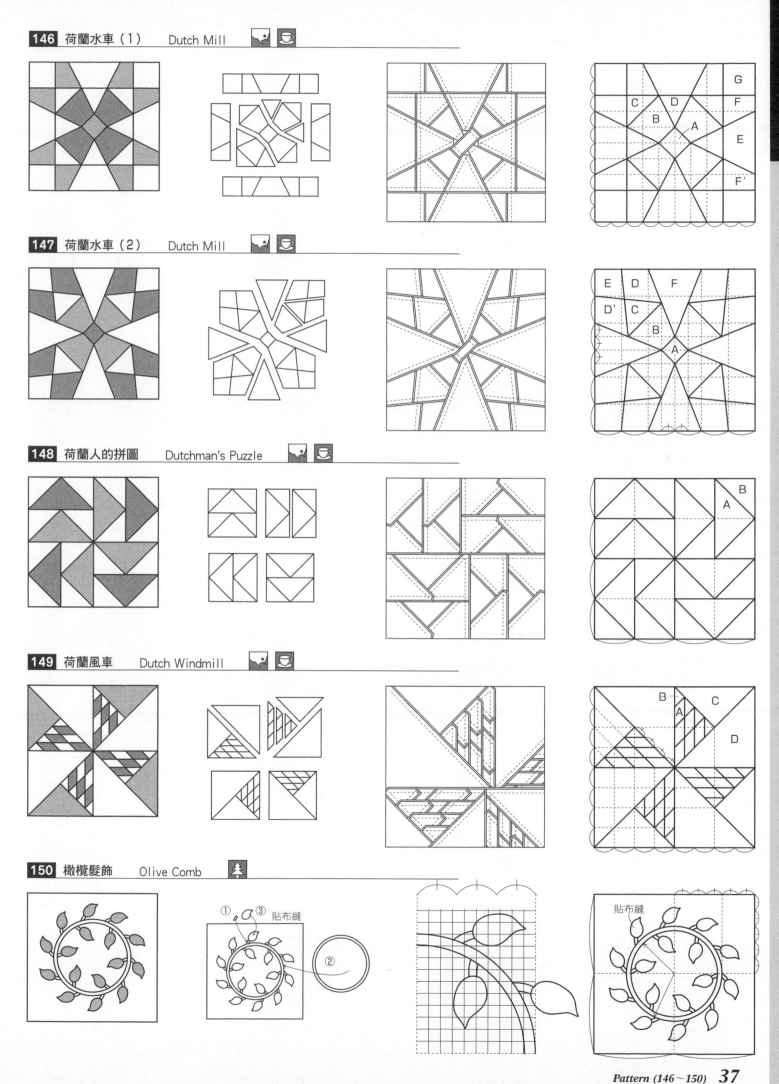

146 荷蘭水車（1）　　Dutch Mill

147 荷蘭水車（2）　　Dutch Mill

148 荷蘭人的拼圖　　Dutchman's Puzzle

149 荷蘭風車　　Dutch Windmill

150 橄欖髮飾　　Olive Comb

貼布縫

貼布縫

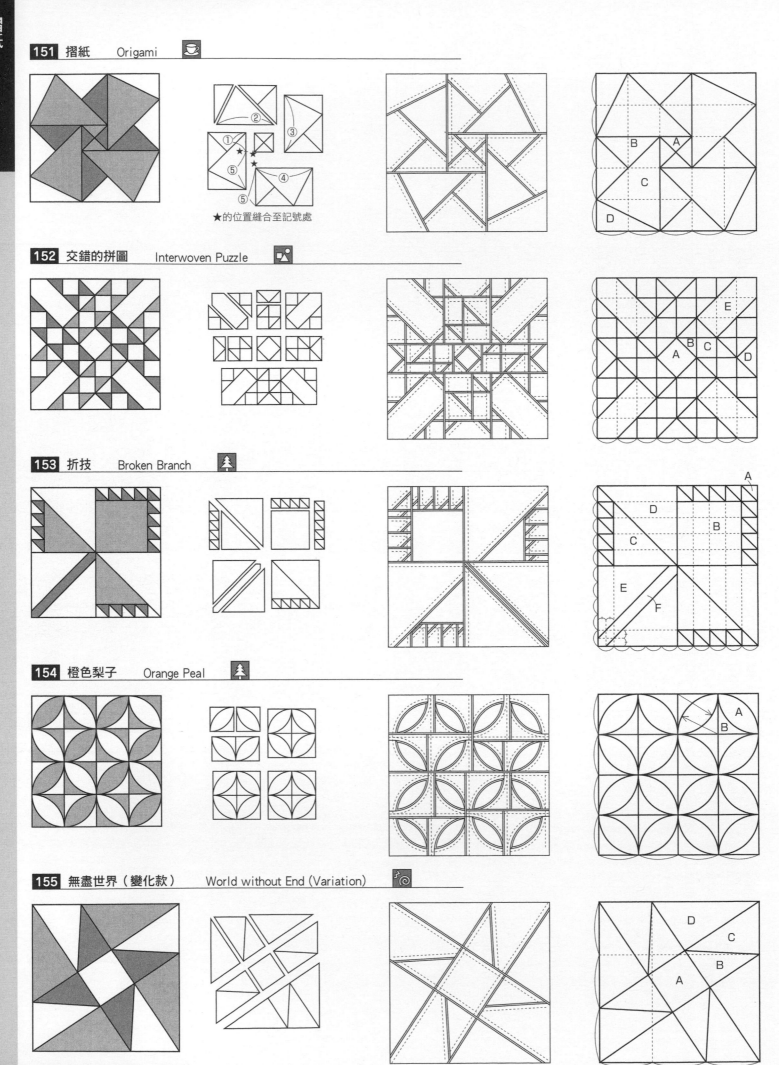

151 摺紙　Origami

★的位置縫合至記號處

152 交錯的拼圖　Interwoven Puzzle

153 折技　Broken Branch

154 橙色梨子　Orange Peal

155 無盡世界（變化款）　World without End (Variation)

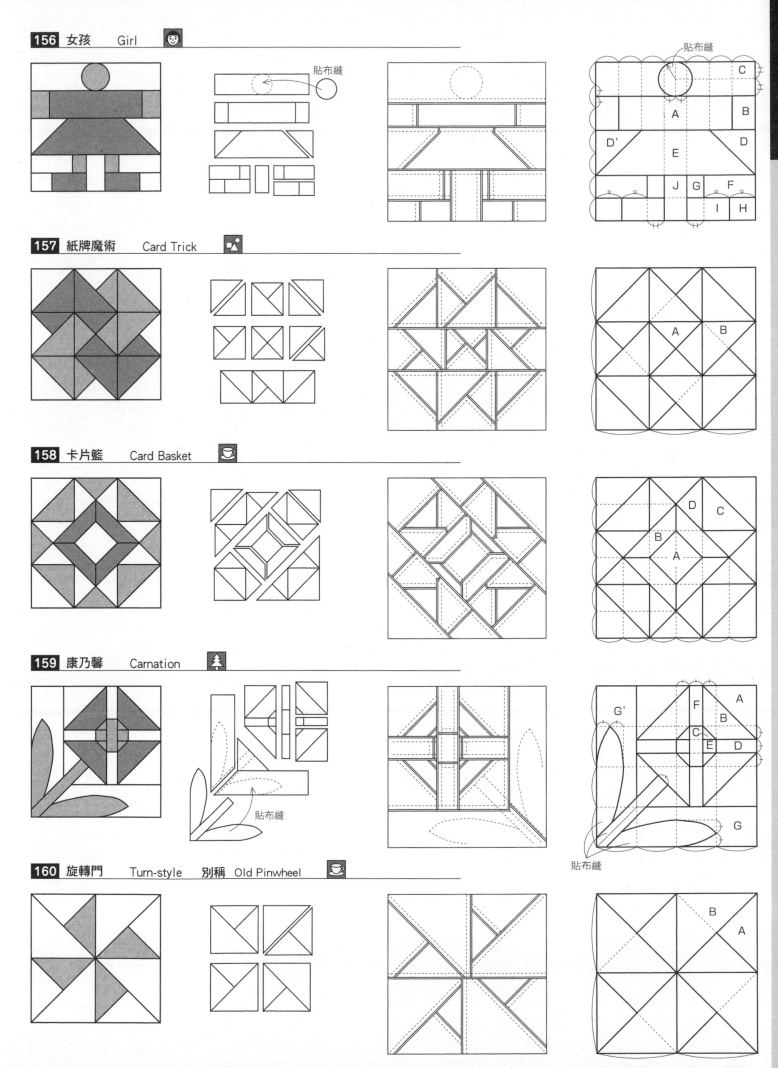

156 女孩　Girl

貼布縫

157 紙牌魔術　Card Trick

158 卡片籃　Card Basket

159 康乃馨　Carnation

貼布縫

貼布縫

160 旋轉門　Turn-style　別稱　Old Pinwheel

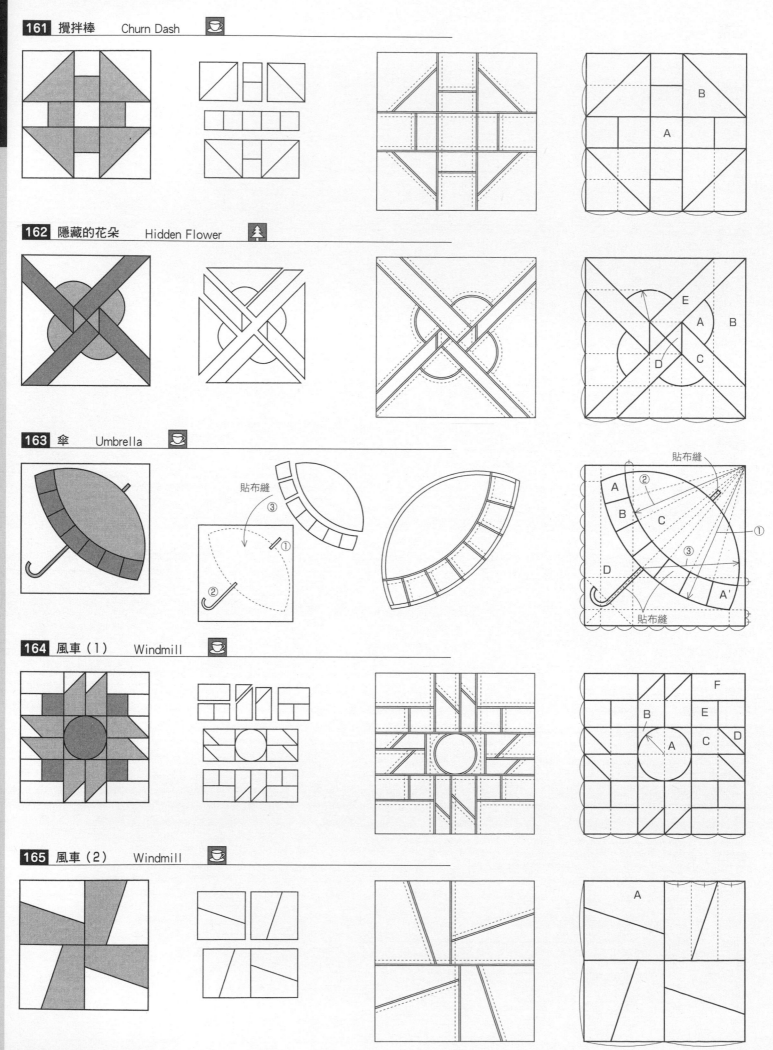

161 攪拌棒　Churn Dash

162 隱藏的花朵　Hidden Flower

163 傘　Umbrella

貼布縫

164 風車（1）　Windmill

165 風車（2）　Windmill

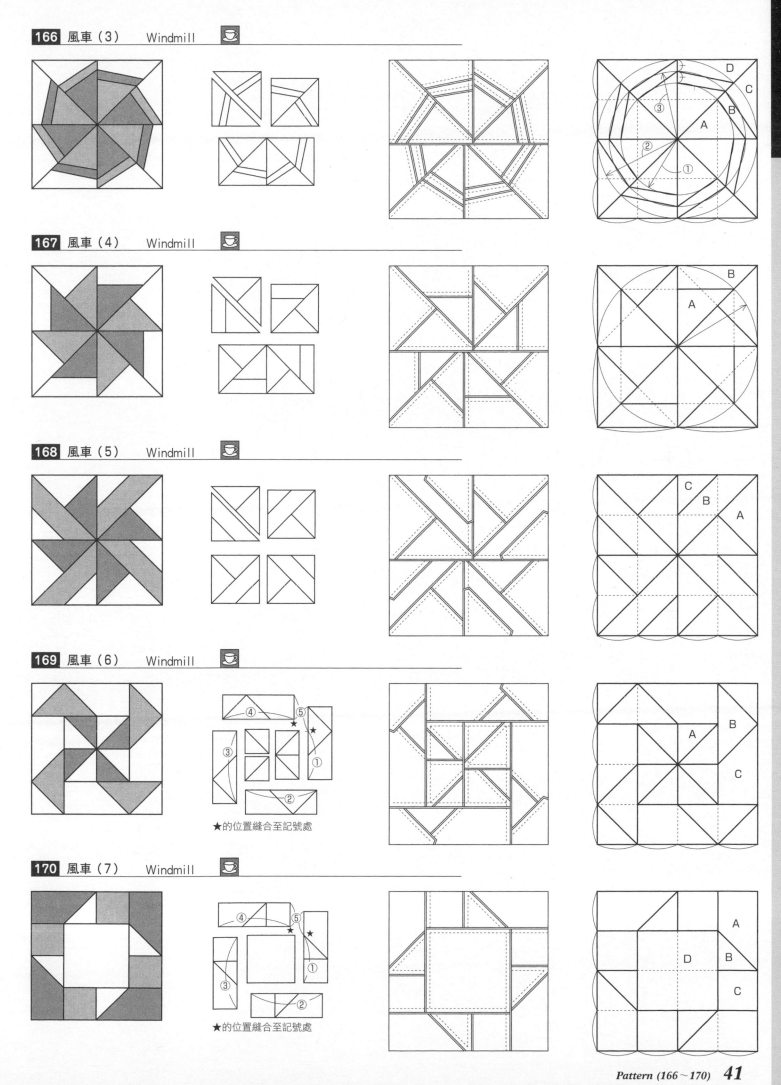

166 風車（3）　Windmill

167 風車（4）　Windmill

168 風車（5）　Windmill

169 風車（6）　Windmill

★的位置縫合至記號處

170 風車（7）　Windmill

★的位置縫合至記號處

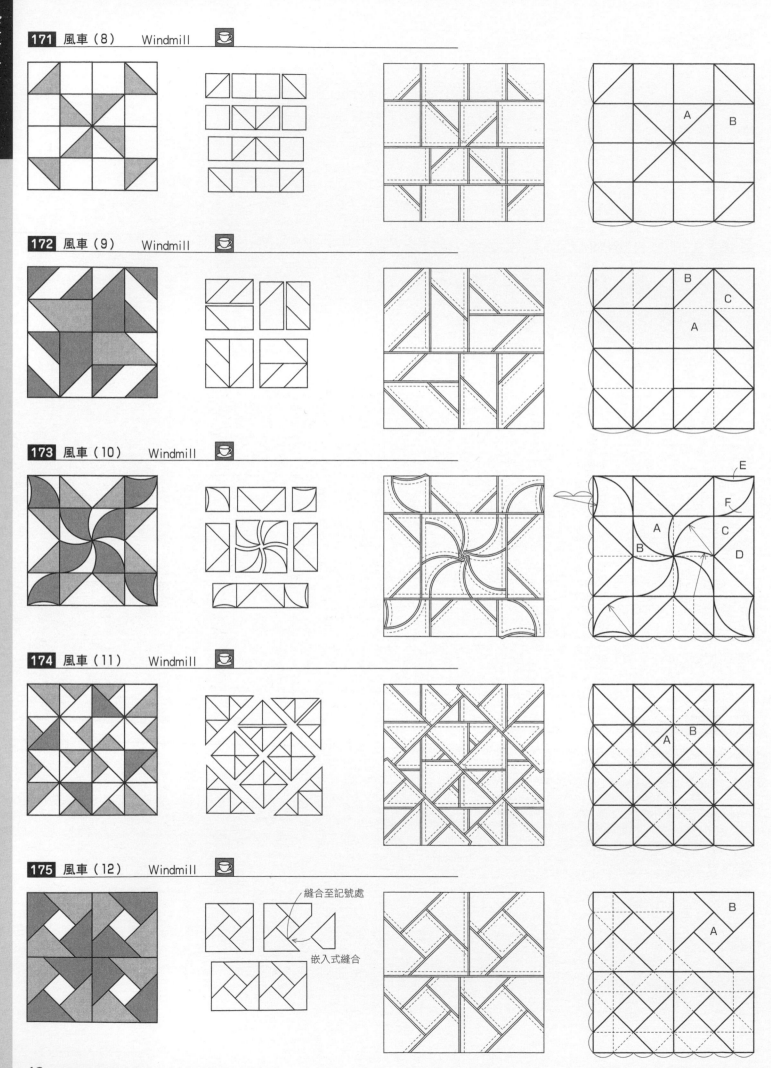

171 風車（8）　Windmill

172 風車（9）　Windmill

173 風車（10）　Windmill

E

F

A

B

C

D

174 風車（11）　Windmill

175 風車（12）　Windmill

縫合至記號處

嵌入式縫合

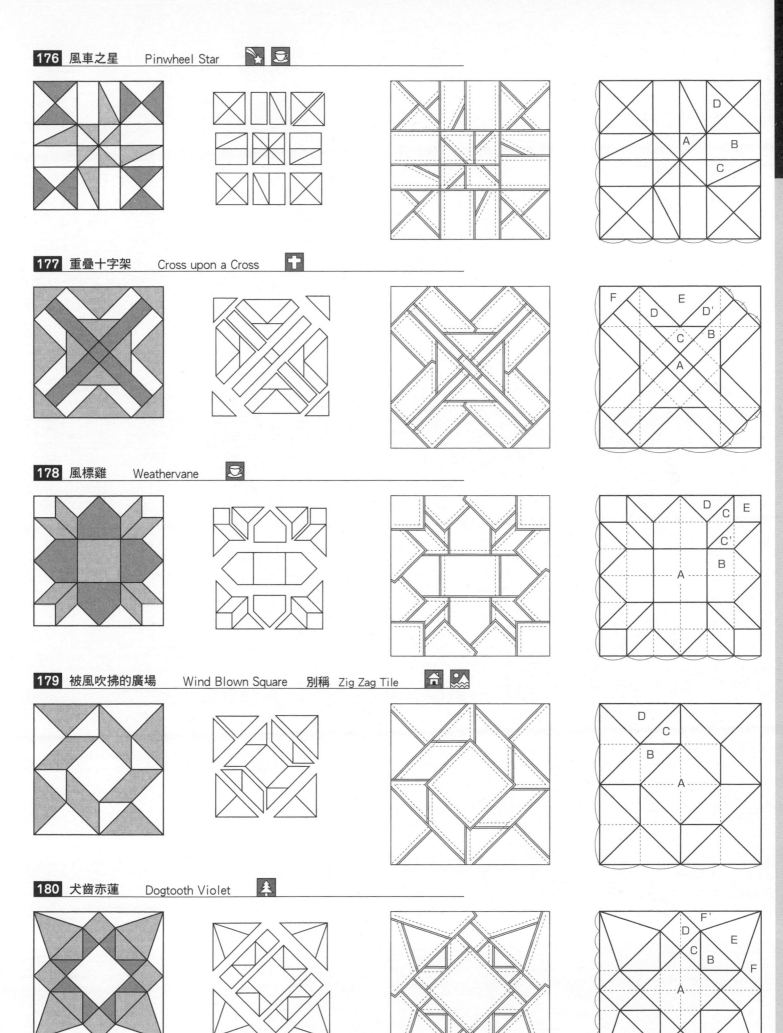

176 風車之星　Pinwheel Star

177 重疊十字架　Cross upon a Cross

178 風標雞　Weathervane

179 被風吹拂的廣場　Wind Blown Square　別稱　Zig Zag Tile

180 犬齒赤蓮　Dogtooth Violet

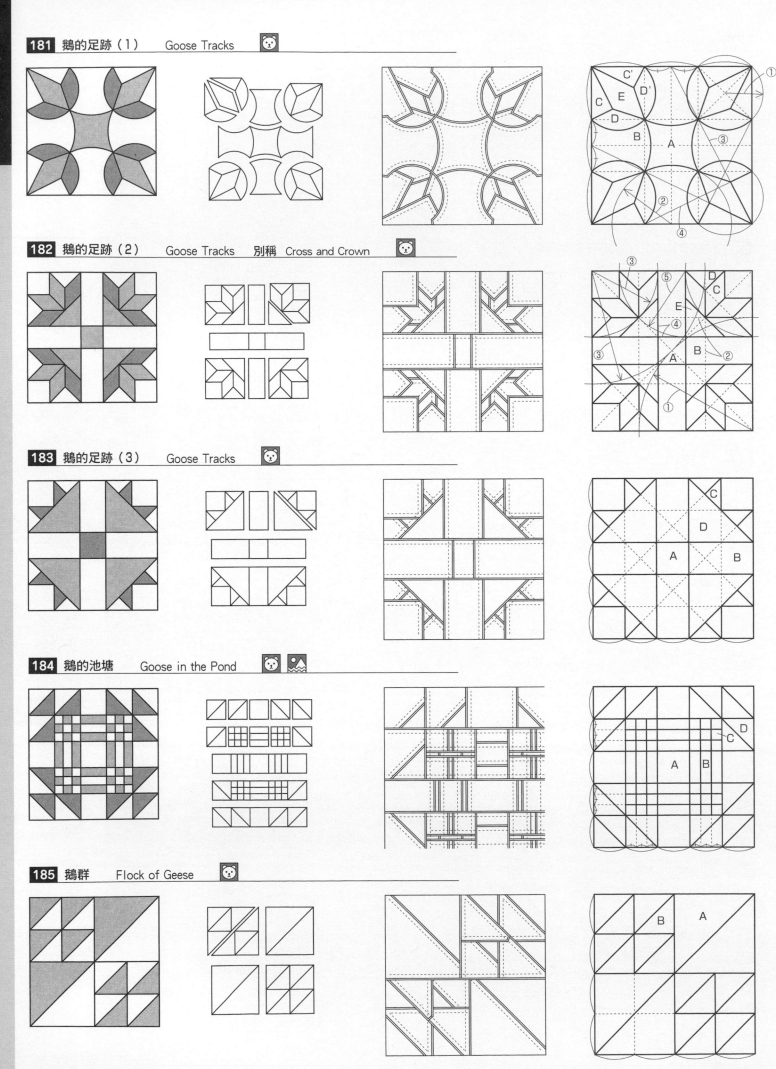

181 鵝的足跡（1） Goose Tracks

182 鵝的足跡（2） Goose Tracks 別稱 Cross and Crown

183 鵝的足跡（3） Goose Tracks

184 鵝的池塘 Goose in the Pond

185 鵝群 Flock of Geese

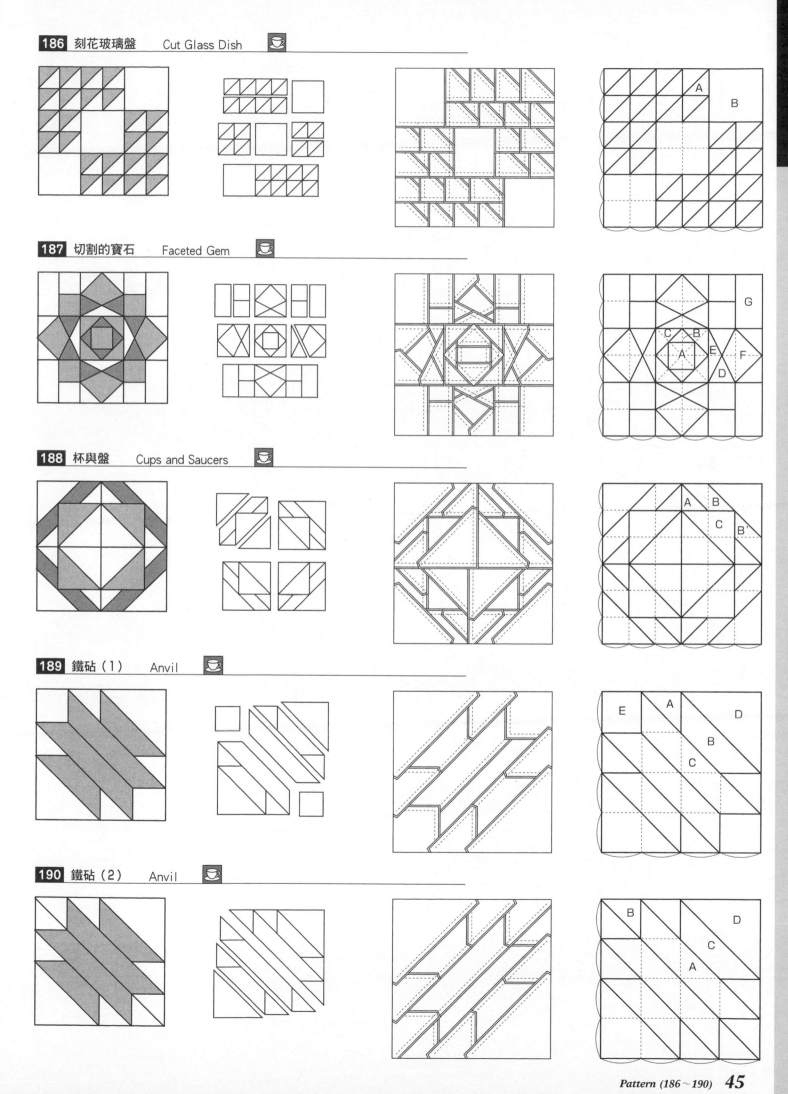

186 刻花玻璃盤　Cut Glass Dish

187 切割的寶石　Faceted Gem

188 杯與盤　Cups and Saucers

189 鐵砧（1）　Anvil

190 鐵砧（2）　Anvil

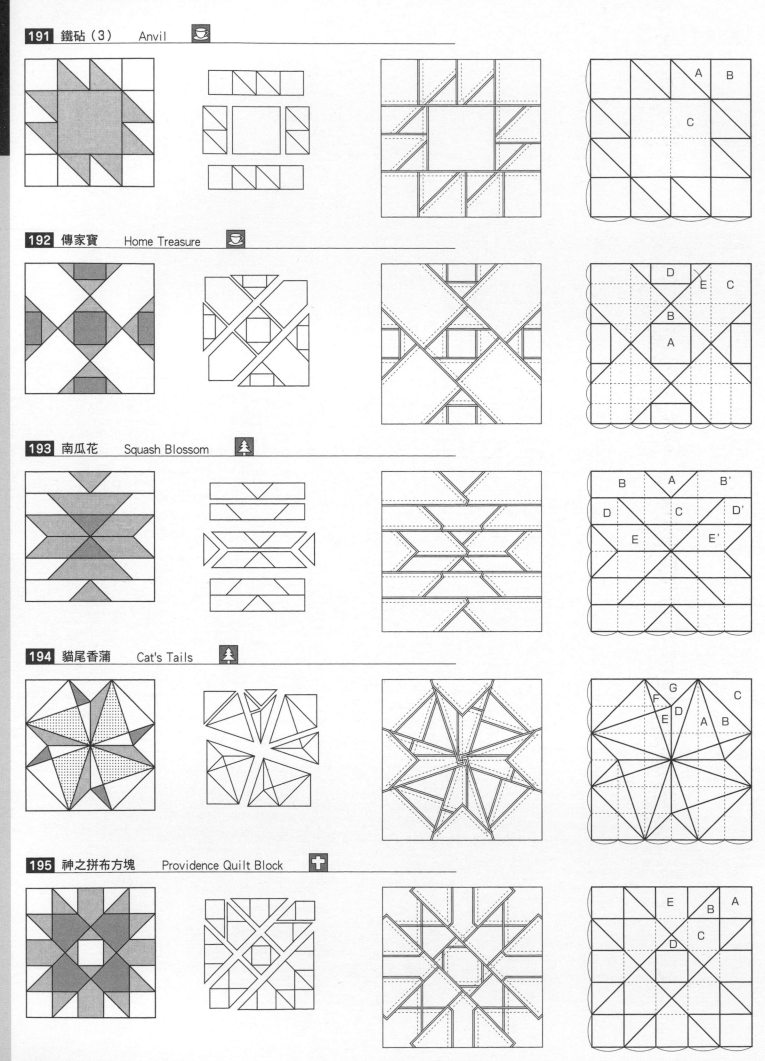

191 鐵砧（3） Anvil

192 傳家寶 Home Treasure

193 南瓜花 Squash Blossom

194 貓尾香蒲 Cat's Tails

195 神之拼布方塊 Providence Quilt Block

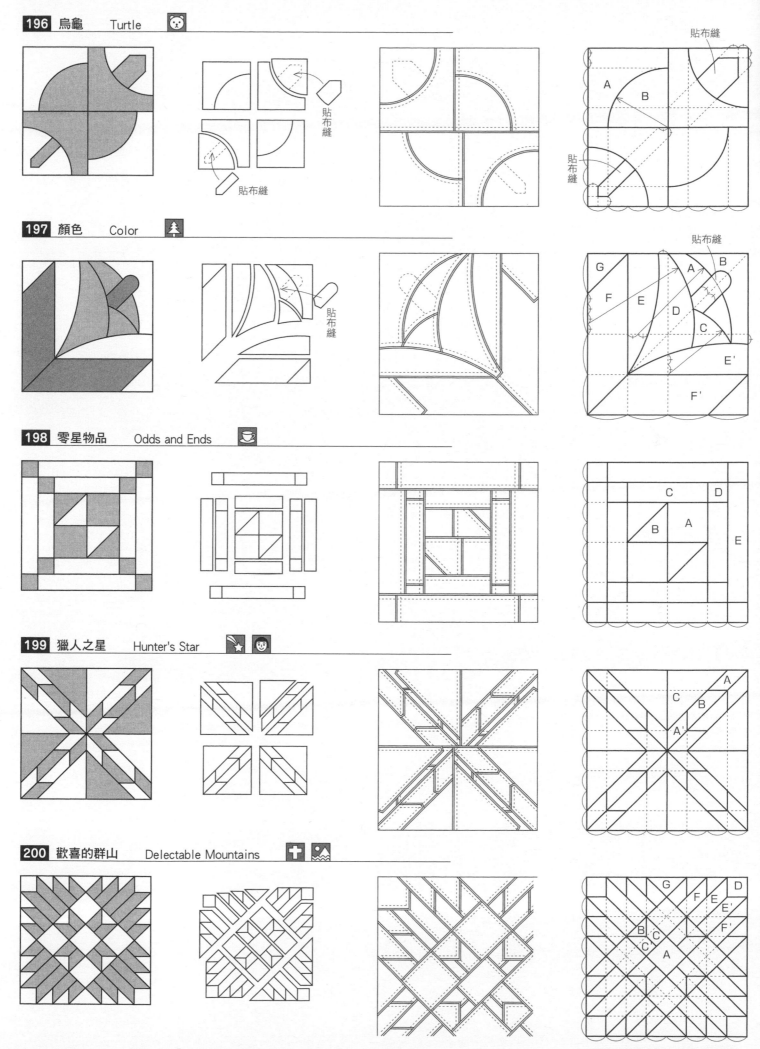

196 烏龜　Turtle

197 顏色　Color

198 零星物品　Odds and Ends

199 獵人之星　Hunter's Star

200 歡喜的群山　Delectable Mountains

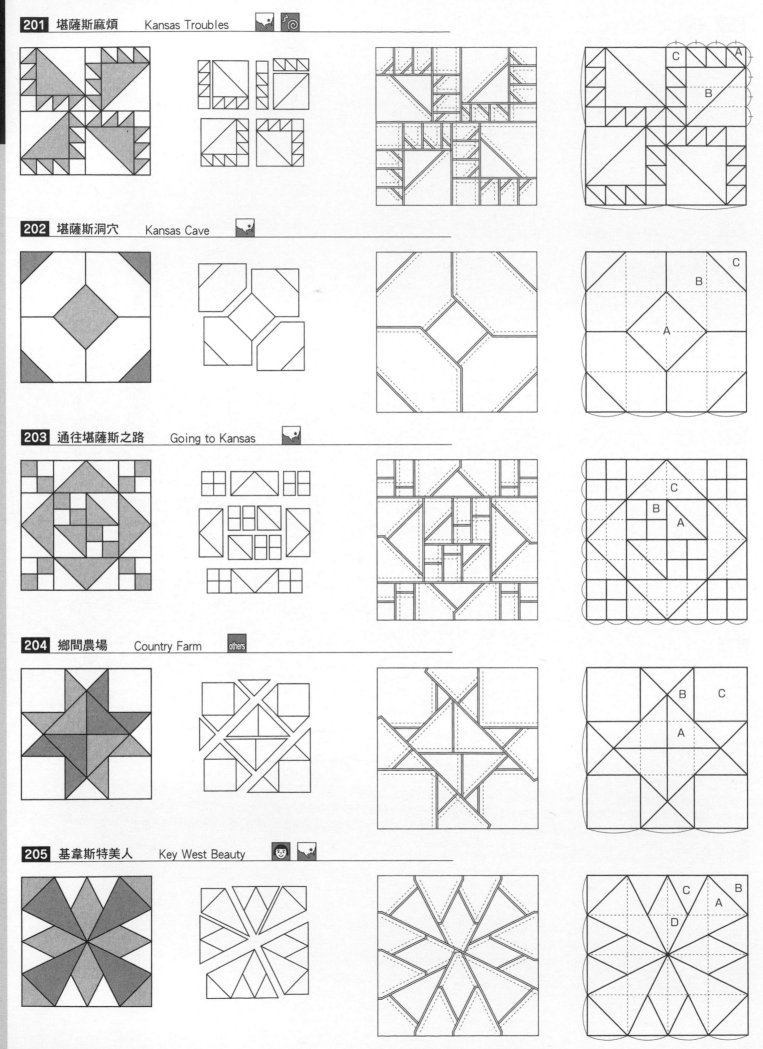

201 堪薩斯麻煩　Kansas Troubles

202 堪薩斯洞穴　Kansas Cave

203 通往堪薩斯之路　Going to Kansas

204 鄉間農場　Country Farm

205 基韋斯特美人　Key West Beauty

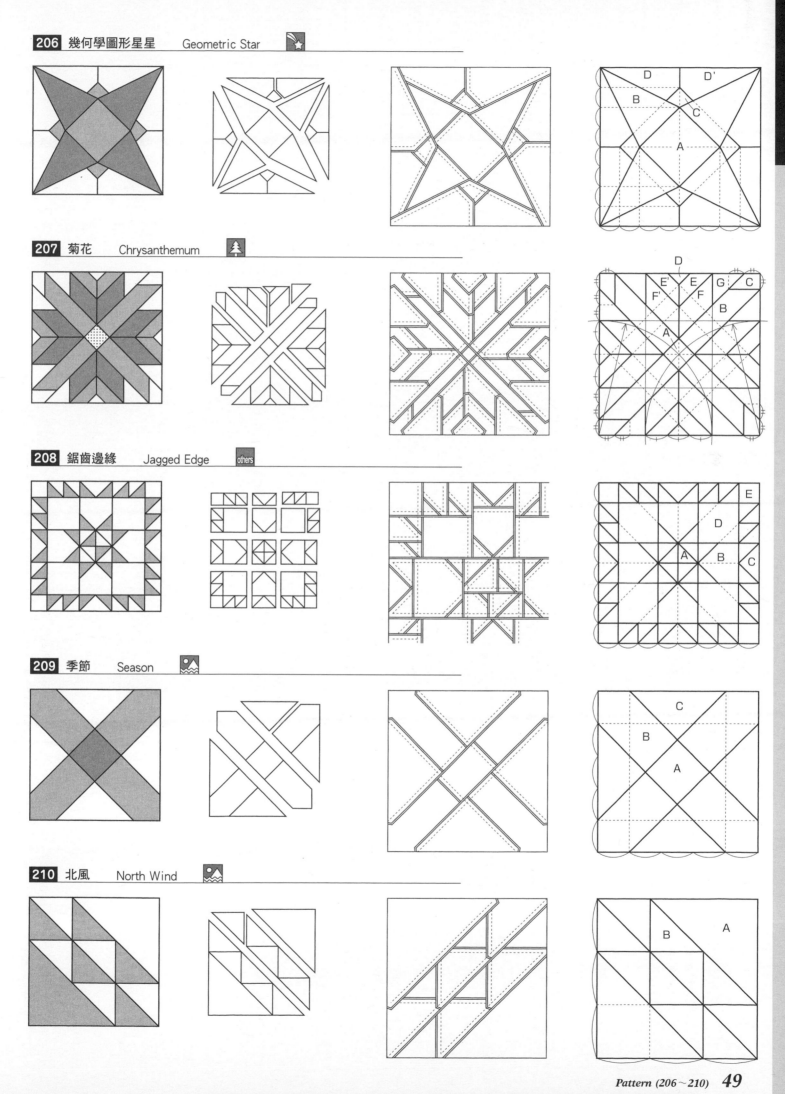

206 幾何學圖形星星　Geometric Star

207 菊花　Chrysanthemum

208 鋸齒邊緣　Jagged Edge　others

209 季節　Season

210 北風　North Wind

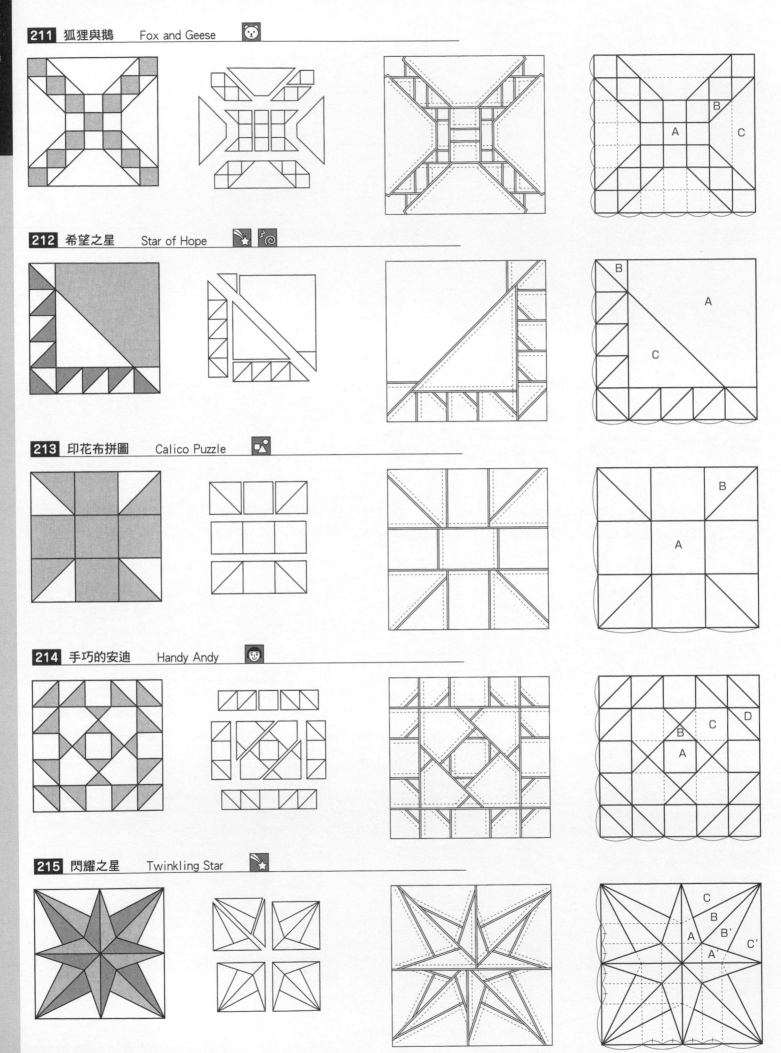

211 狐狸與鵝　　Fox and Geese

212 希望之星　　Star of Hope

213 印花布拼圖　　Calico Puzzle

214 手巧的安迪　　Handy Andy

215 閃耀之星　　Twinkling Star

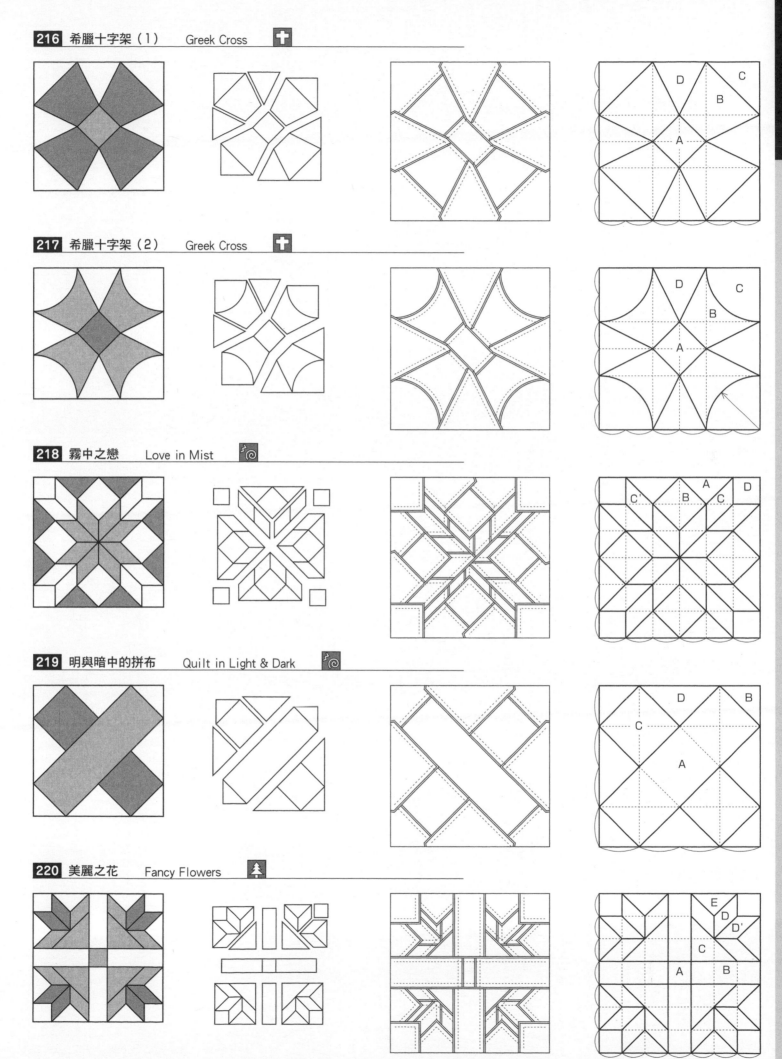

216 希臘十字架（1） Greek Cross

217 希臘十字架（2） Greek Cross

218 霧中之戀 Love in Mist

219 明與暗中的拼布 Quilt in Light & Dark

220 美麗之花 Fancy Flowers

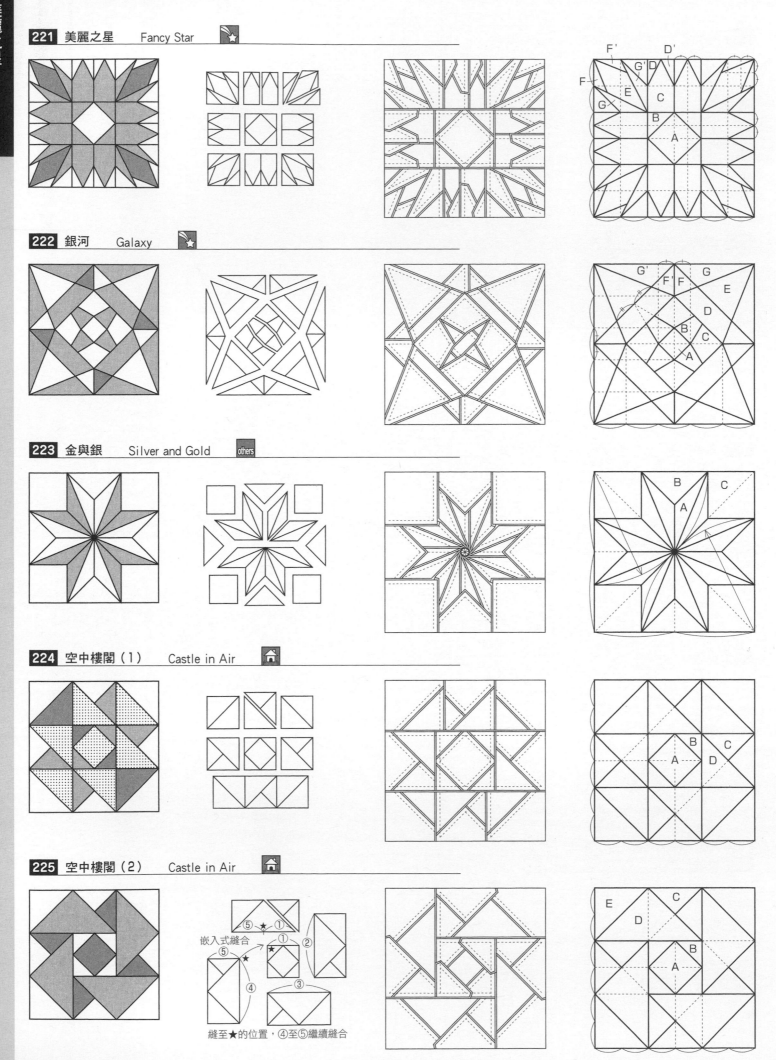

221 美麗之星　Fancy Star

222 銀河　Galaxy

223 金與銀　Silver and Gold　others

224 空中樓閣（1）　Castle in Air

225 空中樓閣（2）　Castle in Air

嵌入式縫合

縫至★的位置，④至⑤繼續縫合

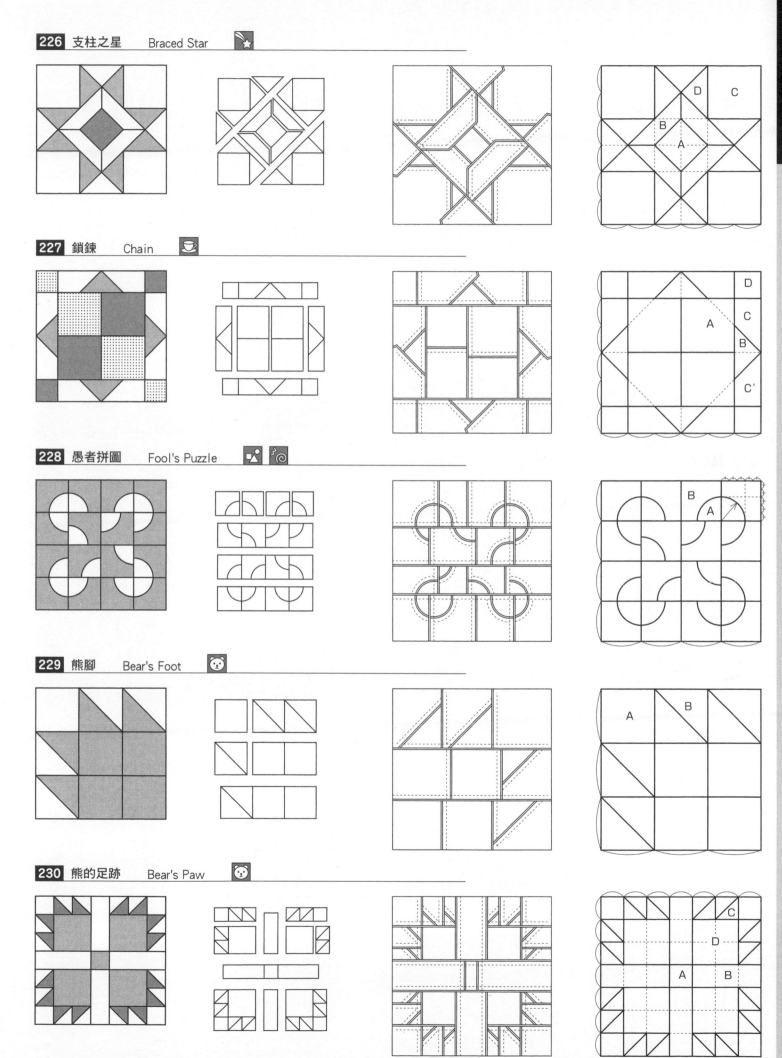

226 支柱之星　　Braced Star

227 鎖鍊　　Chain

228 愚者拼圖　　Fool's Puzzle

229 熊腳　　Bear's Foot

230 熊的足跡　　Bear's Paw

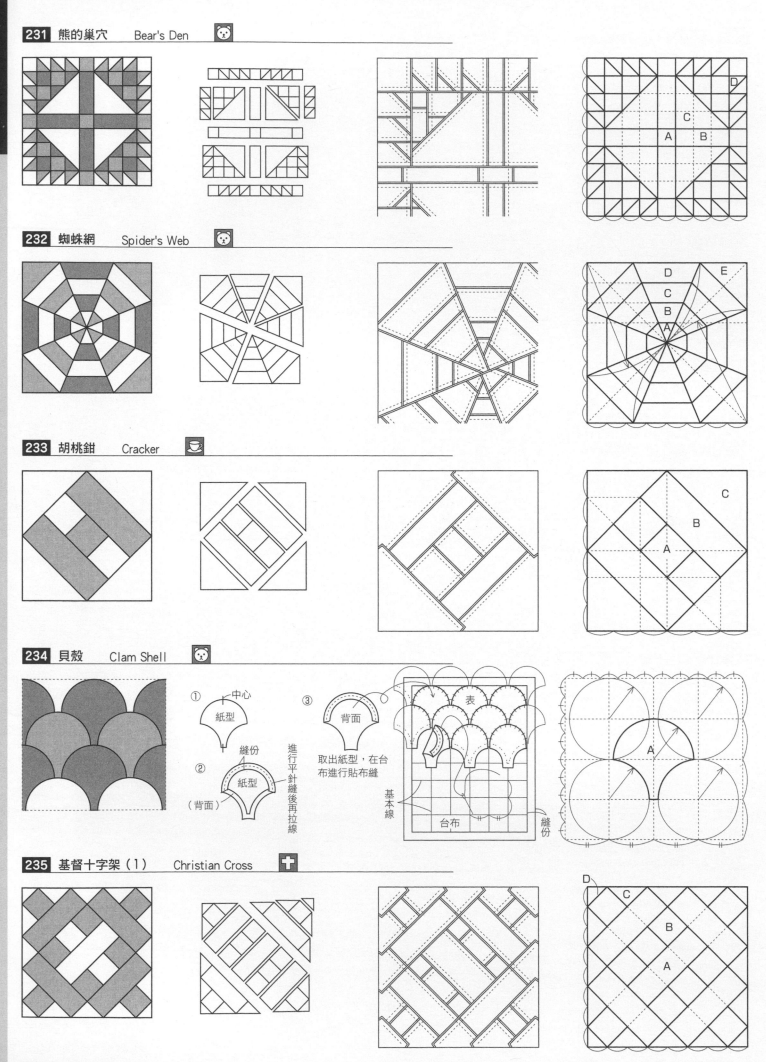

231 熊的巢穴　Bear's Den

232 蜘蛛網　Spider's Web

233 胡桃鉗　Cracker

234 貝殼　Clam Shell

①　中心
紙型
縫份
②　（背面）
紙型
進行平針縫後再拉線

③　背面
取出紙型，在台布進行貼布縫

表
基本線
台布
縫份

235 基督十字架（1）　Christian Cross

236 基督十字架（2）　Christian Cross　別稱　Around the World ✚

237 聖誕之星（1）　Christmas Star ✚ ★

238 聖誕之星（2）　Christmas Star ✚ ★

239 聖誕樹（1）　Christmas Tree ✚ 🌲

240 聖誕樹（2）　Christmas Tree ✚ 🌲

貼布縫

貼布縫

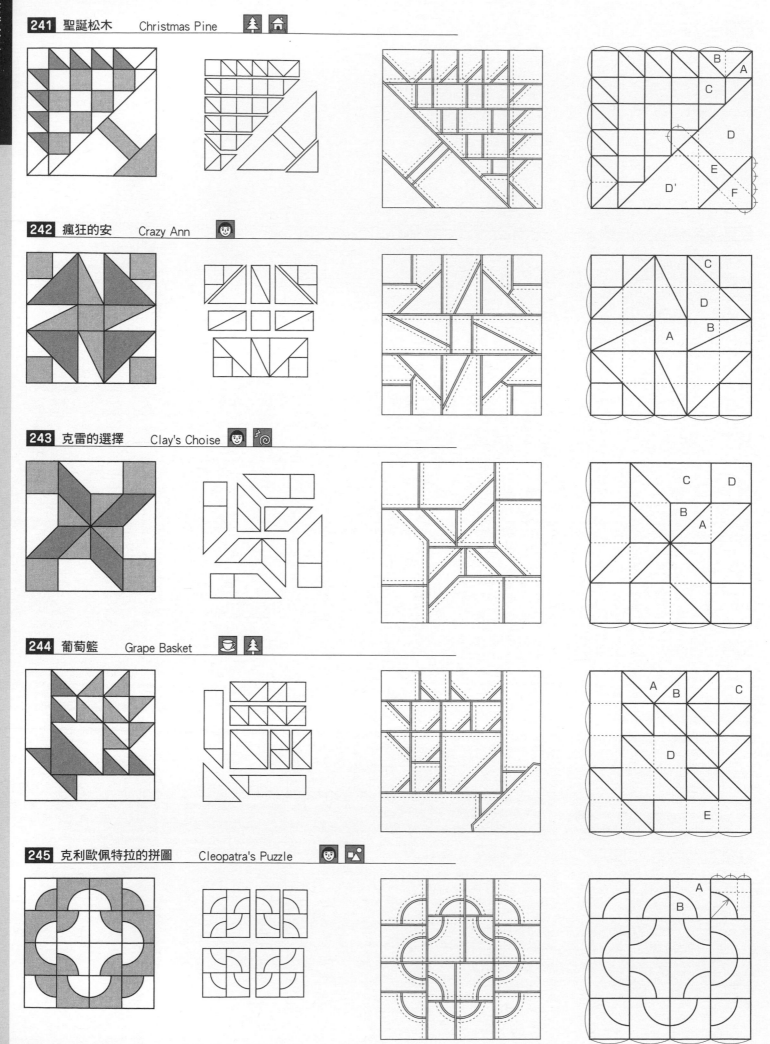

241 聖誕松木　Christmas Pine

242 瘋狂的安　Crazy Ann

243 克雷的選擇　Clay's Choise

244 葡萄籃　Grape Basket

245 克利歐佩特拉的拼圖　Cleopatra's Puzzle

246 幸運草之花　Clover Blossom

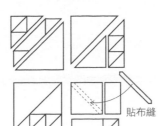
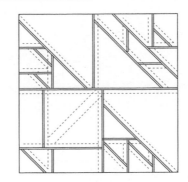
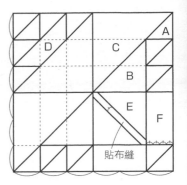

貼布縫

A
D C
B
E
F
貼布縫

247 裝飾九拼片　Glorified Nine Patch

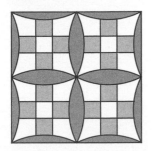

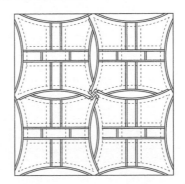
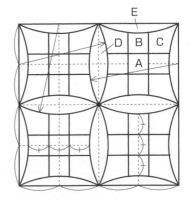

E
D B C
A

248 十字&星星　Cross and Star

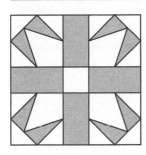
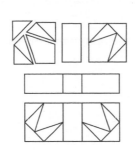
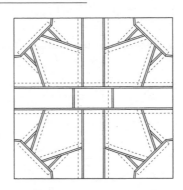
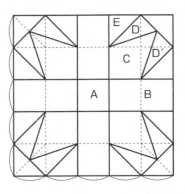

E
D
D'
C
A B

249 十字拼片　Crosspatch

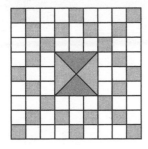
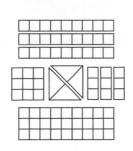
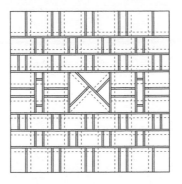
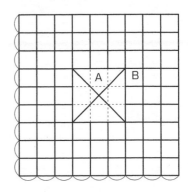

A B

250 番紅花（1）　Crocus

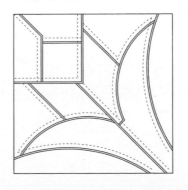
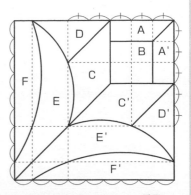

D A
B A'
F C
E C'
D'
E'
F'

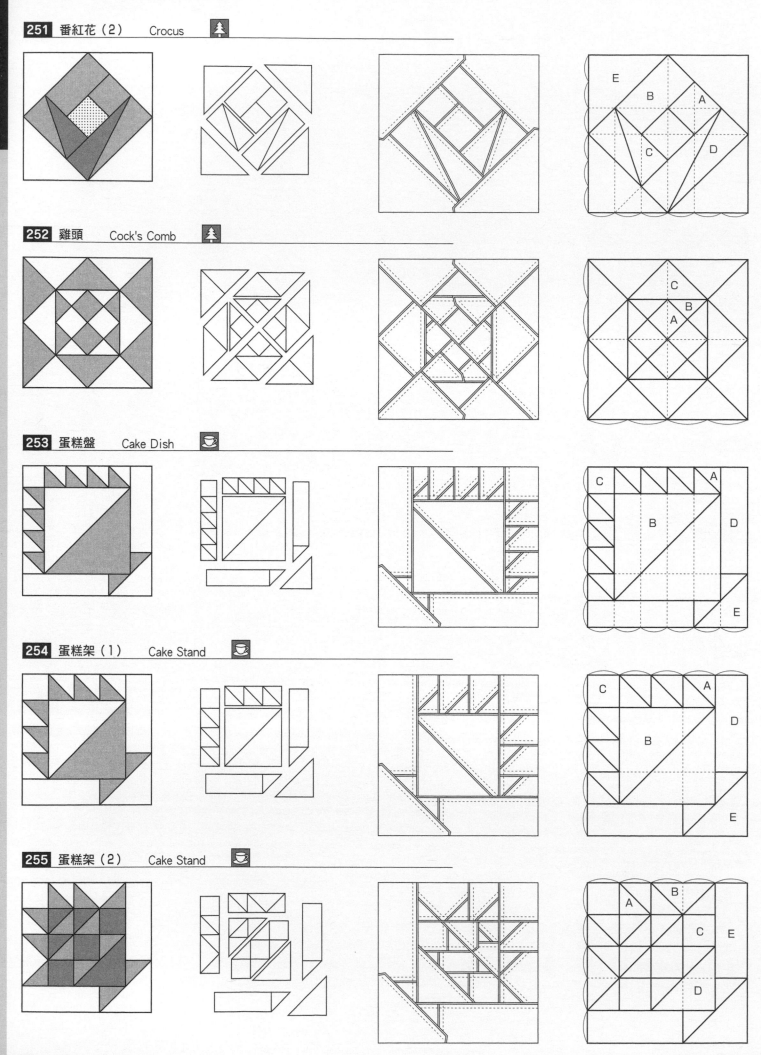

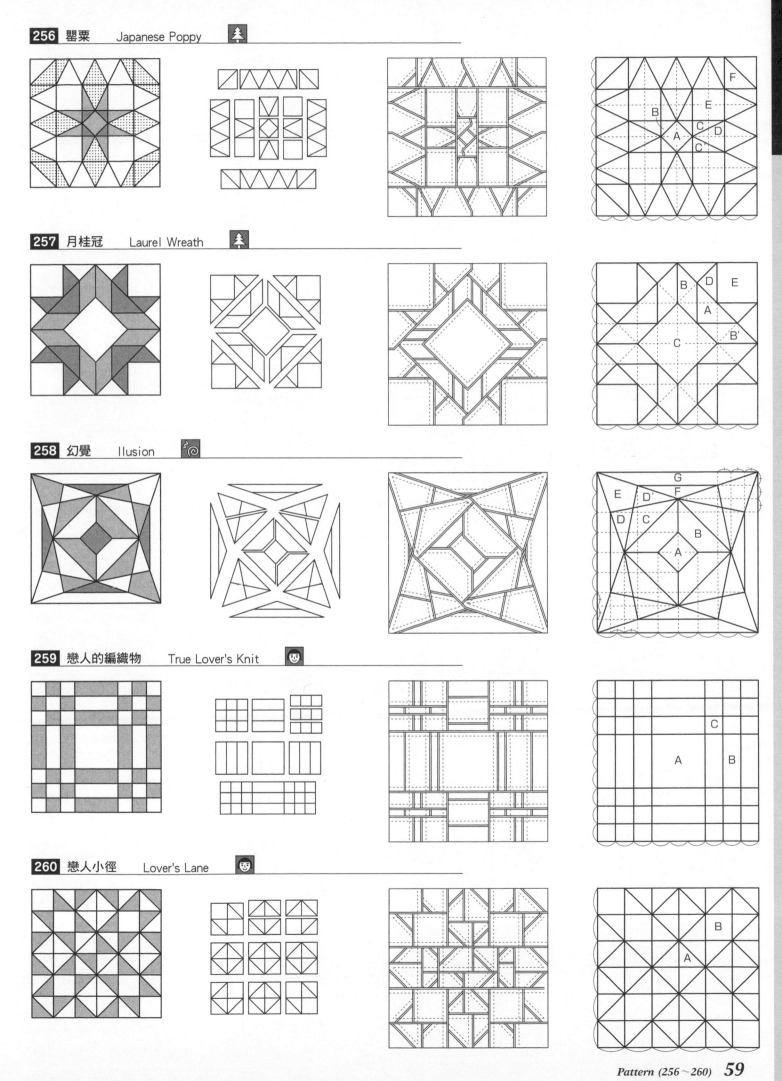

256 罌粟　Japanese Poppy

257 月桂冠　Laurel Wreath

258 幻覺　Ilusion

259 戀人的編織物　True Lover's Knit

260 戀人小徑　Lover's Lane

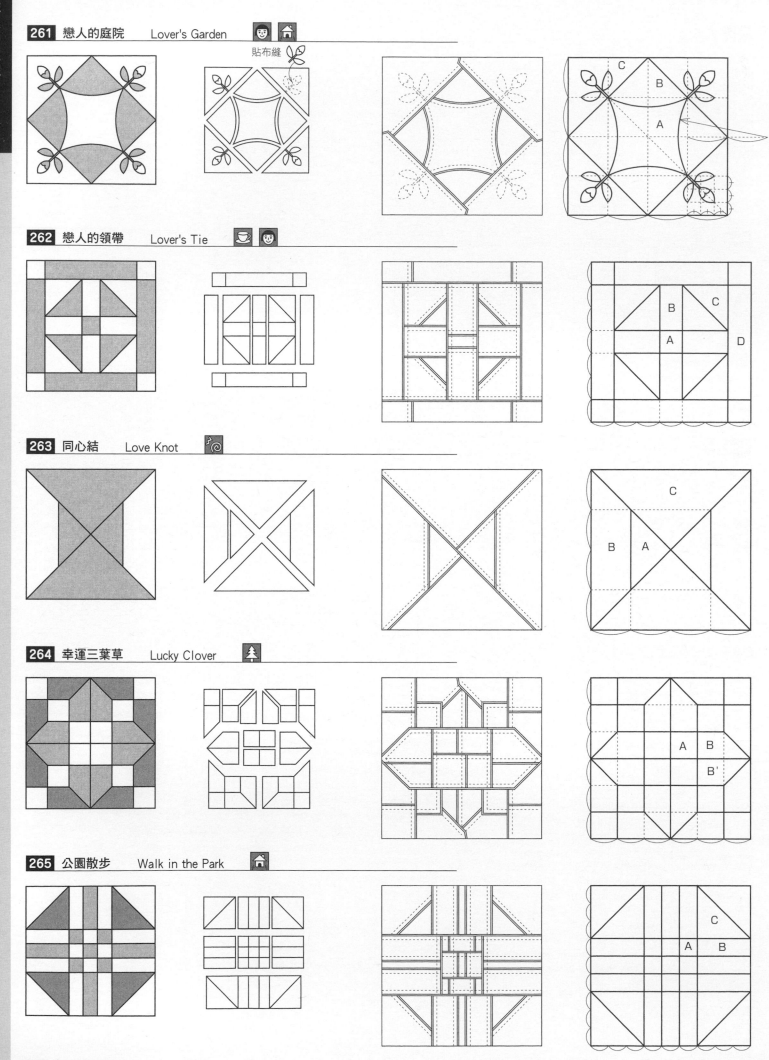

261 戀人的庭院　Lover's Garden

貼布縫

262 戀人的領帶　Lover's Tie

263 同心結　Love Knot

264 幸運三葉草　Lucky Clover

265 公園散步　Walk in the Park

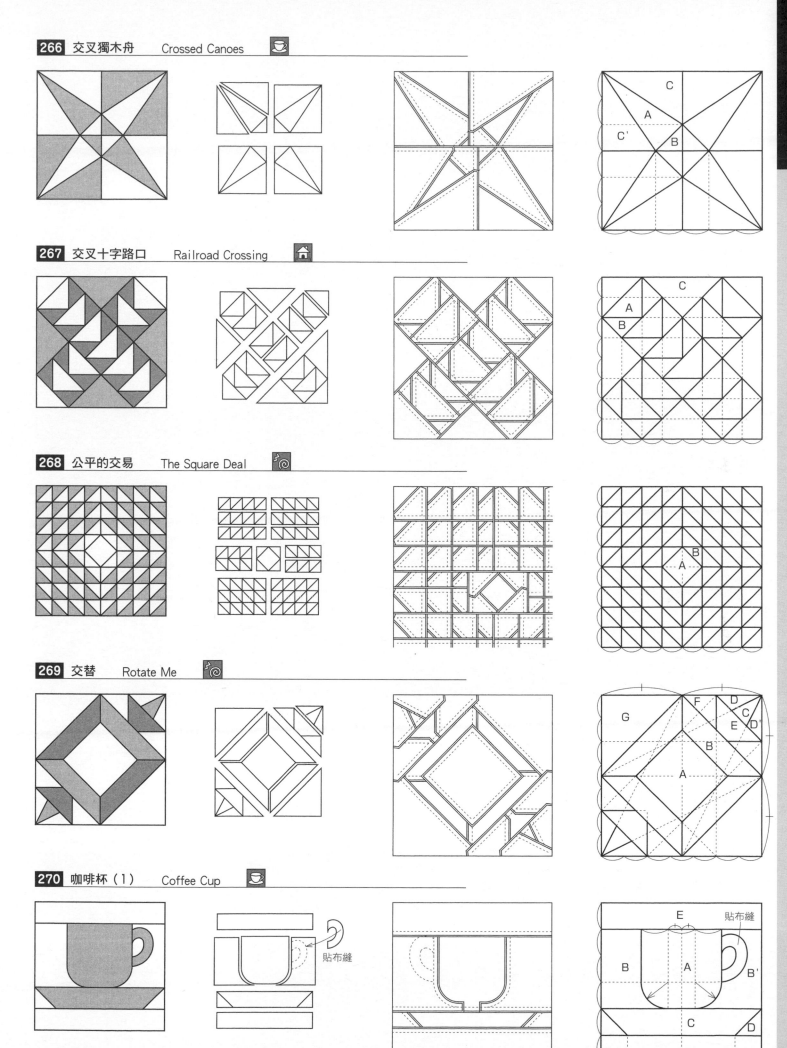

266 交叉獨木舟　Crossed Canoes

267 交叉十字路口　Railroad Crossing

268 公平的交易　The Square Deal

269 交替　Rotate Me

270 咖啡杯（1）　Coffee Cup

貼布縫

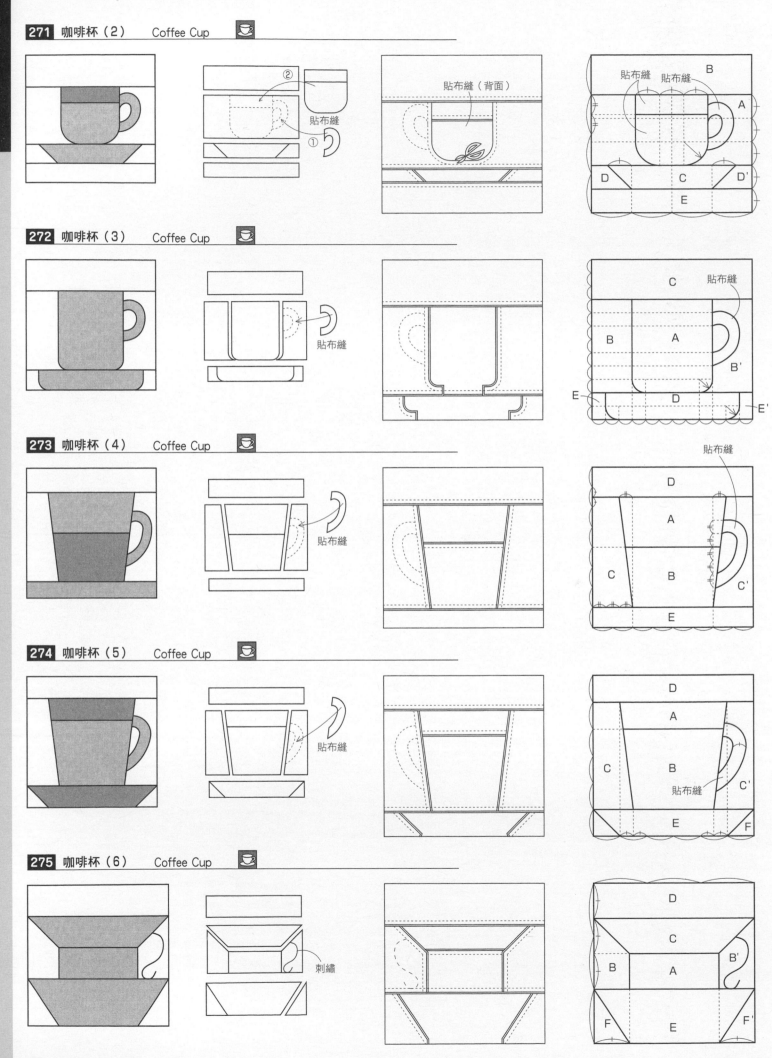

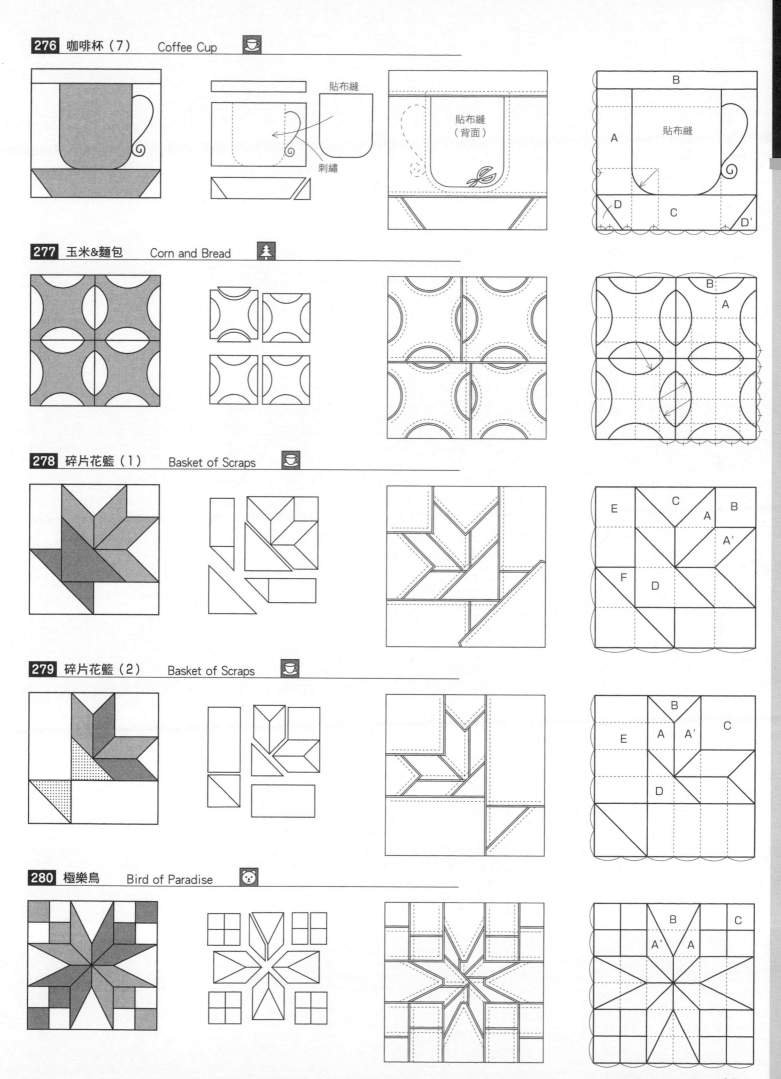

276 咖啡杯（7）　Coffee Cup

貼布縫

貼布縫
（背面）

刺繡

B

A

貼布縫

D　C　D'

277 玉米&麵包　Corn and Bread

B

A

278 碎片花籃（1）　Basket of Scraps

E　C　B

A

A'

F　D

279 碎片花籃（2）　Basket of Scraps

B

E　A　A'　C

D

280 極樂鳥　Bird of Paradise

B　C

A'　A

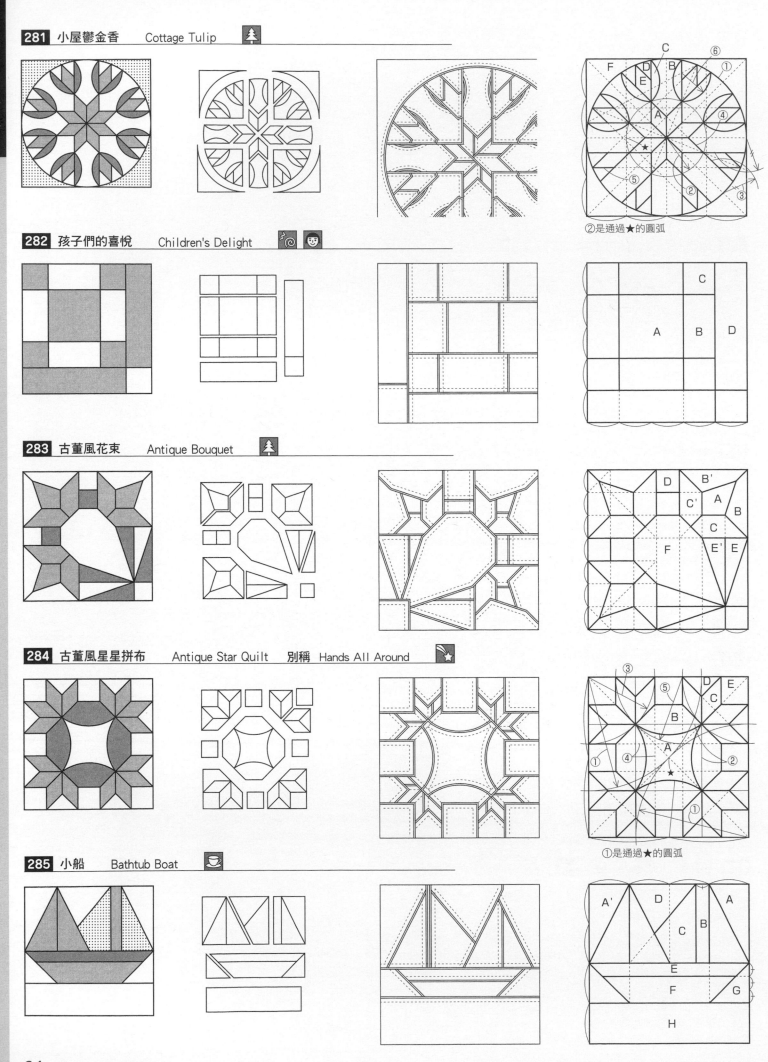

281 小屋鬱金香　Cottage Tulip

②是通過★的圓弧

282 孩子們的喜悅　Children's Delight

283 古董風花束　Antique Bouquet

284 古董風星星拼布　Antique Star Quilt　別稱　Hands All Around

①是通過★的圓弧

285 小船　Bathtub Boat

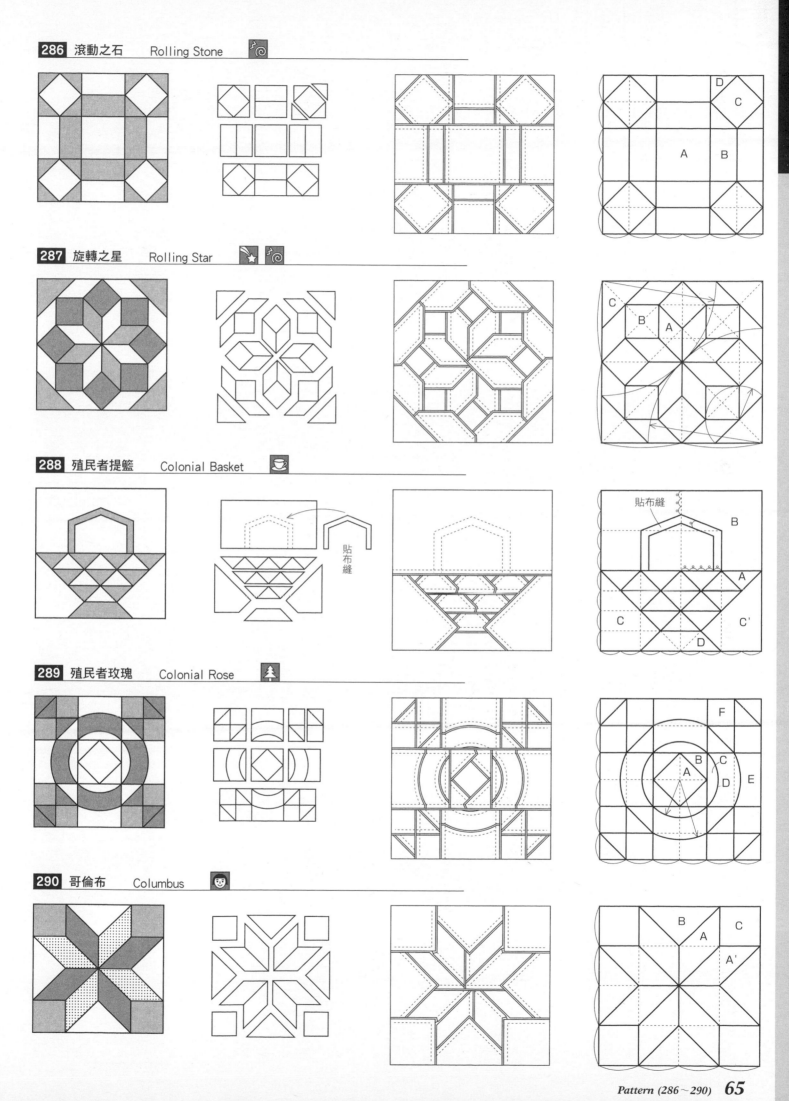

286 滾動之石　Rolling Stone

287 旋轉之星　Rolling Star

288 殖民者提籃　Colonial Basket

貼布縫

289 殖民者玫瑰　Colonial Rose

290 哥倫布　Columbus

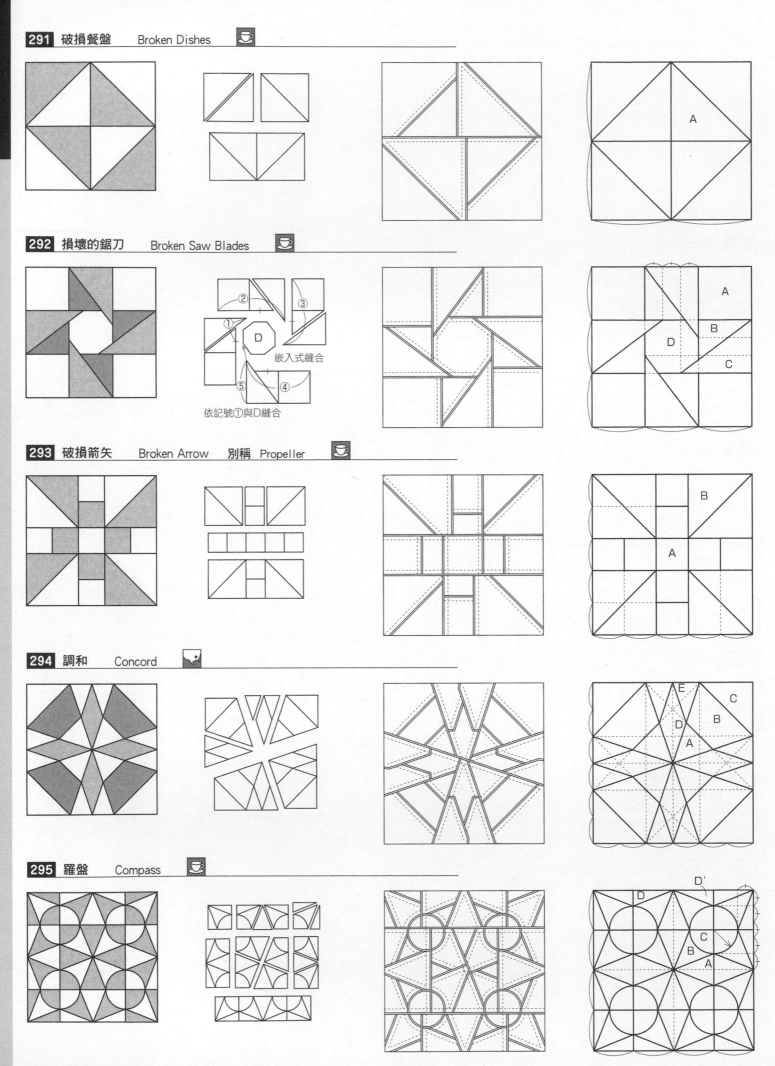

291 破損餐盤　Broken Dishes

292 損壞的鋸刀　Broken Saw Blades

嵌入式縫合

依記號①與D縫合

293 破損箭矢　Broken Arrow　別稱 Propeller

294 調和　Concord

295 羅盤　Compass

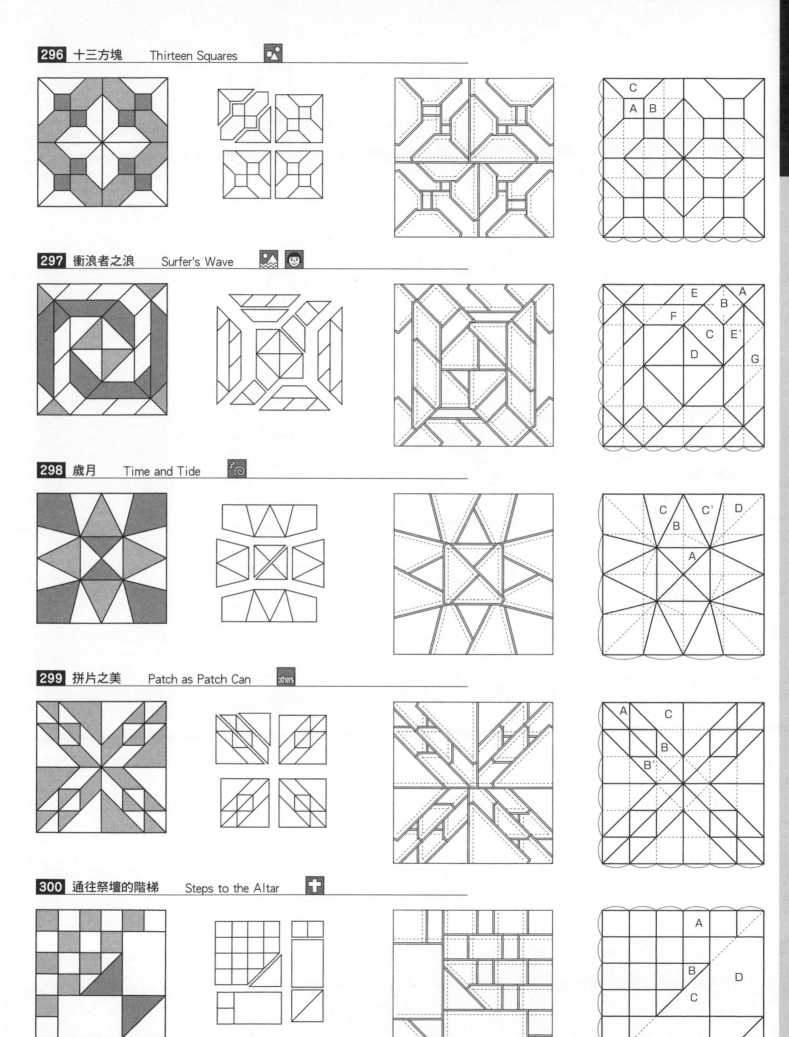

296 十三方塊　Thirteen Squares

297 衝浪者之浪　Surfer's Wave

298 歲月　Time and Tide

299 拼片之美　Patch as Patch Can　others

300 通往祭壇的階梯　Steps to the Altar

301 法院的階梯（1） Courthouse Steps

302 法院的階梯（2） Courthouse Steps

303 法院的階梯（3） Courthouse Steps

304 法院廣場 Courthouse Square

305 千片金字塔 Thousand Pyramids

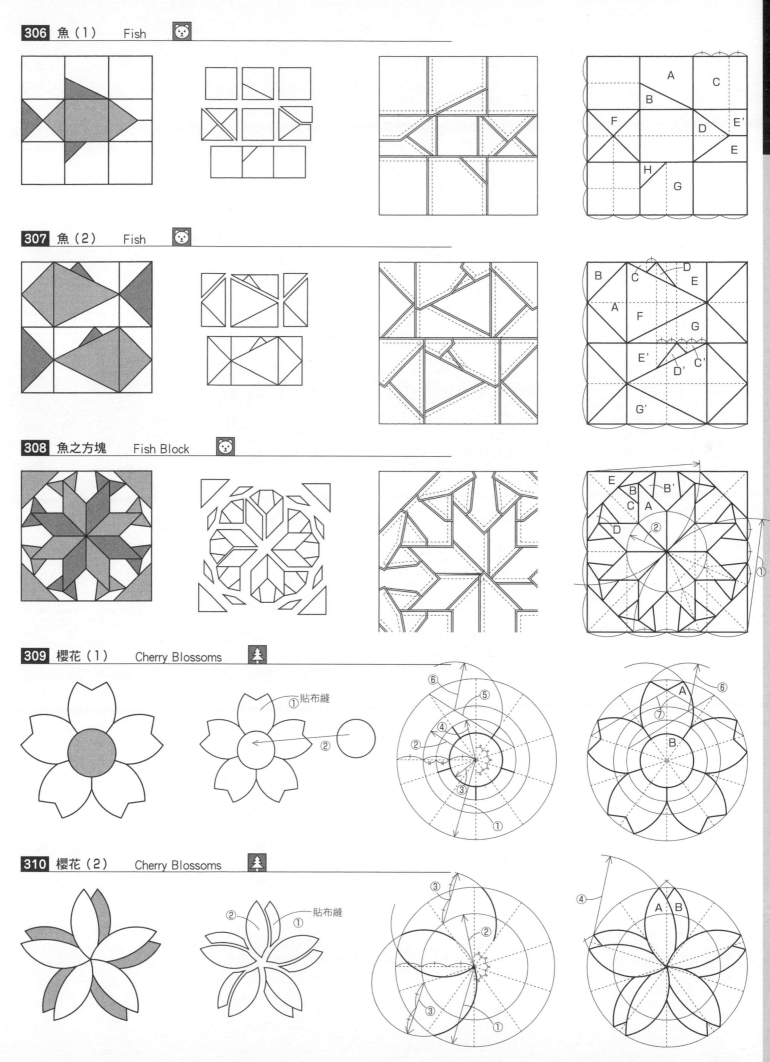

306 魚（1）　Fish

307 魚（2）　Fish

308 魚之方塊　Fish Block

309 櫻花（1）　Cherry Blossoms

貼布縫

310 櫻花（2）　Cherry Blossoms

貼布縫

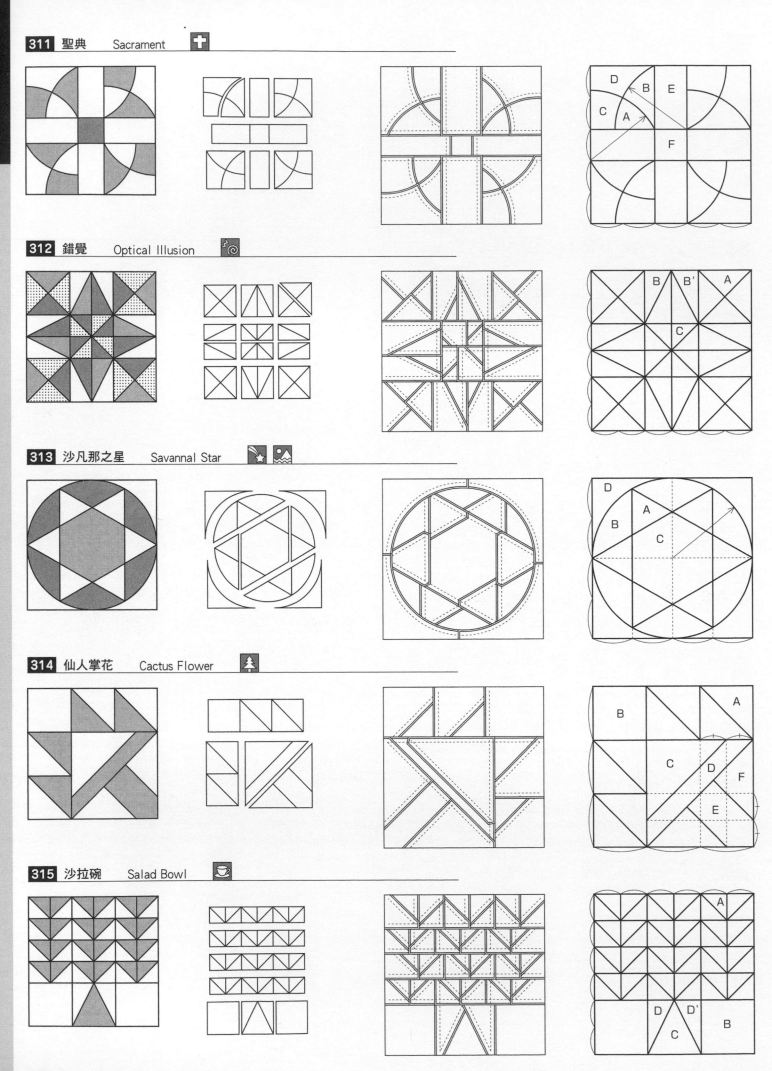

311 聖典　　Sacrament

312 錯覺　　Optical Illusion

313 沙凡那之星　　Savannal Star

314 仙人掌花　　Cactus Flower

315 沙拉碗　　Salad Bowl

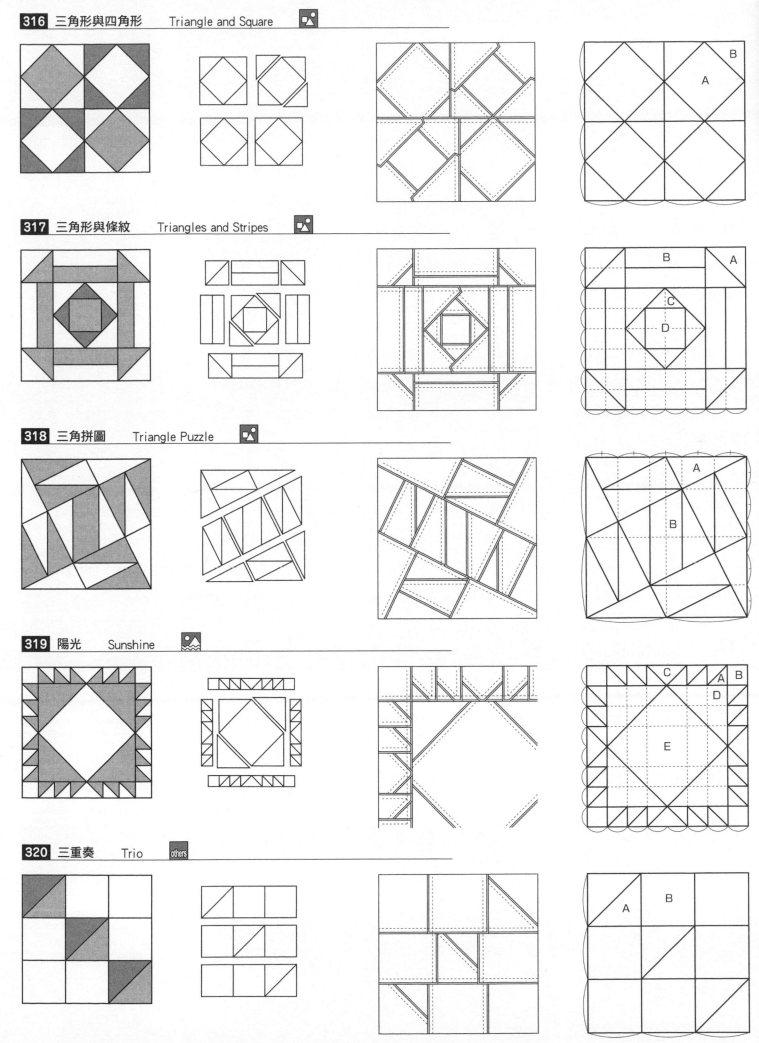

316 三角形與四角形　Triangle and Square

317 三角形與條紋　Triangles and Stripes

318 三角拼圖　Triangle Puzzle

319 陽光　Sunshine

320 三重奏　Trio

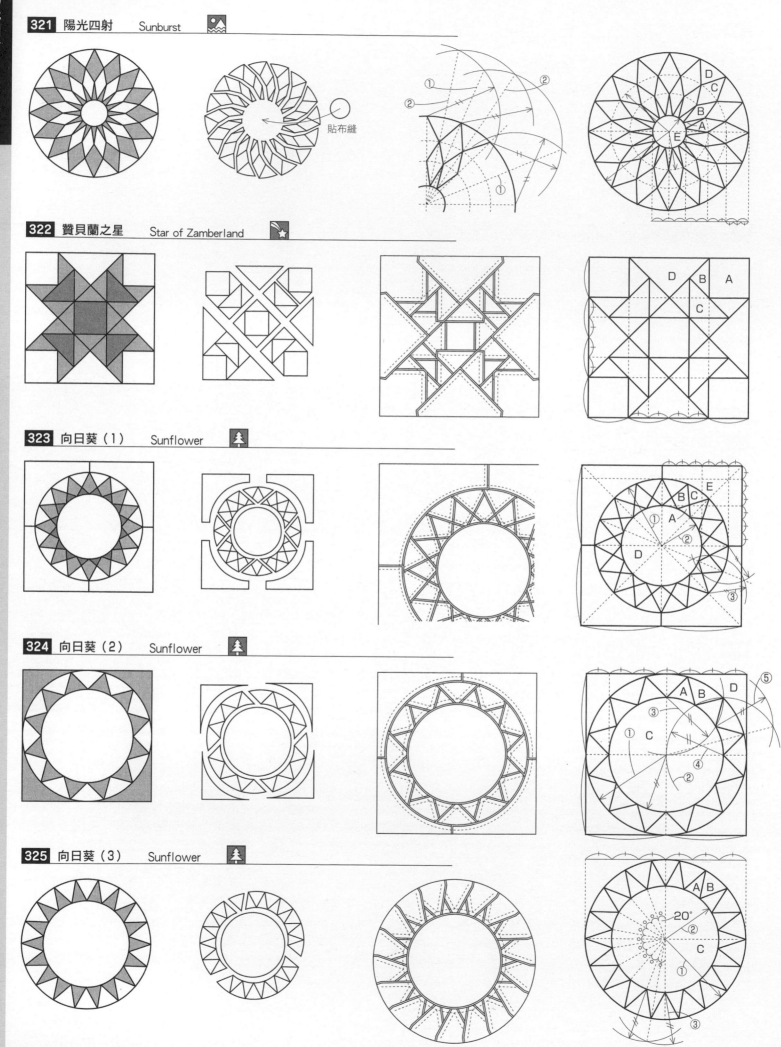

321 陽光四射　Sunburst

貼布縫

322 贊貝蘭之星　Star of Zamberland

323 向日葵（1）　Sunflower

324 向日葵（2）　Sunflower

325 向日葵（3）　Sunflower

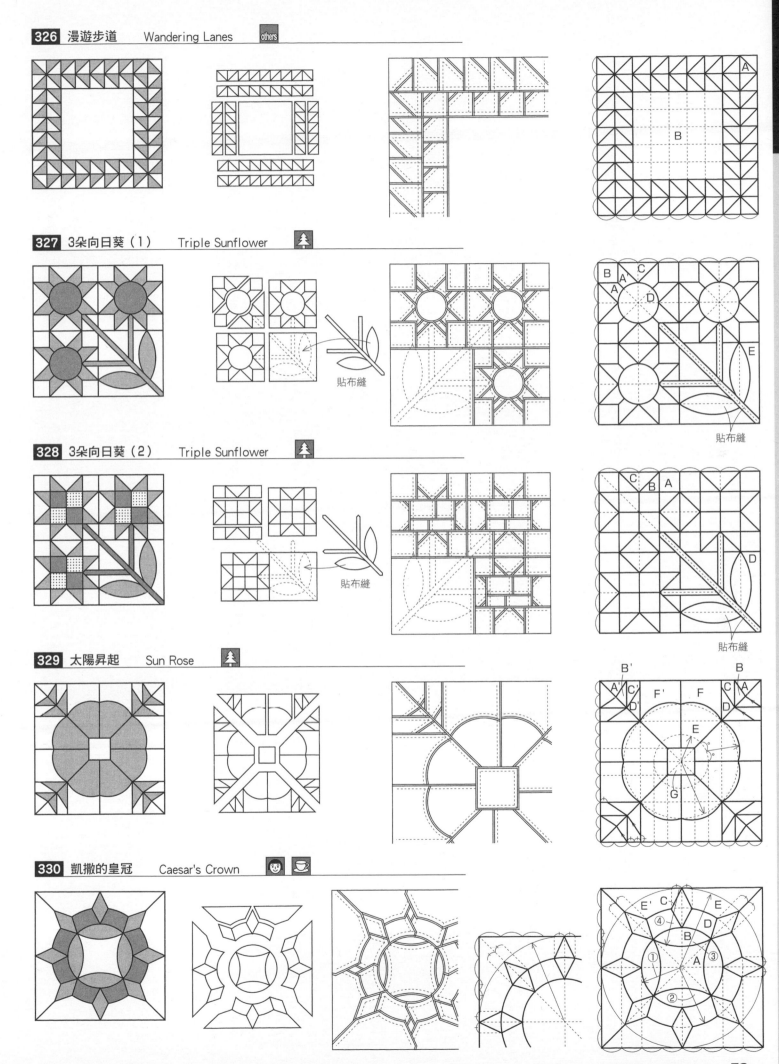

326 漫遊步道　Wandering Lanes　others

327 3朵向日葵（1）　Triple Sunflower

貼布縫

貼布縫

328 3朵向日葵（2）　Triple Sunflower

貼布縫

貼布縫

329 太陽昇起　Sun Rose

330 凱撒的皇冠　Caesar's Crown

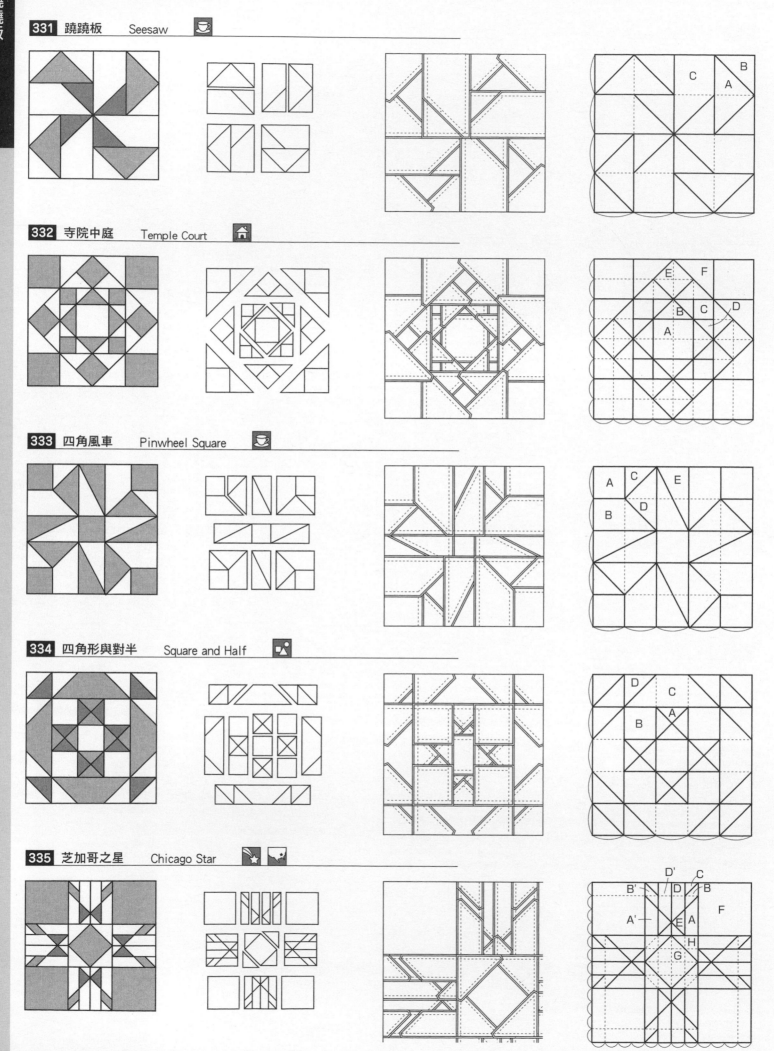

331 蹺蹺板　Seesaw

332 寺院中庭　Temple Court

333 四角風車　Pinwheel Square

334 四角形與對半　Square and Half

335 芝加哥之星　Chicago Star

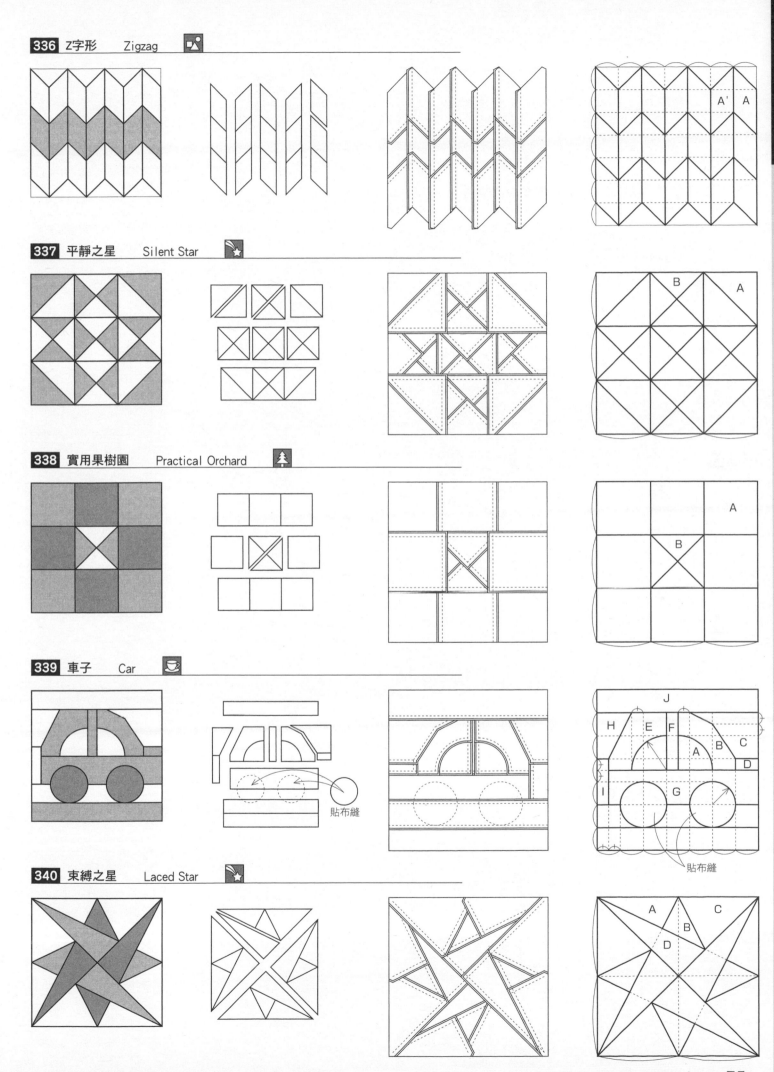

336 Z字形   Zigzag

337 平靜之星   Silent Star

A' A

B A

338 實用果樹園   Practical Orchard

A

B

339 車子   Car

貼布縫

J

H   E   F

A   B   C

D

I   G

貼布縫

340 束縛之星   Laced Star

A   C

B

D

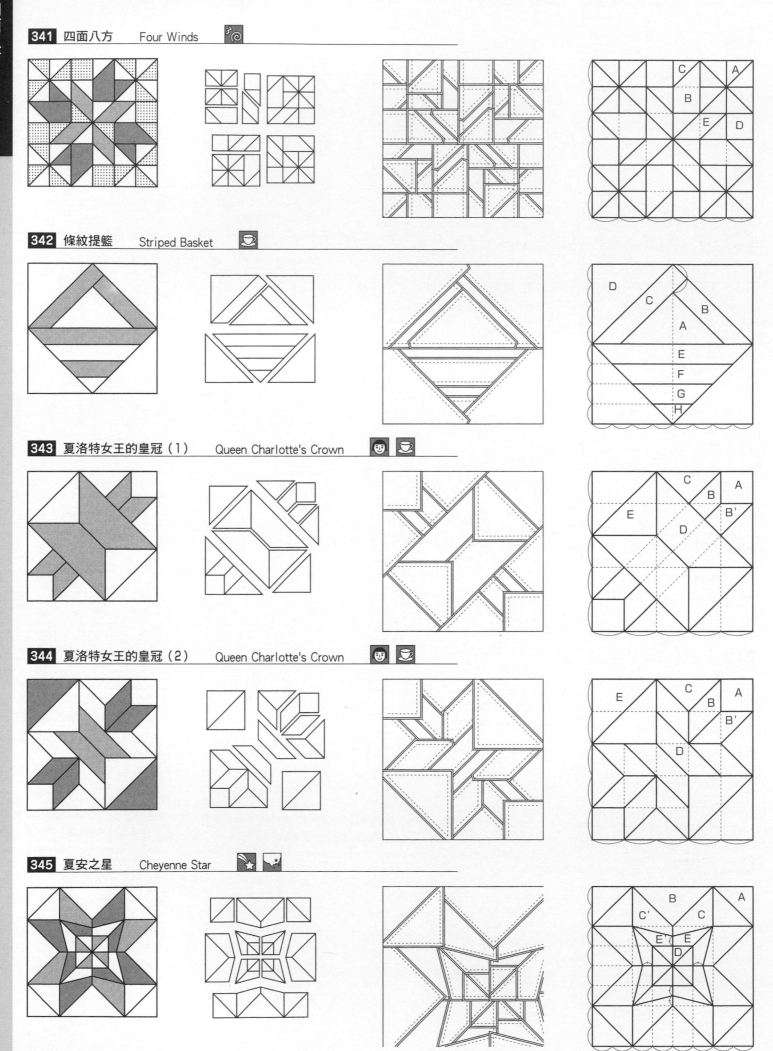

341 四面八方　　Four Winds

342 條紋提籃　　Striped Basket

343 夏洛特女王的皇冠（1）　　Queen Charlotte's Crown

344 夏洛特女王的皇冠（2）　　Queen Charlotte's Crown

345 夏安之星　　Cheyenne Star

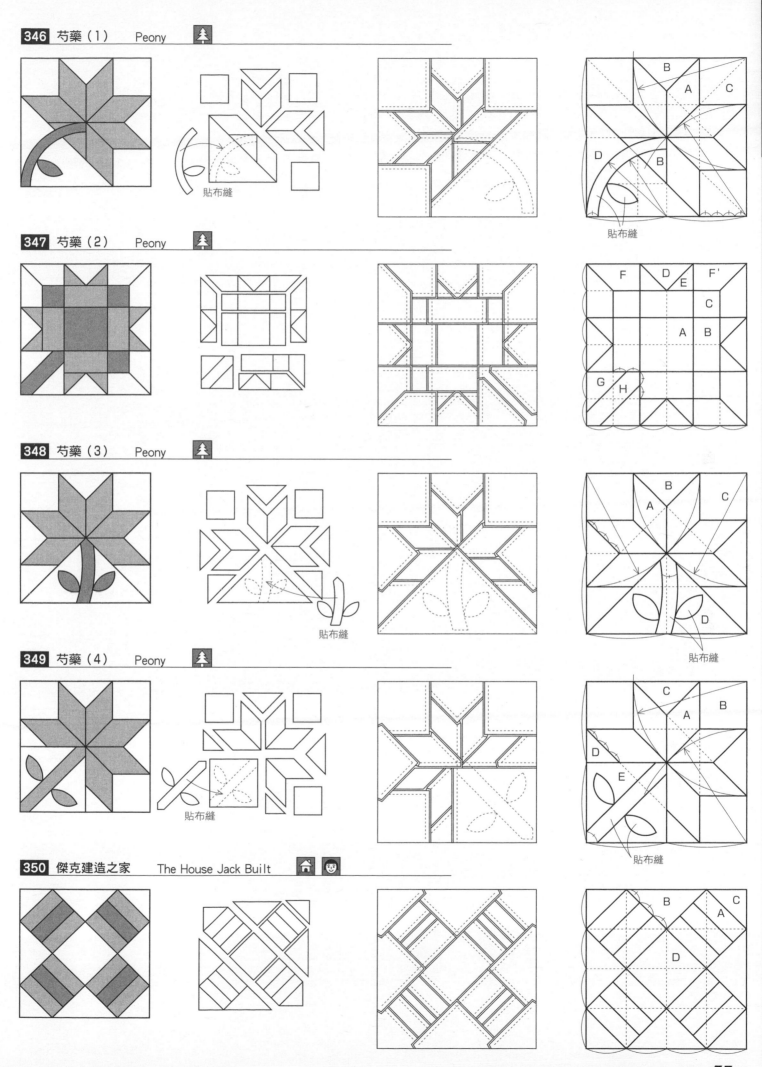

346 芍藥（1）　Peony

貼布縫

貼布縫

347 芍藥（2）　Peony

348 芍藥（3）　Peony

貼布縫

貼布縫

349 芍藥（4）　Peony

貼布縫

貼布縫

350 傑克建造之家　The House Jack Built

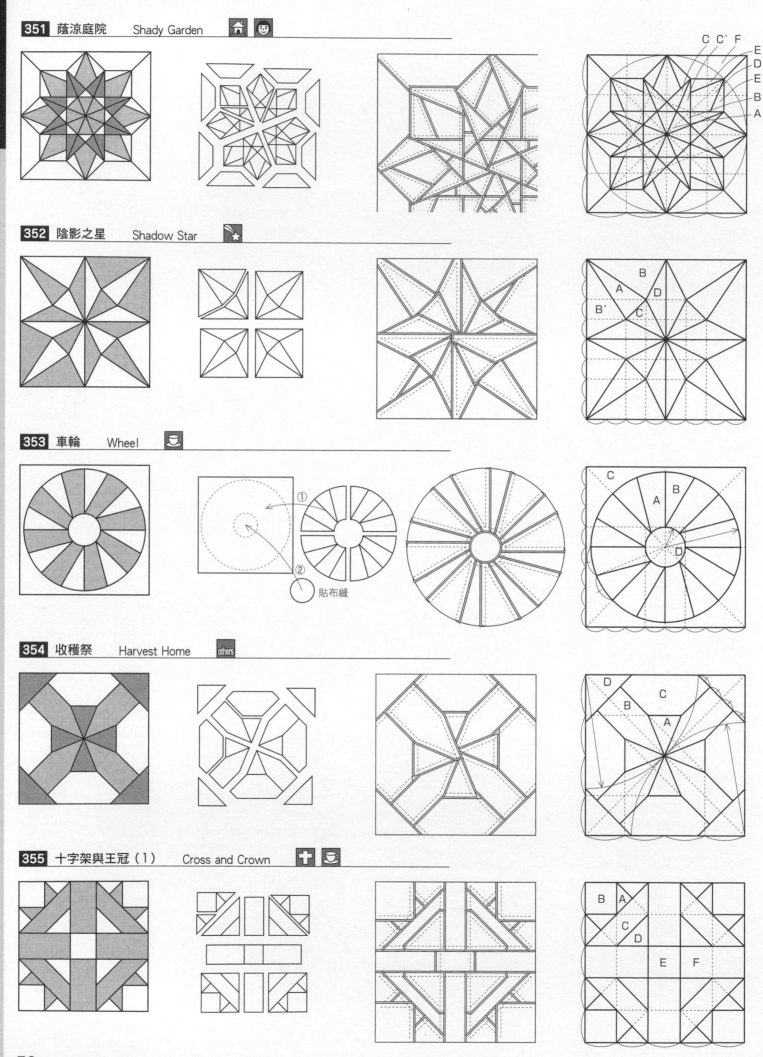

351 蔭涼庭院　Shady Garden

352 陰影之星　Shadow Star

353 車輪　Wheel

貼布縫

354 收穫祭　Harvest Home

355 十字架與王冠（1）　Cross and Crown

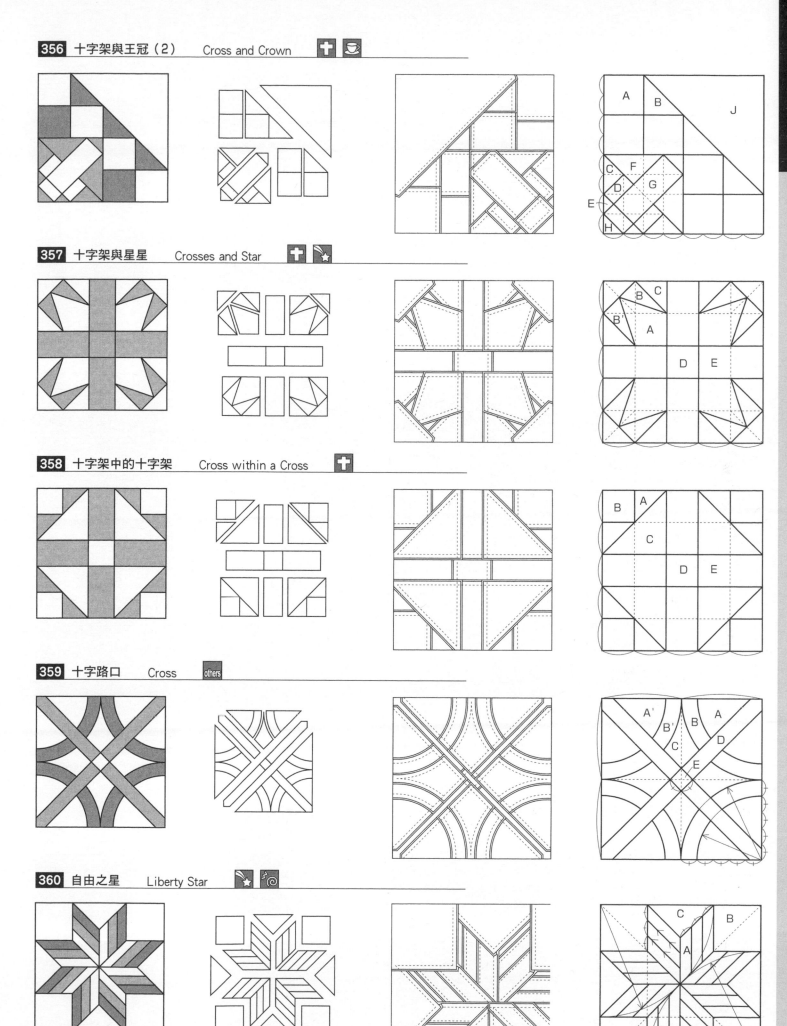

356 十字架與王冠（2）　Cross and Crown

357 十字架與星星　Crosses and Star

358 十字架中的十字架　Cross within a Cross

359 十字路口　Cross　others

360 自由之星　Liberty Star

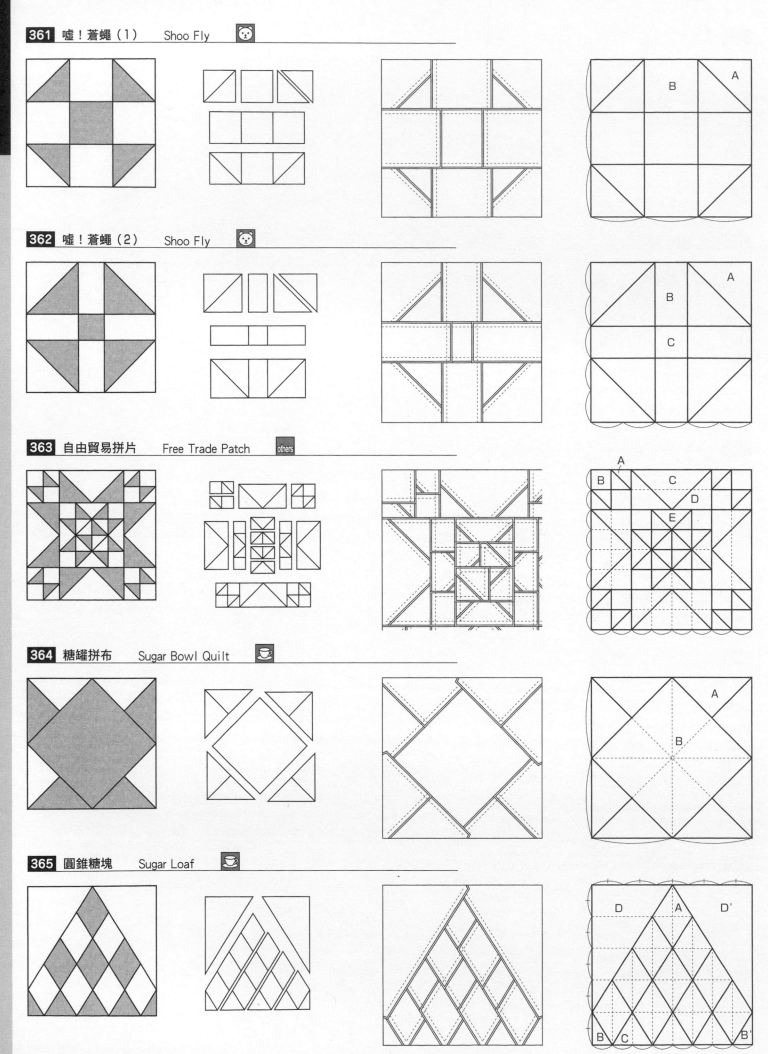

361 噓！蒼蠅（1） Shoo Fly

362 噓！蒼蠅（2） Shoo Fly

363 自由貿易拼片 Free Trade Patch others

364 糖罐拼布 Sugar Bowl Quilt

365 圓錐糖塊 Sugar Loaf

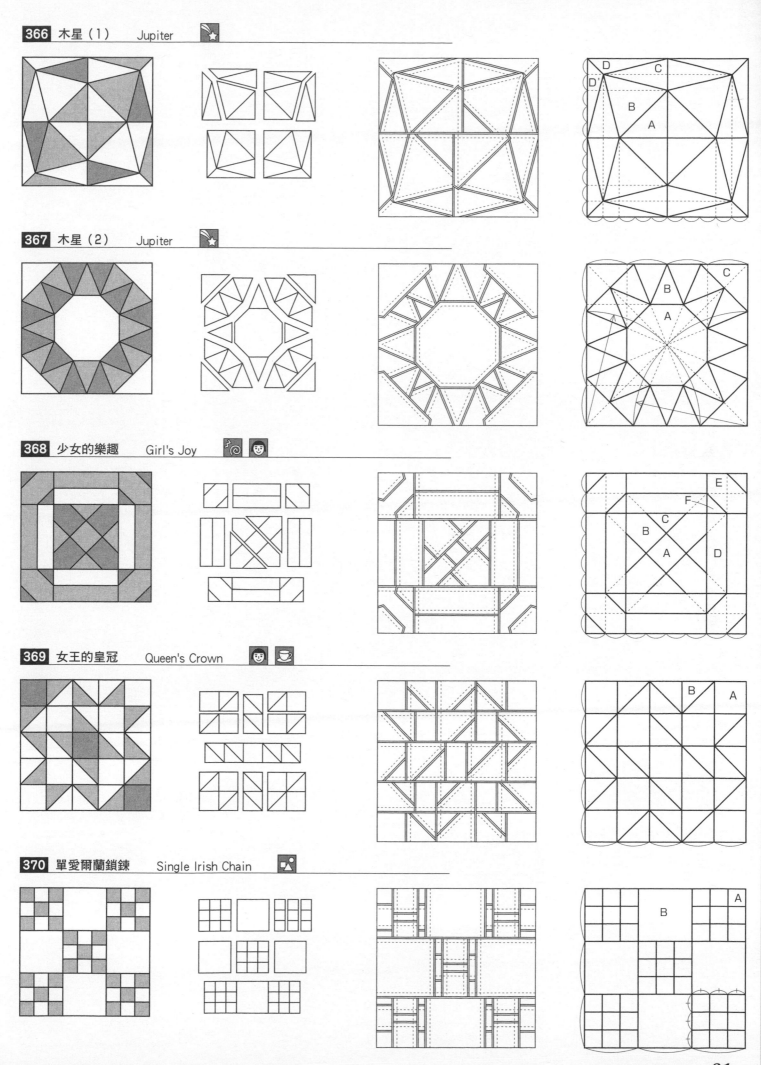

366 木星（1） Jupiter

367 木星（2） Jupiter

368 少女的樂趣 Girl's Joy

369 女王的皇冠 Queen's Crown

370 單愛爾蘭鎖鍊 Single Irish Chain

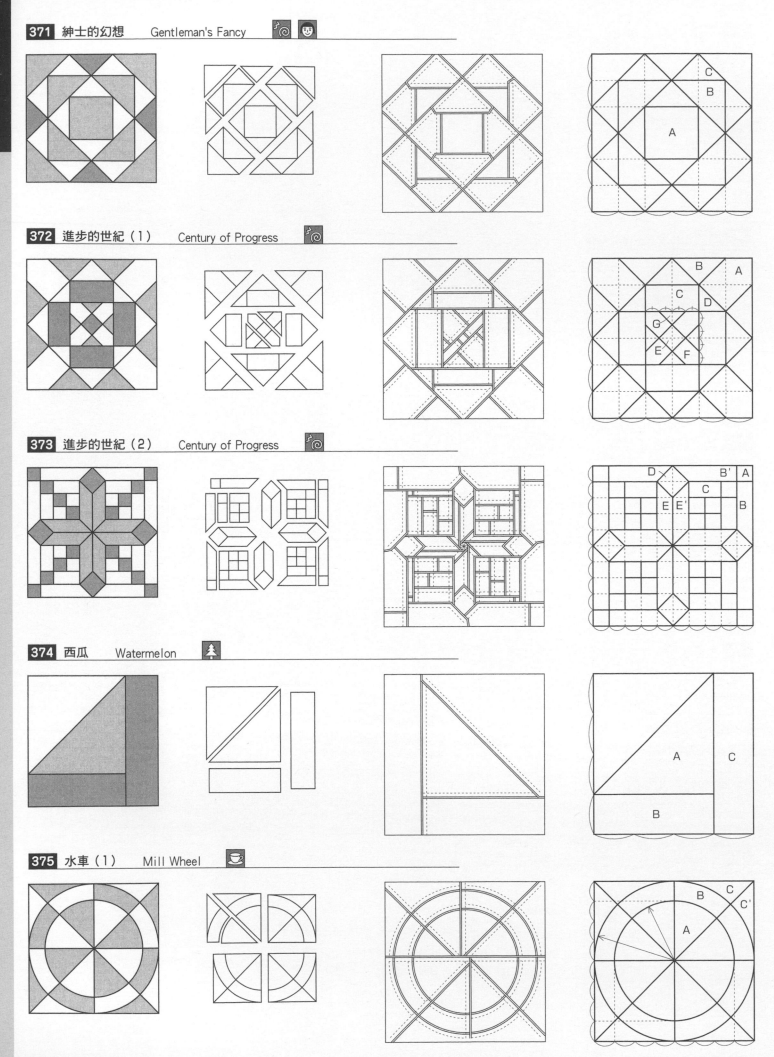

371 紳士的幻想　Gentleman's Fancy

372 進步的世紀（1）　Century of Progress

373 進步的世紀（2）　Century of Progress

374 西瓜　Watermelon

375 水車（1）　Mill Wheel

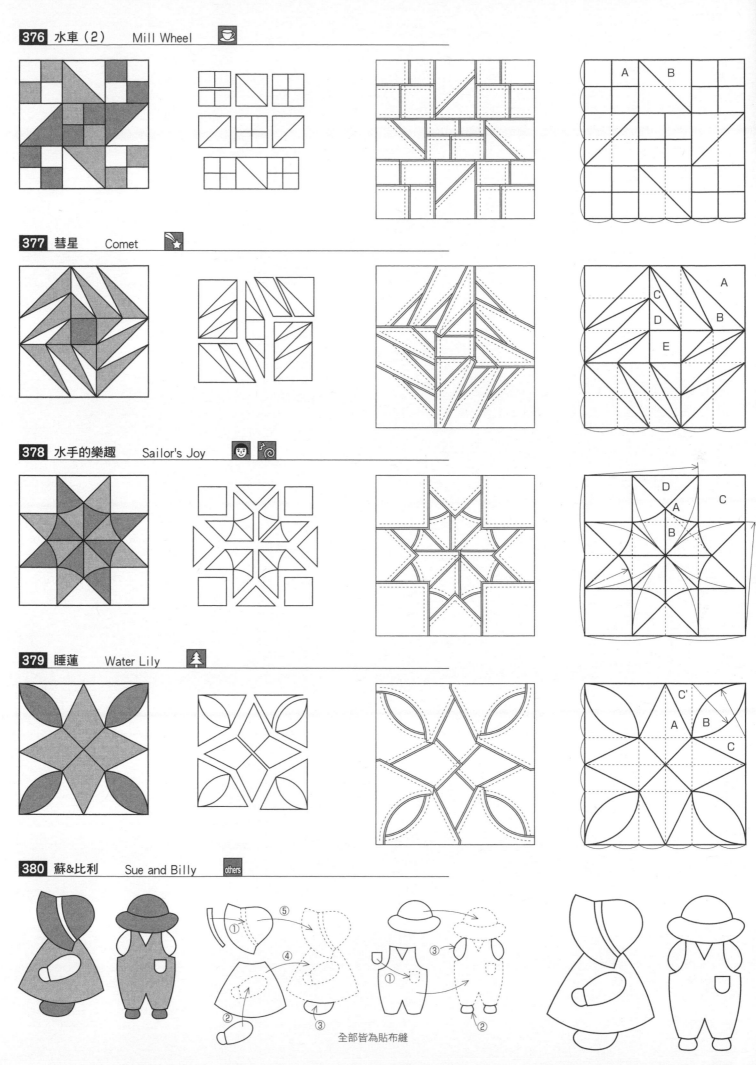

376 水車（2）　Mill Wheel

377 彗星　Comet

378 水手的樂趣　Sailor's Joy

379 睡蓮　Water Lily

380 蘇&比利　Sue and Billy　others

全部皆為貼布縫

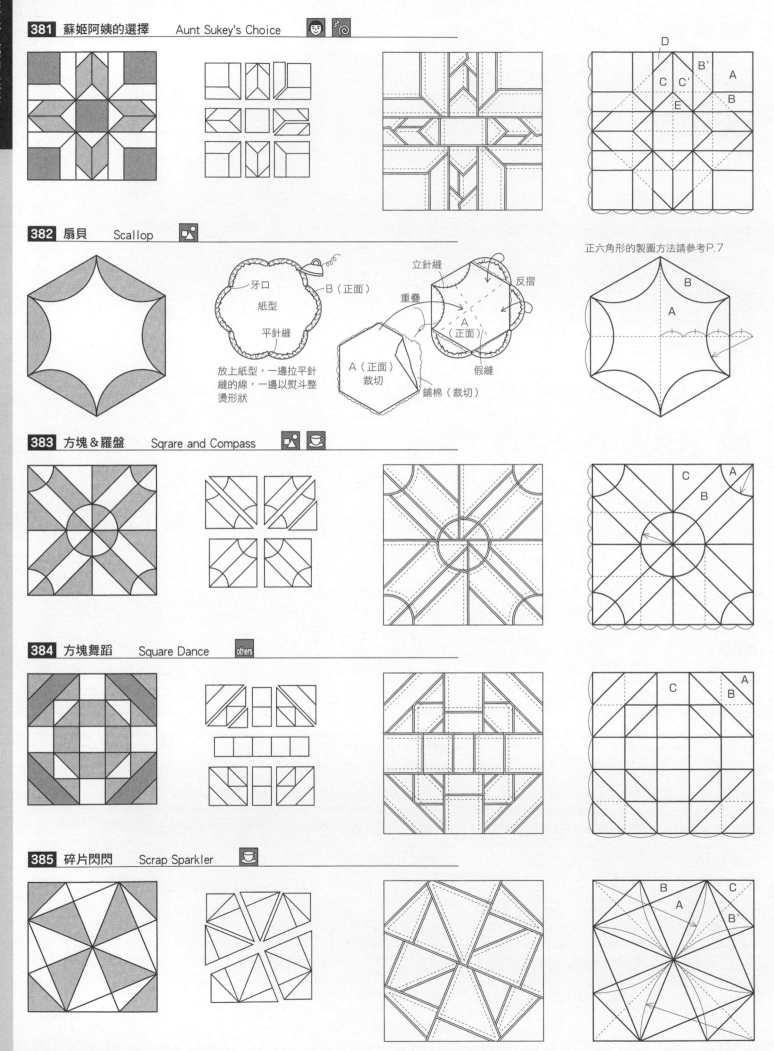

381 蘇姬阿姨的選擇　Aunt Sukey's Choice

382 扇貝　Scallop

正六角形的製圖方法請參考P.7

牙口
紙型
B（正面）
平針縫

放上紙型，一邊拉平針縫的線，一邊以熨斗整燙形狀

立針縫
重疊
反摺
A（正面）
假縫
A（正面）裁切
鋪棉（裁切）

383 方塊＆羅盤　Sqrare and Compass

384 方塊舞蹈　Square Dance　others

385 碎片閃閃　Scrap Sparkler

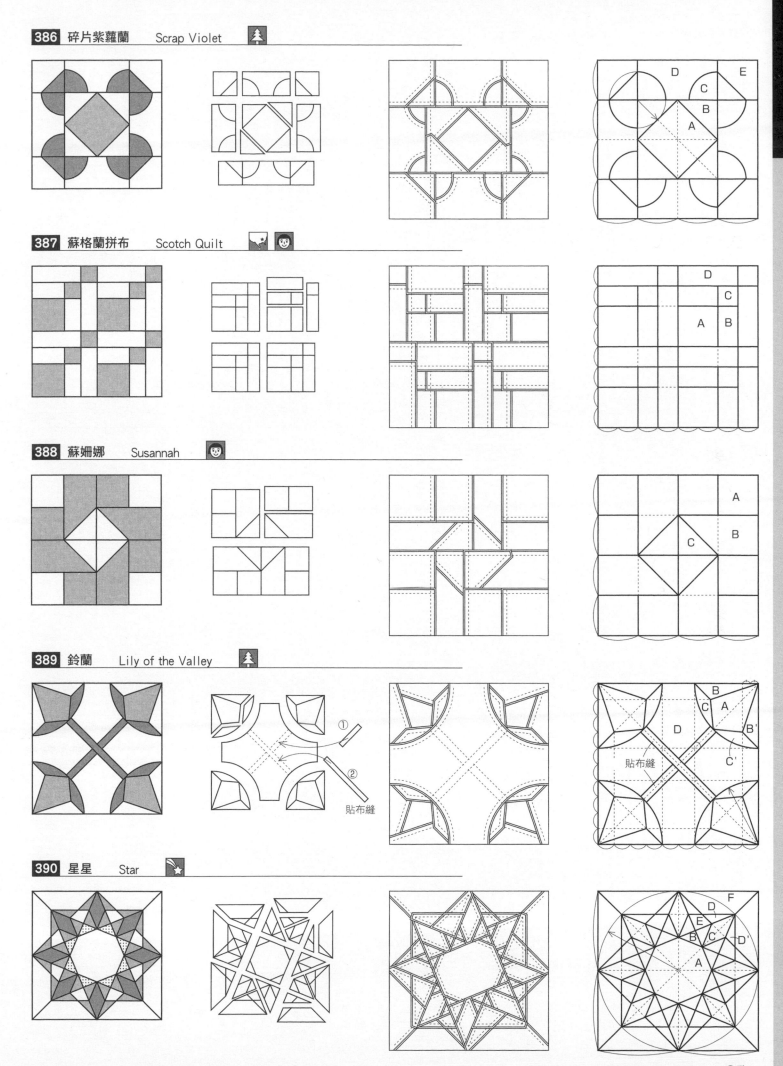

386 碎片紫蘿蘭　Scrap Violet

387 蘇格蘭拼布　Scotch Quilt

388 蘇姍娜　Susannah

389 鈴蘭　Lily of the Valley

貼布縫

390 星星　Star

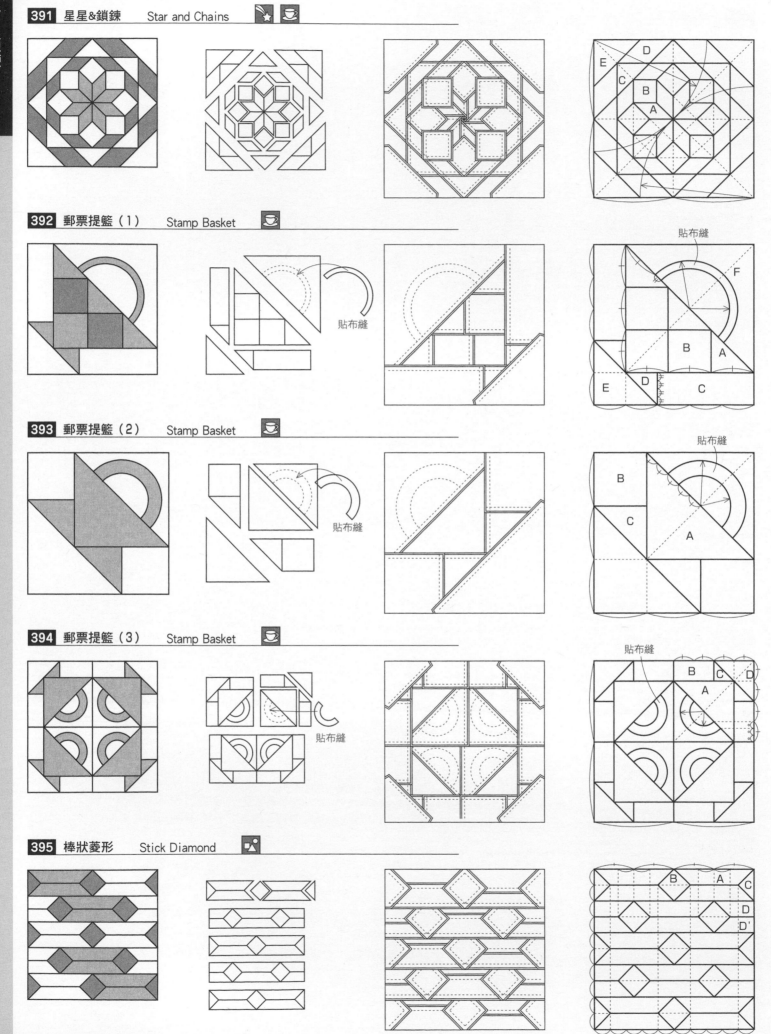

391 星星&鎖鍊　Star and Chains

392 郵票提籃（1）　Stamp Basket

393 郵票提籃（2）　Stamp Basket

394 郵票提籃（3）　Stamp Basket

395 棒狀菱形　Stick Diamond

星星 & 鎖鍊

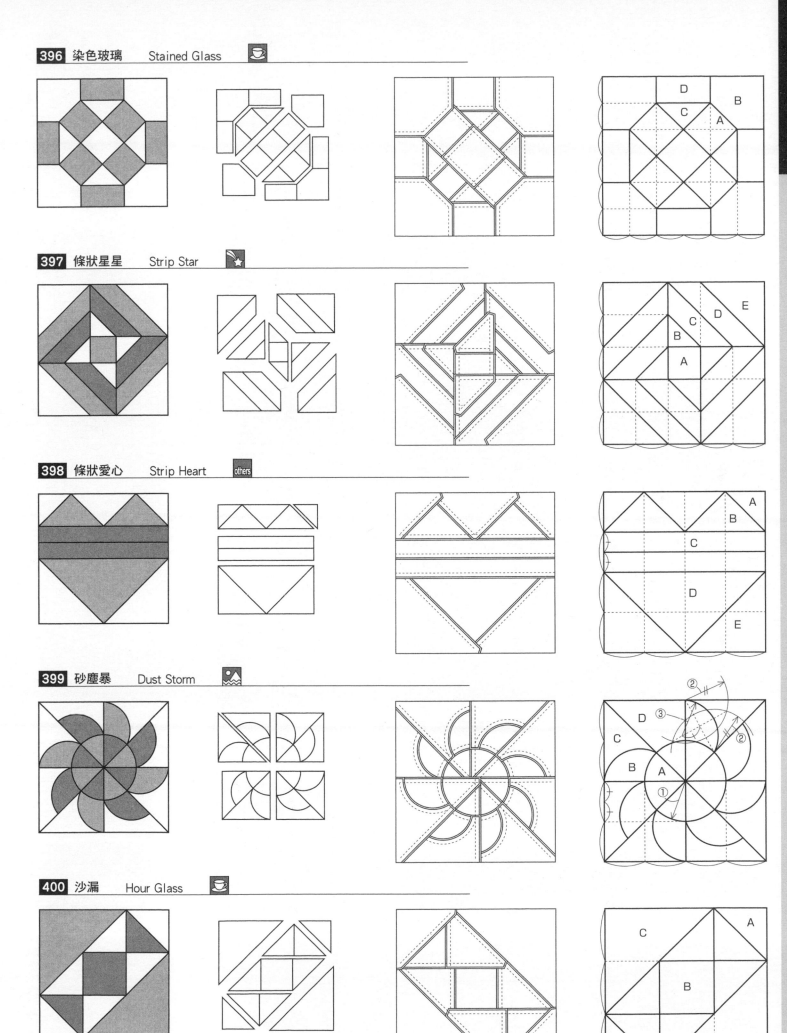

396 染色玻璃　Stained Glass

397 條狀星星　Strip Star

398 條狀愛心　Strip Heart　others

399 砂塵暴　Dust Storm

400 沙漏　Hour Glass

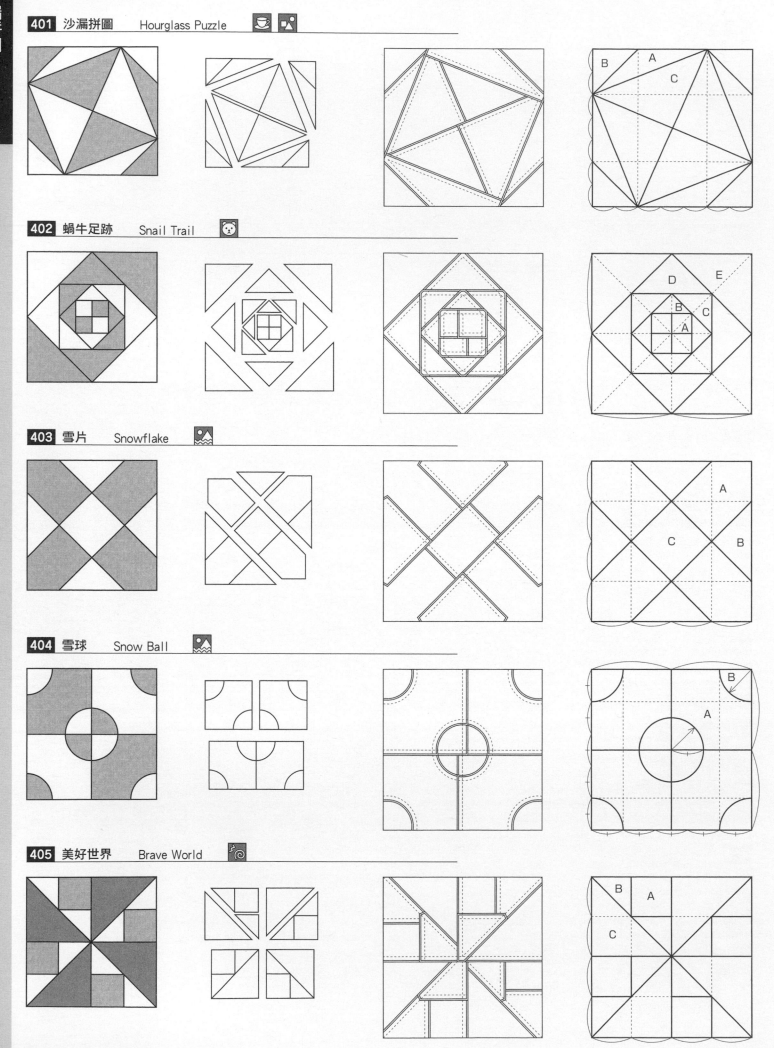

沙漏拼圖

401 沙漏拼圖　Hourglass Puzzle

402 蝸牛足跡　Snail Trail

403 雪片　Snowflake

404 雪球　Snow Ball

405 美好世界　Brave World

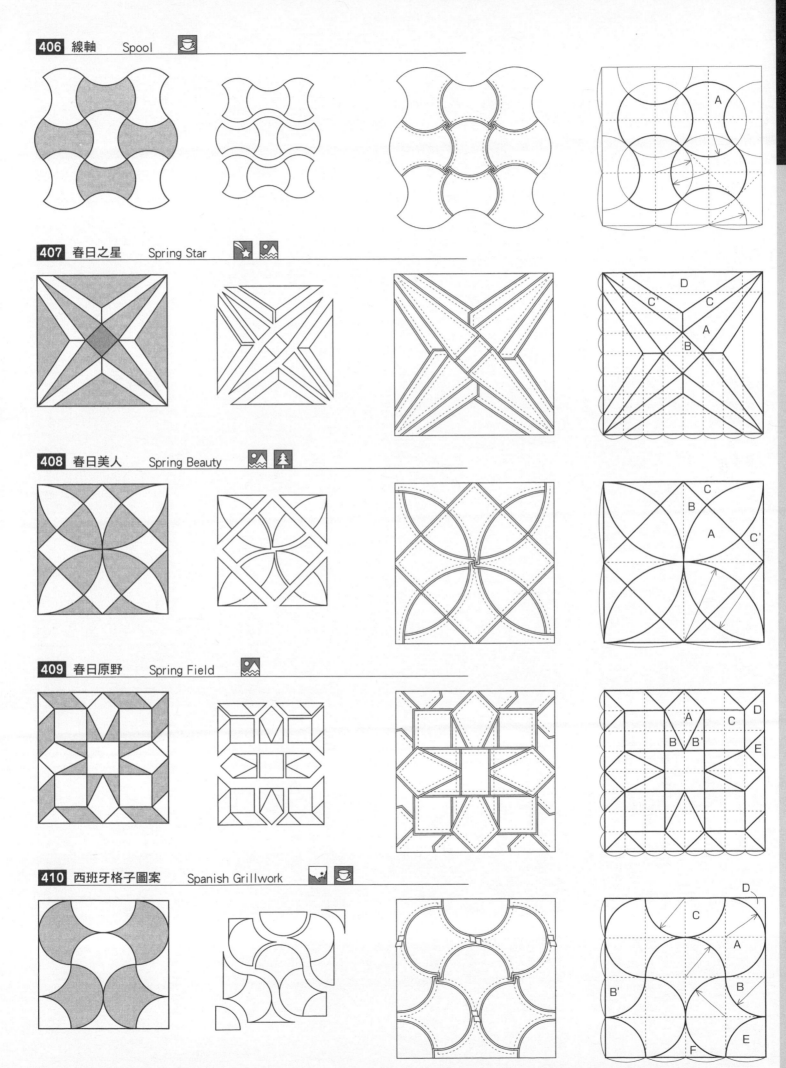

406 線軸　Spool

407 春日之星　Spring Star

408 春日美人　Spring Beauty

409 春日原野　Spring Field

410 西班牙格子圖案　Spanish Grillwork

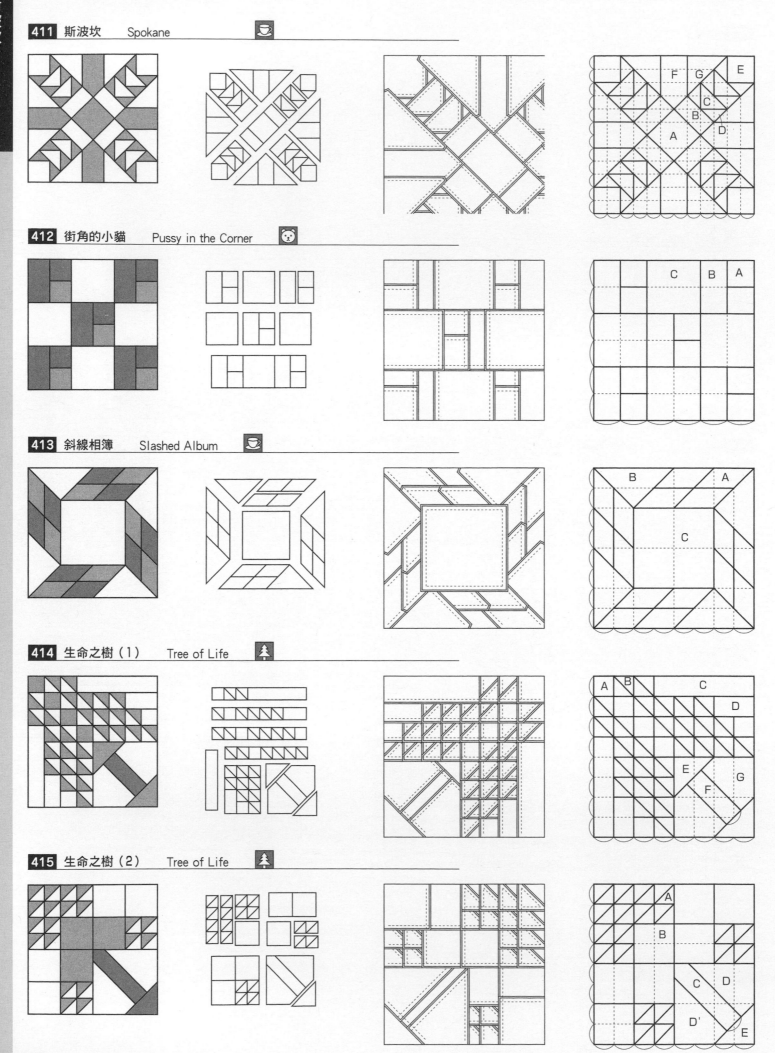

411 斯波坎　　Spokane

412 街角的小貓　Pussy in the Corner

413 斜線相簿　Slashed Album

414 生命之樹（1）　Tree of Life

415 生命之樹（2）　Tree of Life

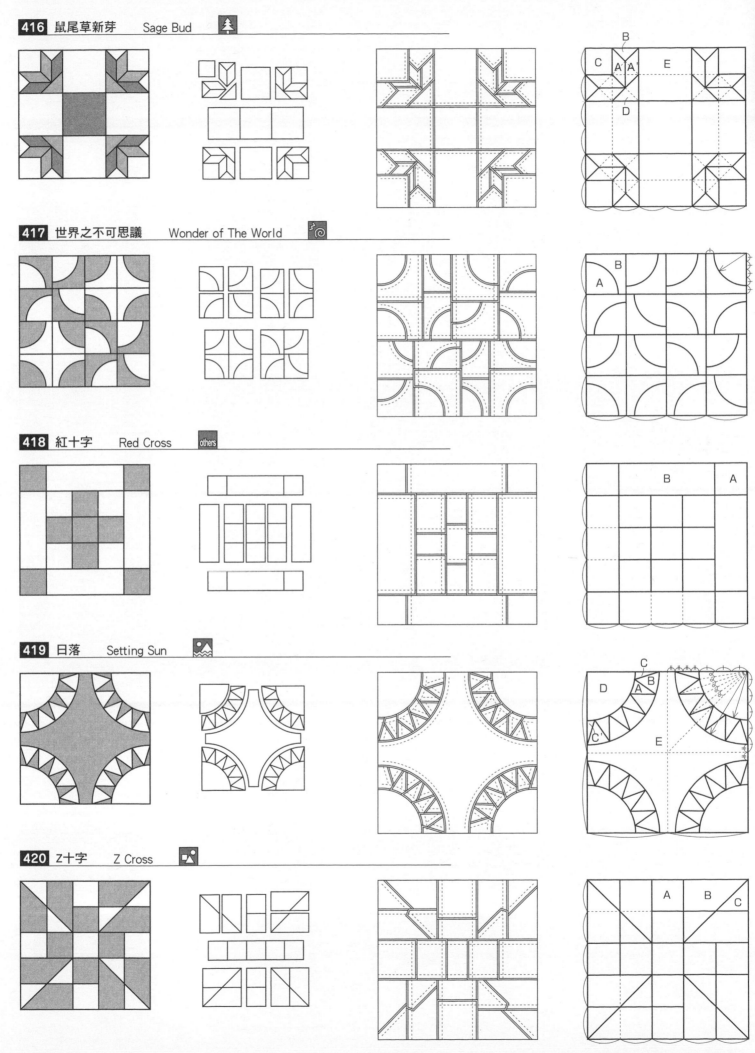

416 鼠尾草新芽　Sage Bud

417 世界之不可思議　Wonder of The World

418 紅十字　Red Cross　others

419 日落　Setting Sun

420 Z十字　Z Cross

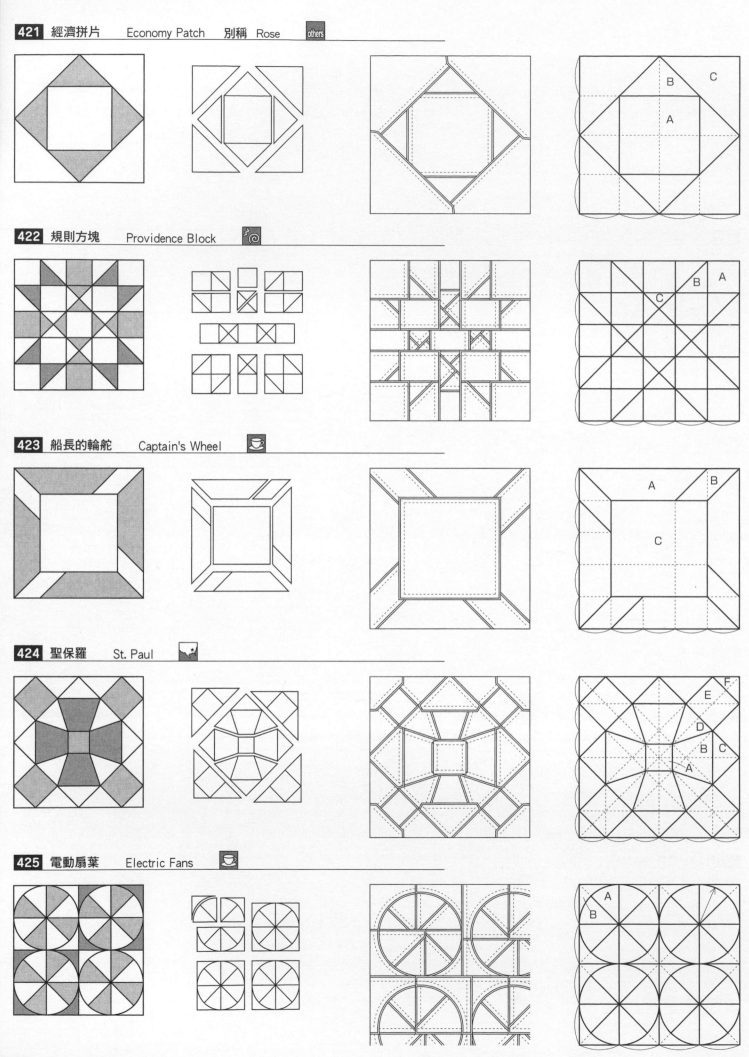

421 經濟拼片　Economy Patch　別稱　Rose　others

422 規則方塊　Providence Block

423 船長的輪舵　Captain's Wheel

424 聖保羅　St. Paul

425 電動扇葉　Electric Fans

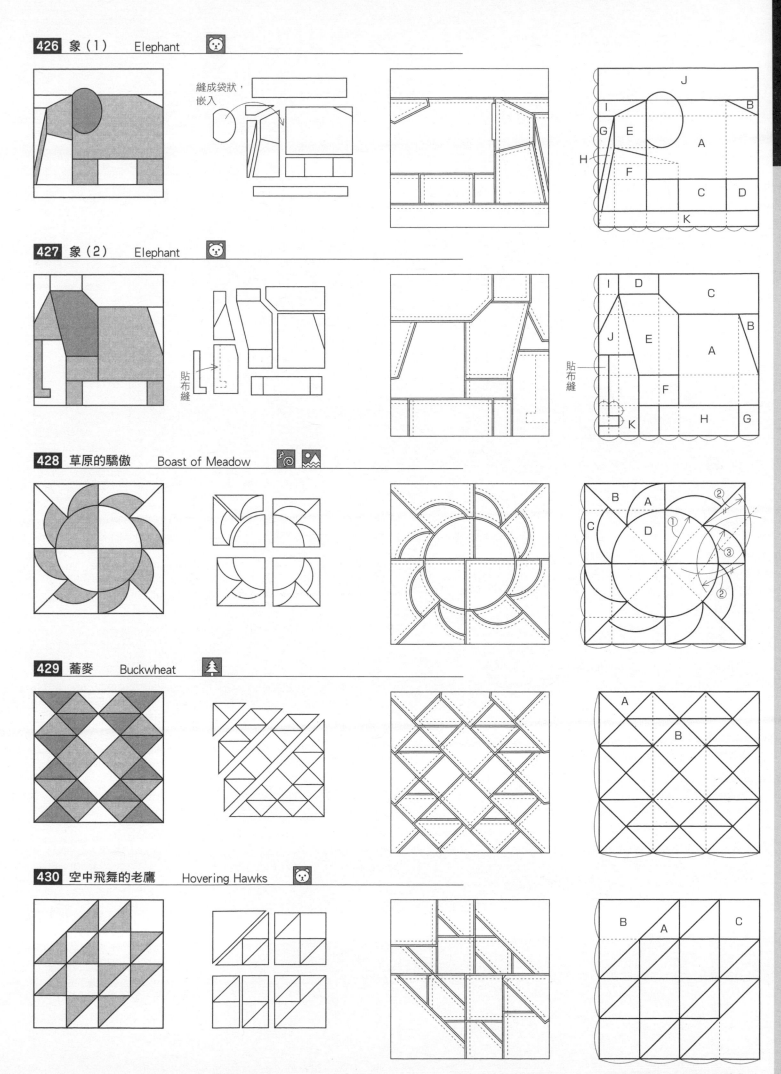

426 象（1） Elephant

縫成袋狀，嵌入

J
I B
G E A
H
F
C D
K

427 象（2） Elephant

貼布縫

I D C
J E B
A
F
K H G

貼布縫

428 草原的驕傲 Boast of Meadow

B A
C
D
① ② ③

429 蕎麥 Buckwheat

A
B

430 空中飛舞的老鷹 Hovering Hawks

B A C

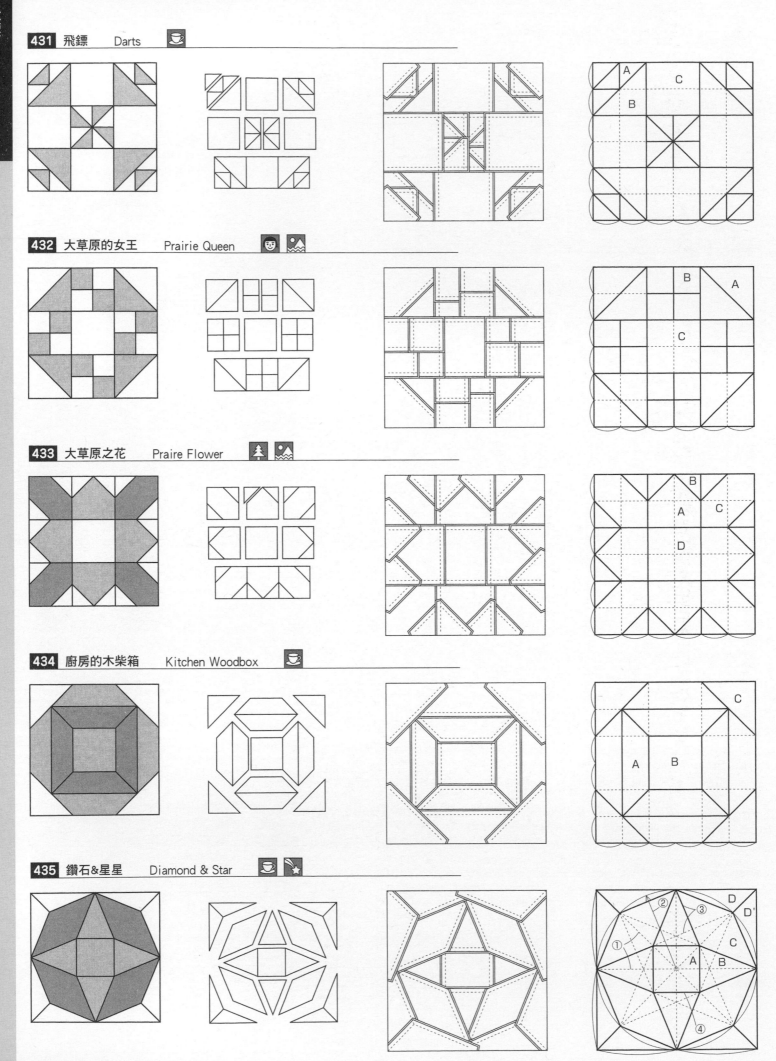

431 飛鏢   Darts

432 大草原的女王   Prairie Queen

433 大草原之花   Praire Flower

434 廚房的木柴箱   Kitchen Woodbox

435 鑽石&星星   Diamond & Star

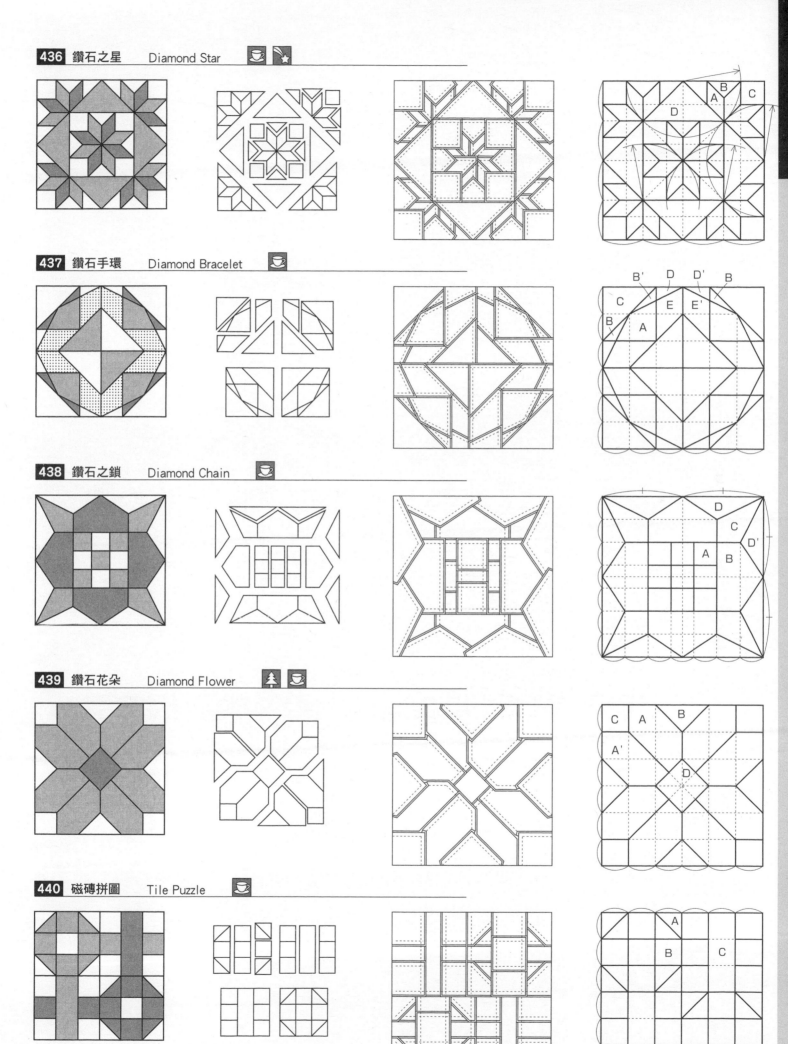

436 鑽石之星　Diamond Star

437 鑽石手環　Diamond Bracelet

438 鑽石之鎖　Diamond Chain

439 鑽石花朵　Diamond Flower

440 磁磚拼圖　Tile Puzzle

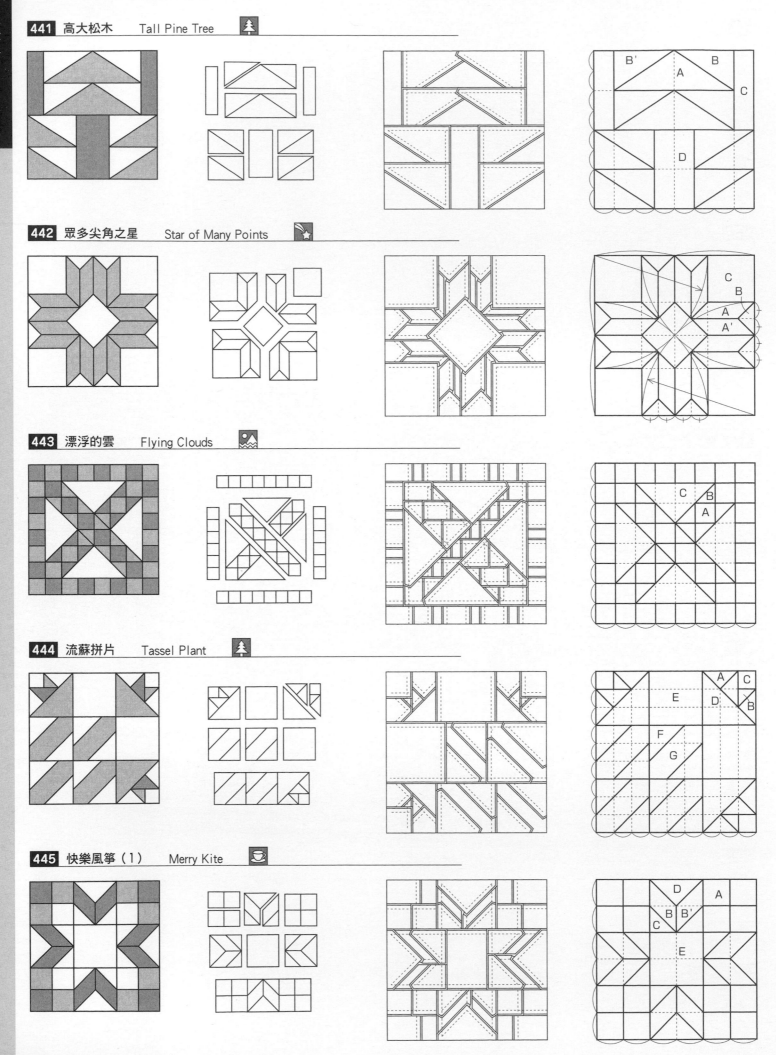

441 高大松木　　Tall Pine Tree

B' A B C D

442 眾多尖角之星　　Star of Many Points

C B A A'

443 漂浮的雲　　Flying Clouds

C B A

444 流蘇拼片　　Tassel Plant

A C E D B F G

445 快樂風箏（1）　　Merry Kite

D A B B' C E

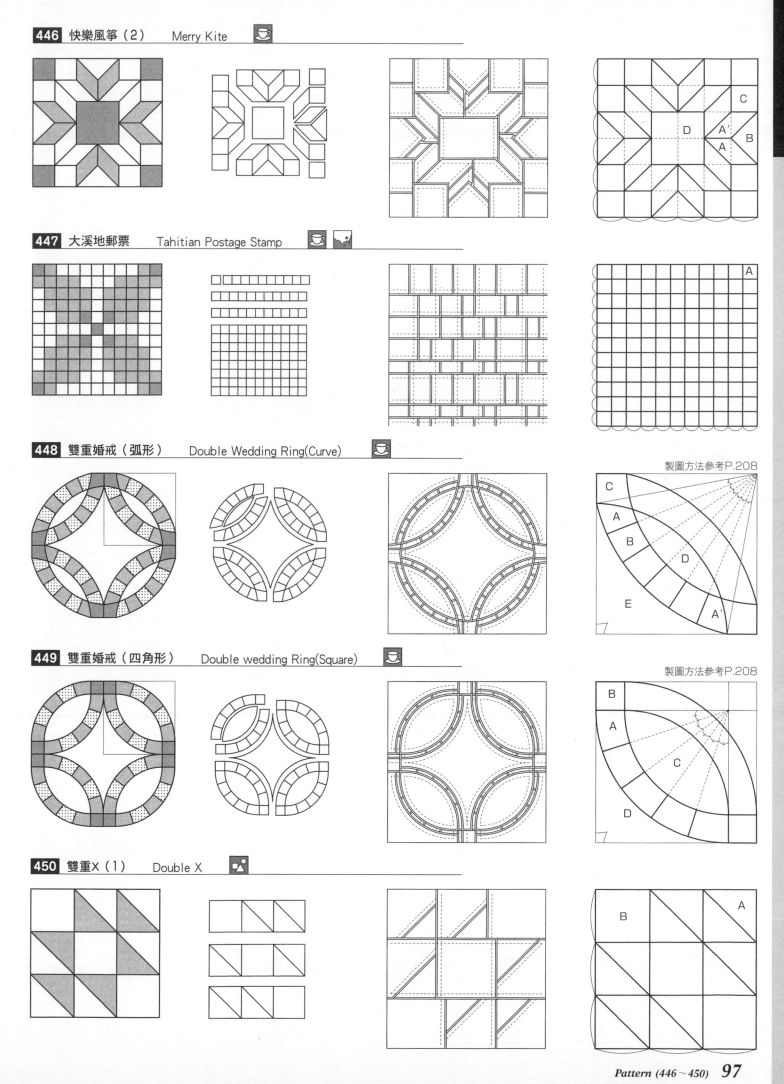

446 快樂風箏（2）　Merry Kite

447 大溪地郵票　Tahitian Postage Stamp

448 雙重婚戒（弧形）　Double Wedding Ring(Curve)

製圖方法參考P.208

449 雙重婚戒（四角形）　Double wedding Ring(Square)

製圖方法參考P.208

450 雙重X（1）　Double X

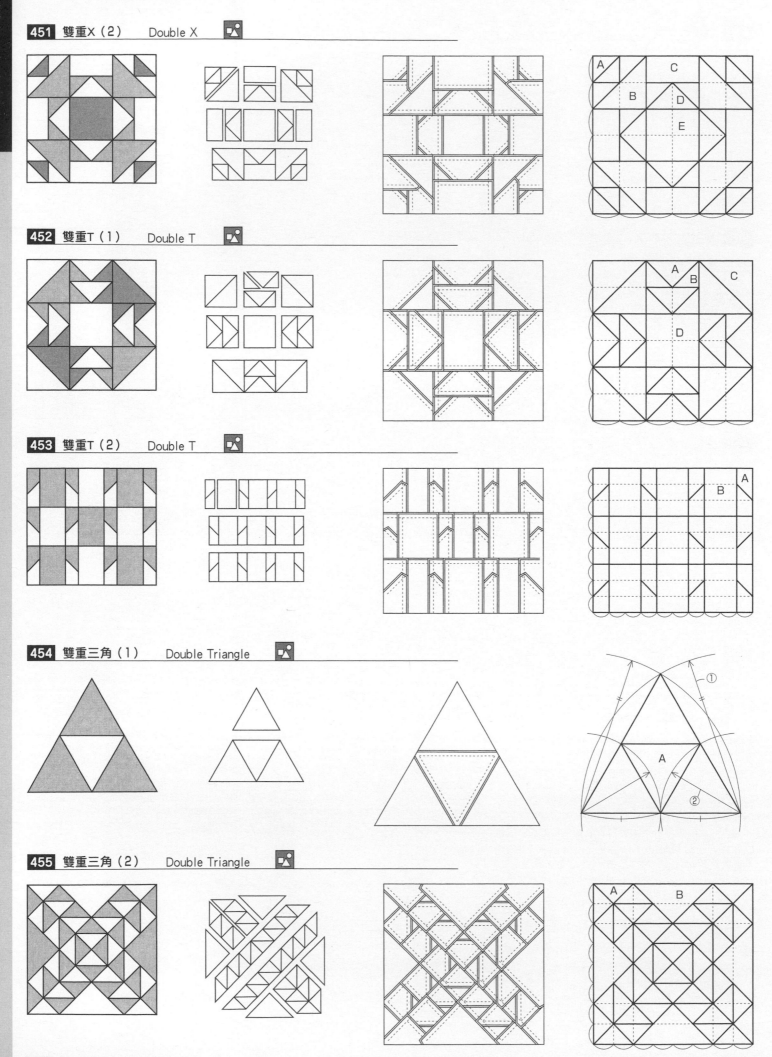

451 雙重Ｘ（２）　　Double X

452 雙重Ｔ（１）　　Double T

453 雙重Ｔ（２）　　Double T

454 雙重三角（１）　　Double Triangle

455 雙重三角（２）　　Double Triangle

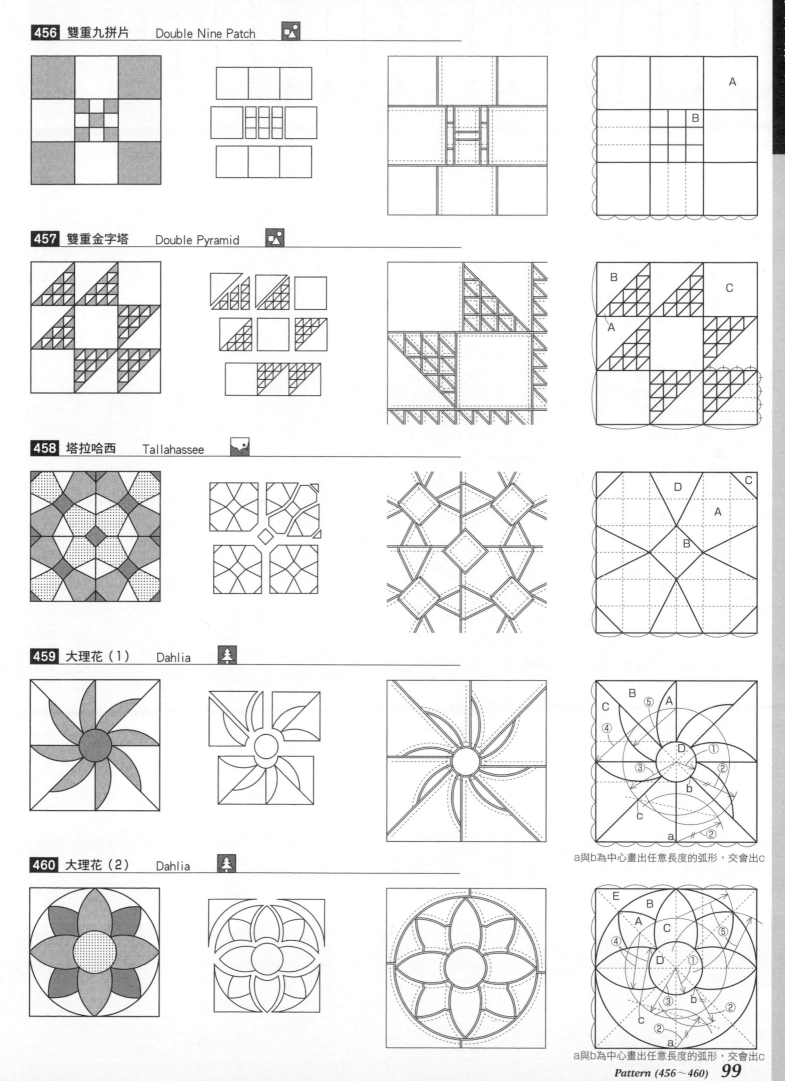

456 雙重九拼片　Double Nine Patch

457 雙重金字塔　Double Pyramid

458 塔拉哈西　Tallahassee

459 大理花（1）　Dahlia

a與b為中心畫出任意長度的弧形，交會出c

460 大理花（2）　Dahlia

a與b為中心畫出任意長度的弧形，交會出c

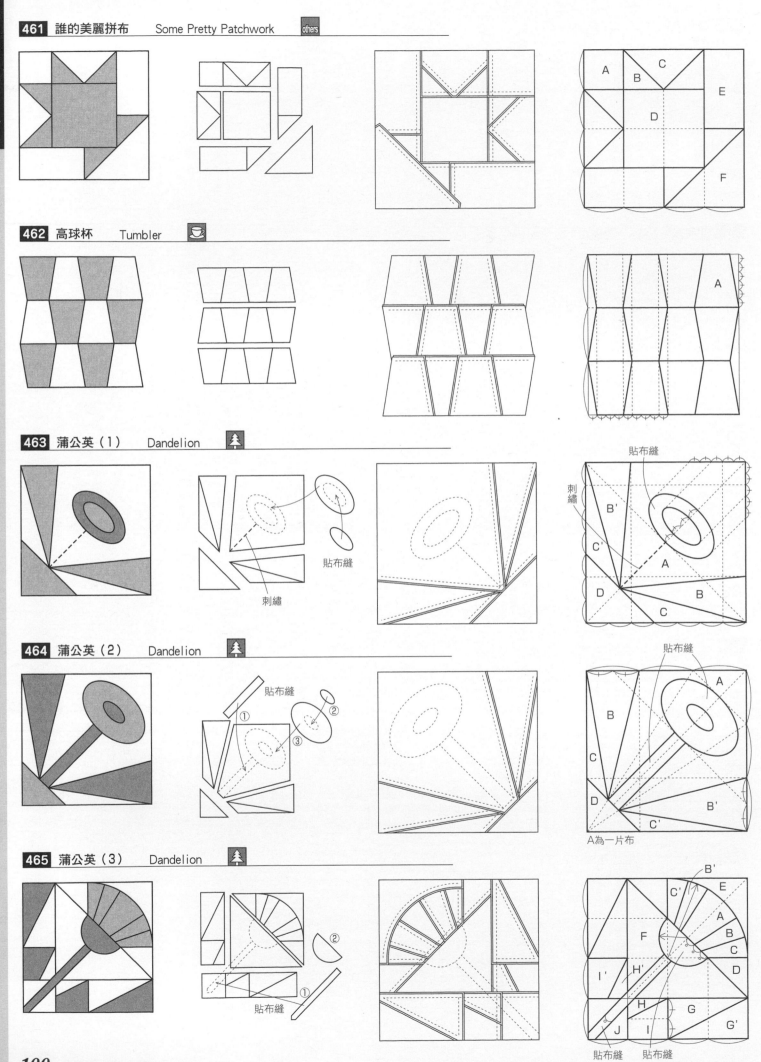

461 誰的美麗拼布　Some Pretty Patchwork　others

A　C
B
E
D
F

462 高球杯　Tumbler

A

463 蒲公英（1）　Dandelion

貼布縫

刺繡

貼布縫

刺繡

B'
C'
A
D
B
C

464 蒲公英（2）　Dandelion

貼布縫

①
②
③

貼布縫

A
B
C
D
B'
C'

A為一片布

465 蒲公英（3）　Dandelion

②

①
貼布縫

B'
C'　E
A
F　B
C
I'　H'　D
H
J　I　G
G'

貼布縫　貼布縫

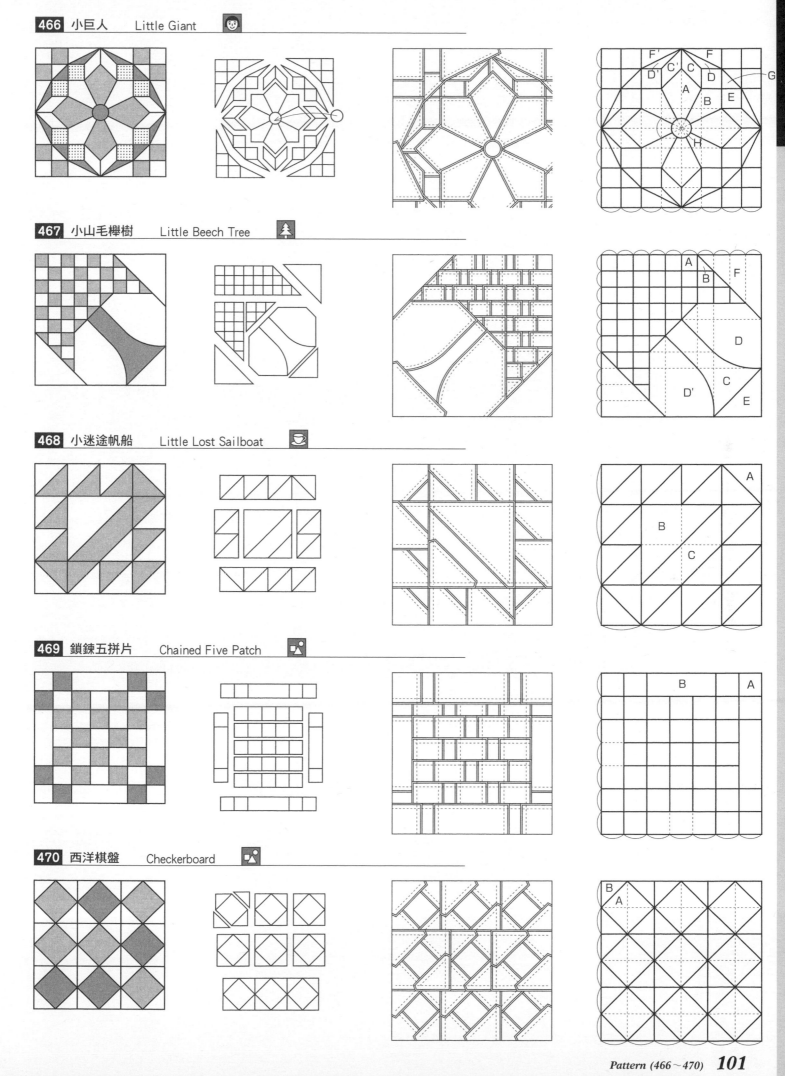

466 小巨人　Little Giant

467 小山毛欅樹　Little Beech Tree

468 小迷途帆船　Little Lost Sailboat

469 鎖鍊五拼片　Chained Five Patch

470 西洋棋盤　Checkerboard

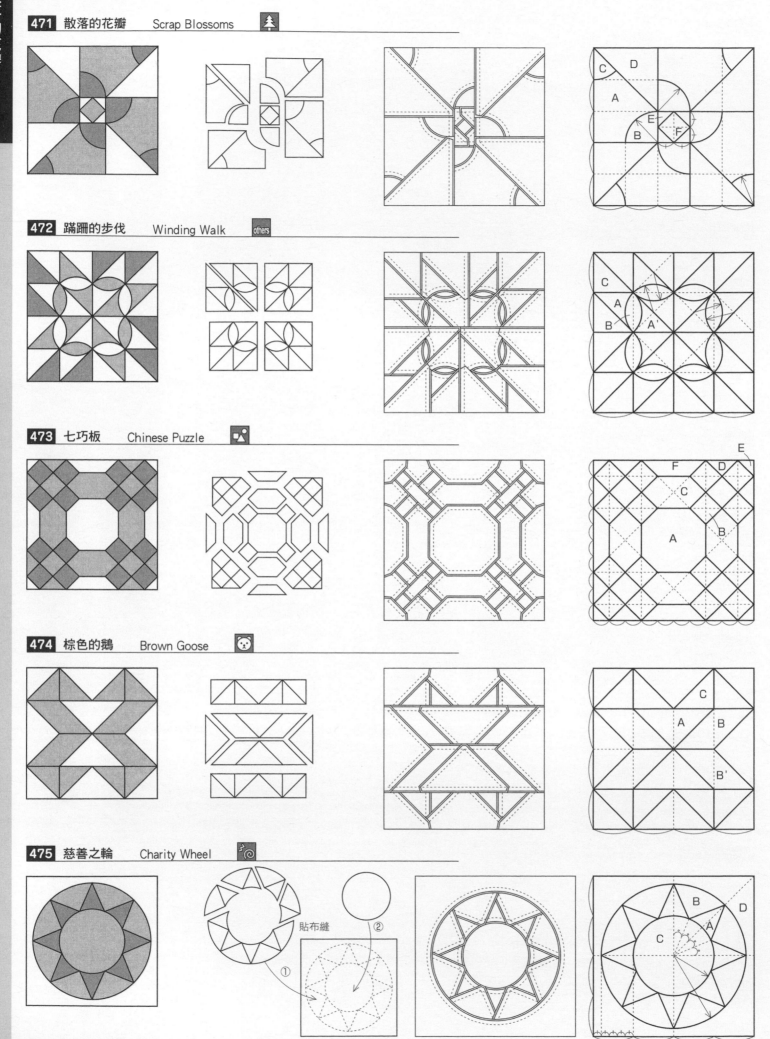

471 散落的花瓣　Scrap Blossoms

472 蹒跚的步伐　Winding Walk　others

473 七巧板　Chinese Puzzle

474 棕色的鹅　Brown Goose

475 慈善之輪　Charity Wheel

貼布縫

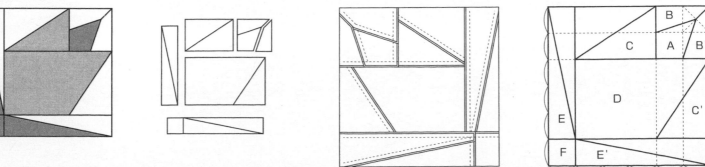

476 中央集合　　Swing in the Center

E　C　B
D'　D
A

477 鬱金香（1）　　Tulip

D
B　A
C

478 鬱金香（2）　　Tulip

D　A　B
C
F'　E
F

479 鬱金香（3）　　Tulip

C　A　B
F
E
D　E'　C'
F'

480 鬱金香（4）　　Tulip

B
C　A　B'
D
E　C'
F　E'

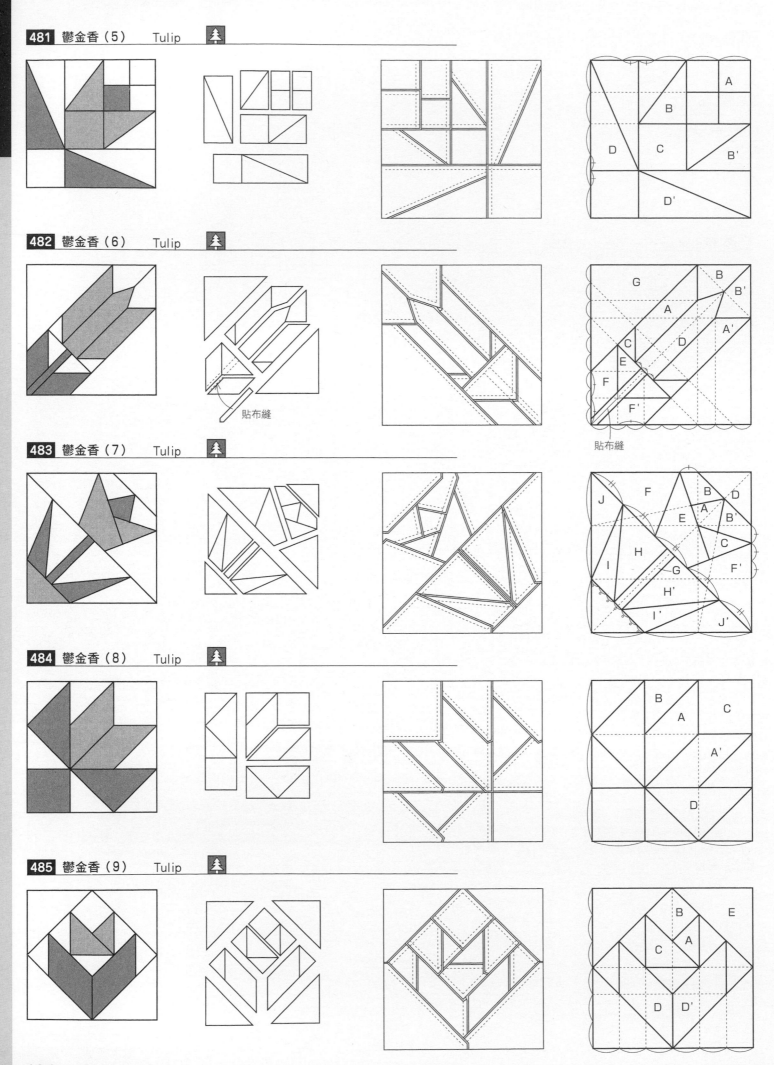

481 鬱金香（5） Tulip

482 鬱金香（6） Tulip

貼布縫

G B B' A A' C E D F F'

貼布縫

483 鬱金香（7） Tulip

J F B D A E B' C H G F' I H' I' J'

484 鬱金香（8） Tulip

B A C A' D

485 鬱金香（9） Tulip

B E A C D D'

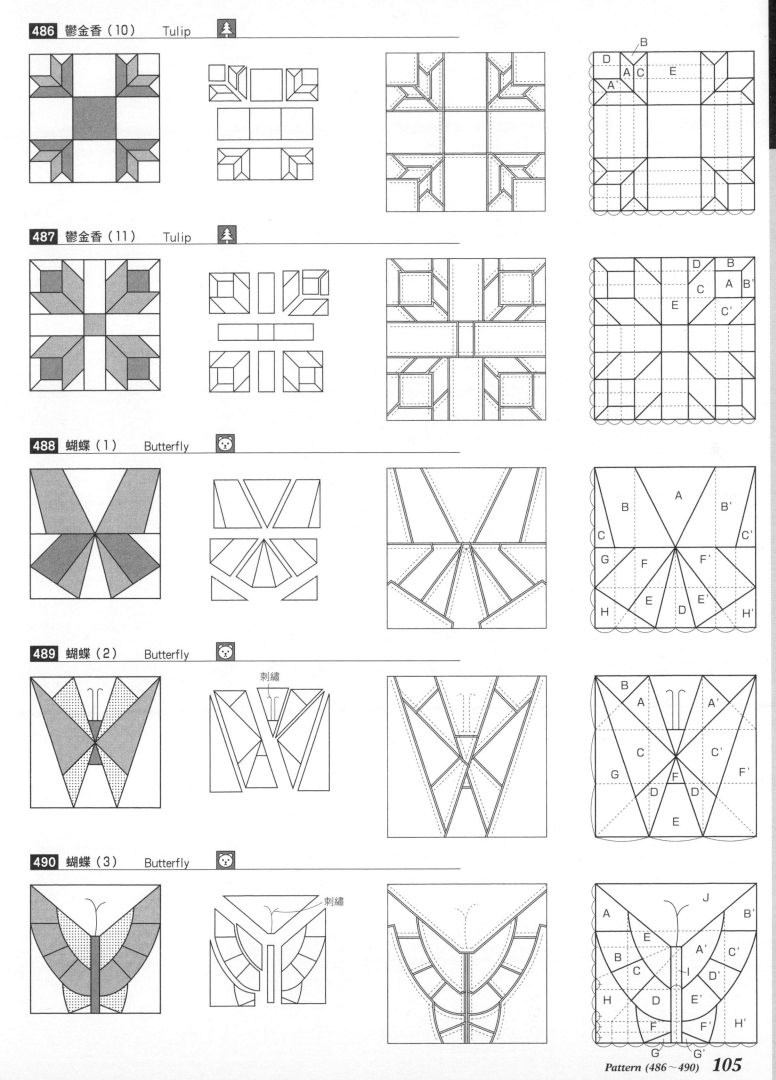

486 鬱金香（10） Tulip

487 鬱金香（11） Tulip

488 蝴蝶（1） Butterfly

489 蝴蝶（2） Butterfly

刺繡

490 蝴蝶（3） Butterfly

刺繡

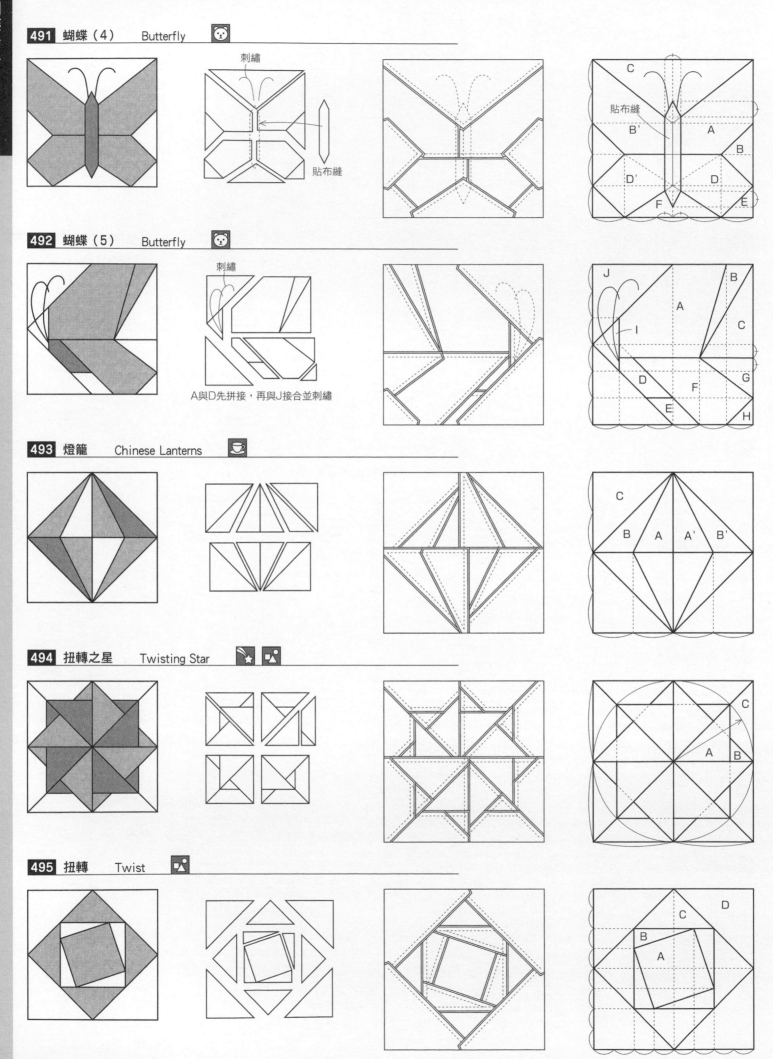

491 蝴蝶（4） Butterfly

刺繡

貼布縫

C

貼布縫

B'　A

B

D'　D

F　E

492 蝴蝶（5） Butterfly

刺繡

A與D先拼接，再與J接合並刺繡

J

B

A

C

I

D　F　G

E

H

493 燈籠 Chinese Lanterns

C

B　A　A'　B'

494 扭轉之星 Twisting Star

C

A　B

495 扭轉 Twist

貼布縫

D

C

B

A

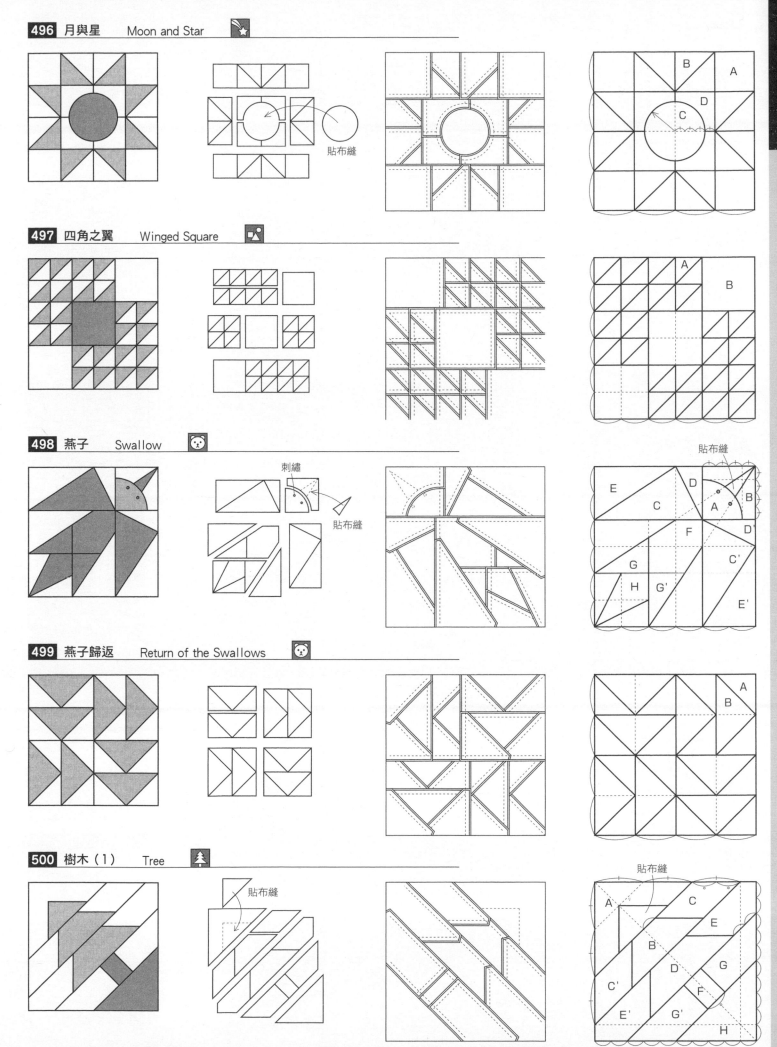

496 月與星　　Moon and Star

貼布縫

B
A
D
C

497 四角之翼　　Winged Square

A
B

498 燕子　　Swallow

刺繡
貼布縫

貼布縫
E D
C B
A
F D'
G C'
H G' E'

499 燕子歸返　　Return of the Swallows

A
B

500 樹木（1）　　Tree

貼布縫

貼布縫
A C
E
B
D G
C' F
E' G'
H

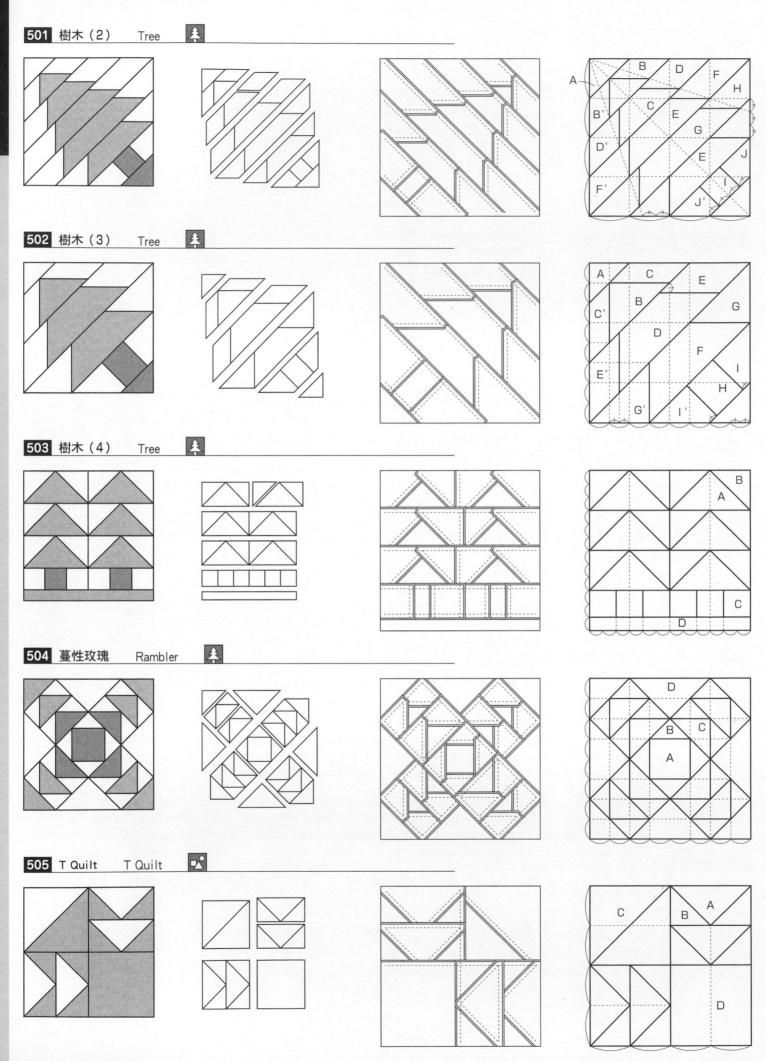

501 樹木（2） Tree

502 樹木（3） Tree

503 樹木（4） Tree

504 蔓性玫瑰 Rambler

505 T Quilt T Quilt

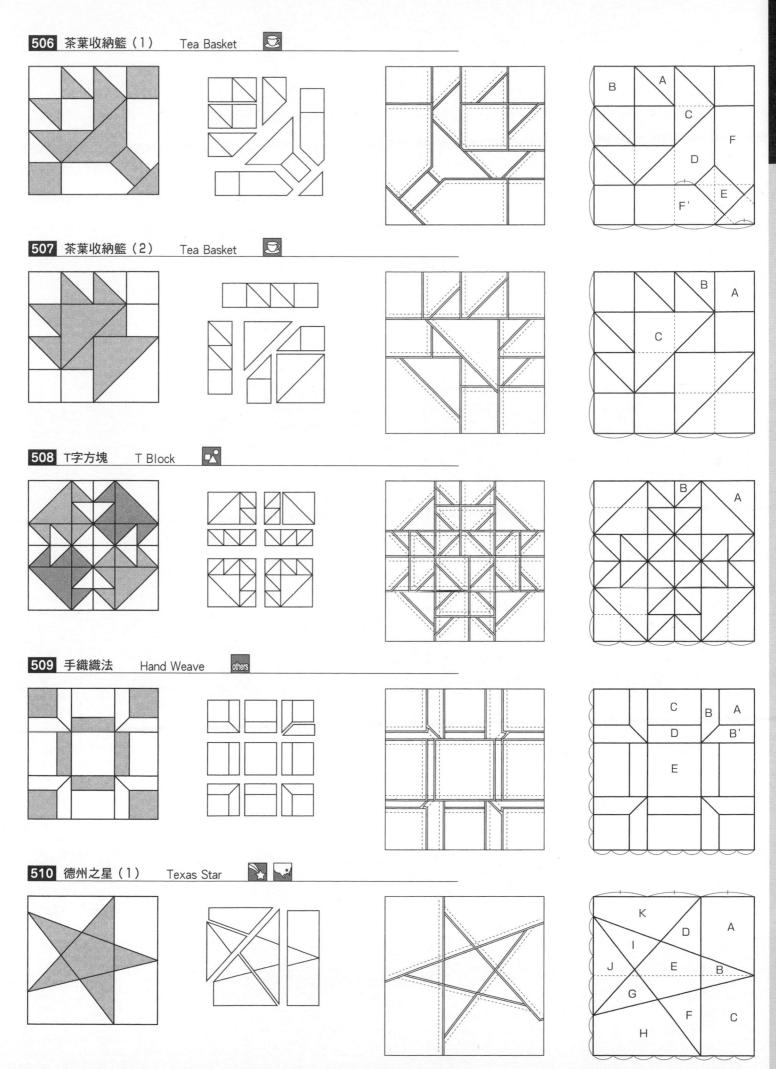

506 茶葉收納籃（1）　Tea Basket

507 茶葉收納籃（2）　Tea Basket

508 T字方塊　T Block

509 手織織法　Hand Weave　others

510 德州之星（1）　Texas Star

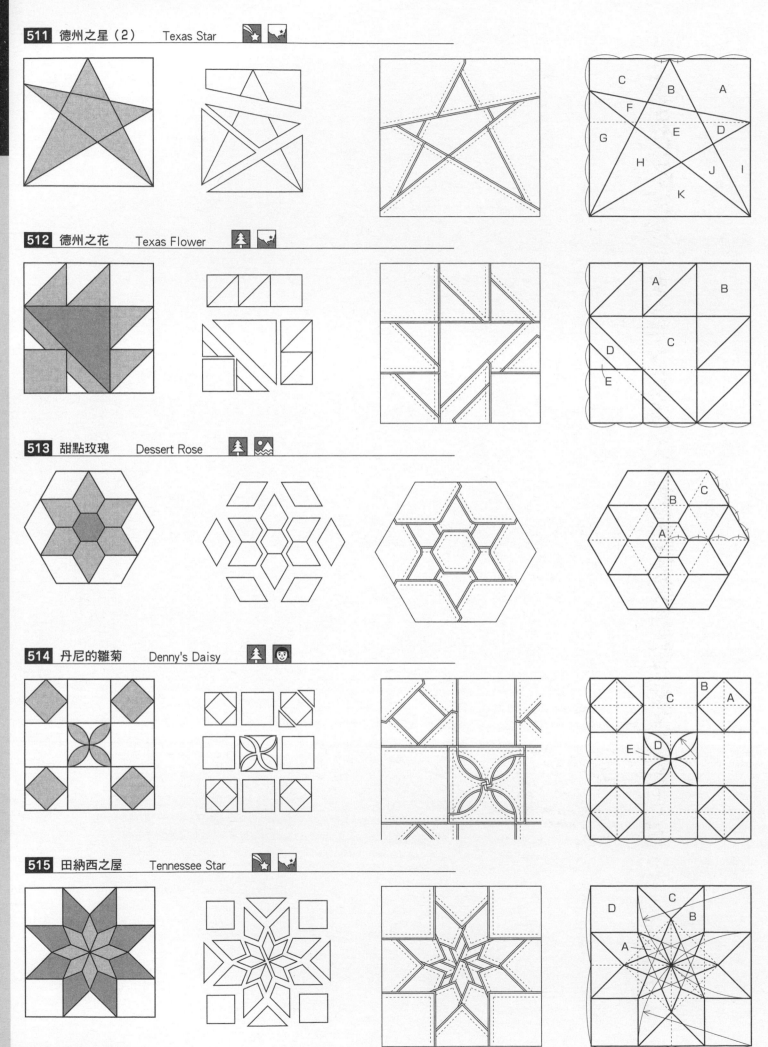

511 德州之星（２）　Texas Star

512 德州之花　Texas Flower

513 甜點玫瑰　Dessert Rose

514 丹尼的雛菊　Denny's Daisy

515 田納西之屋　Tennessee Star

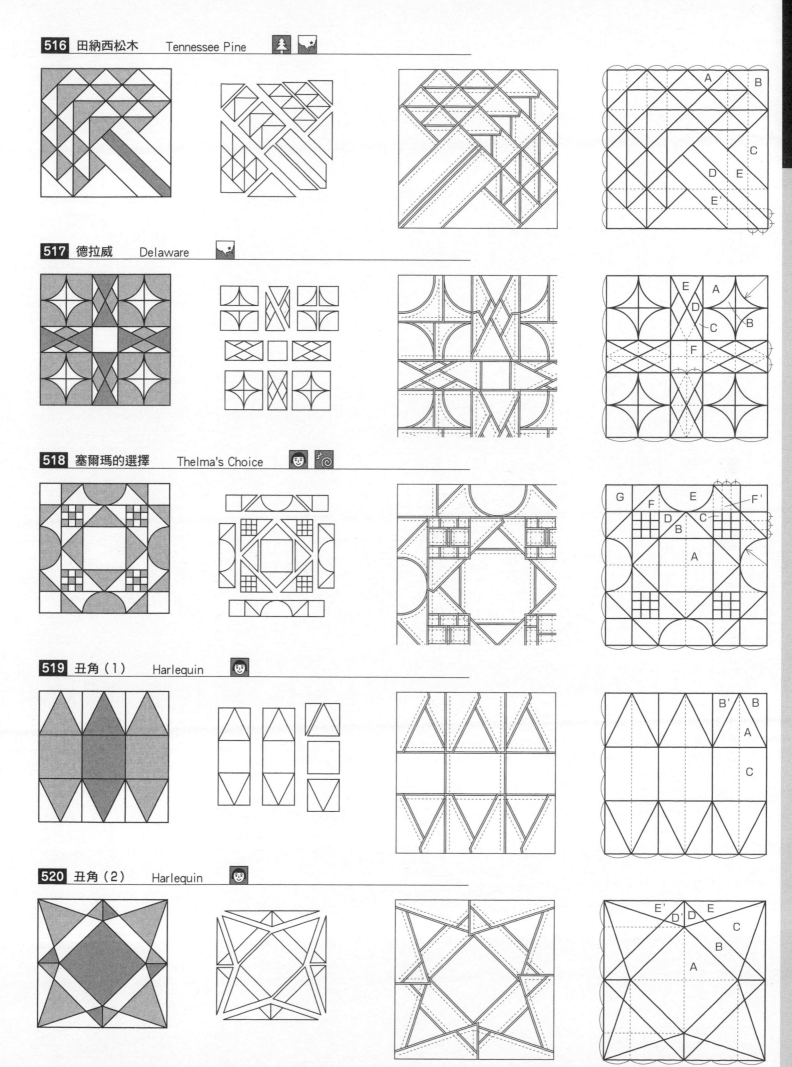

516 田納西松木 Tennessee Pine

516 田納西松木　　Tennessee Pine

517 德拉威　　Delaware

518 塞爾瑪的選擇　　Thelma's Choice

519 丑角（1）　　Harlequin

520 丑角（2）　　Harlequin

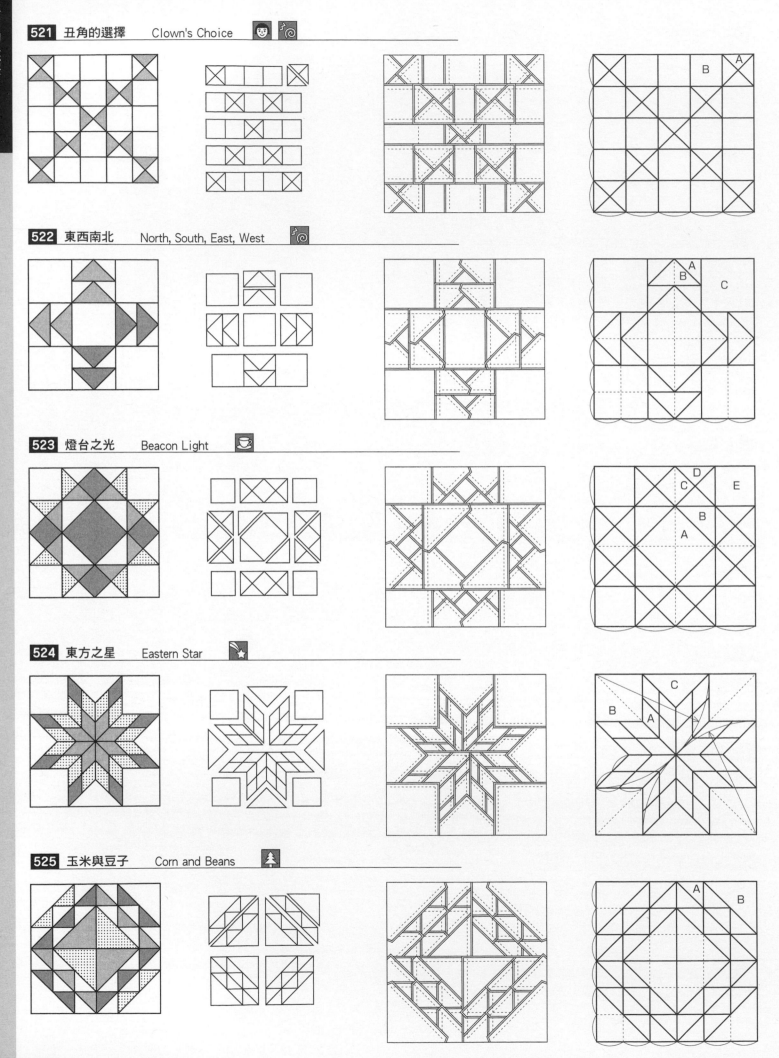

521 丑角的選擇　　Clown's Choice

522 東西南北　　North, South, East, West

523 燈台之光　　Beacon Light

524 東方之星　　Eastern Star

525 玉米與豆子　　Corn and Beans

526 時間與活力　Time and Energy

527 常綠樹　Tree Everlasting

528 獨立記念日　July Fourth　others

529 老烏鴉　Old Crow

530 狂奔的鳥　Darting Bird

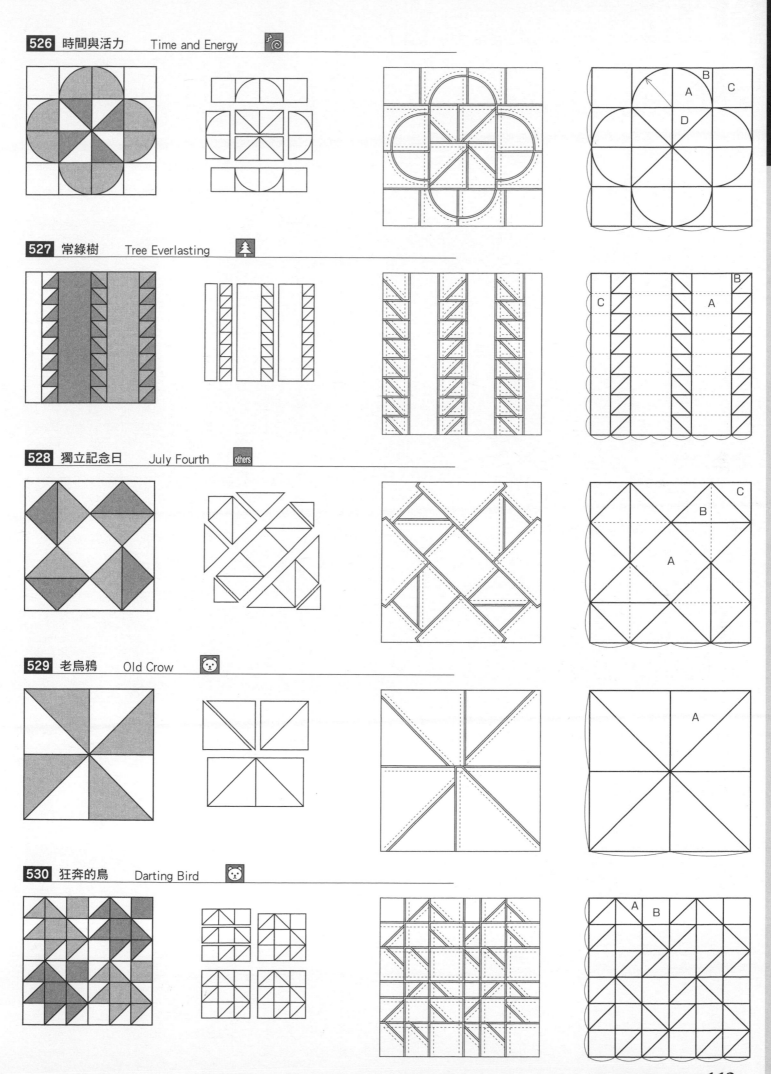

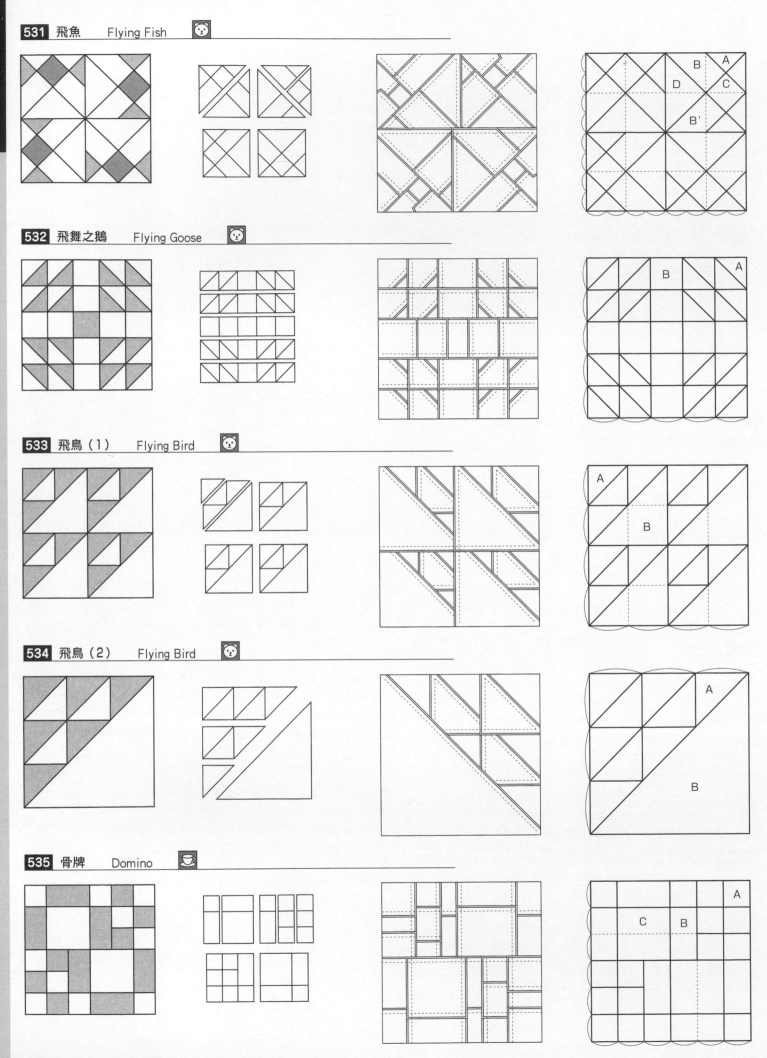

531 飛魚　　Flying Fish

532 飛舞之鵝　　Flying Goose

533 飛鳥（1）　　Flying Bird

534 飛鳥（2）　　Flying Bird

535 骨牌　　Domino

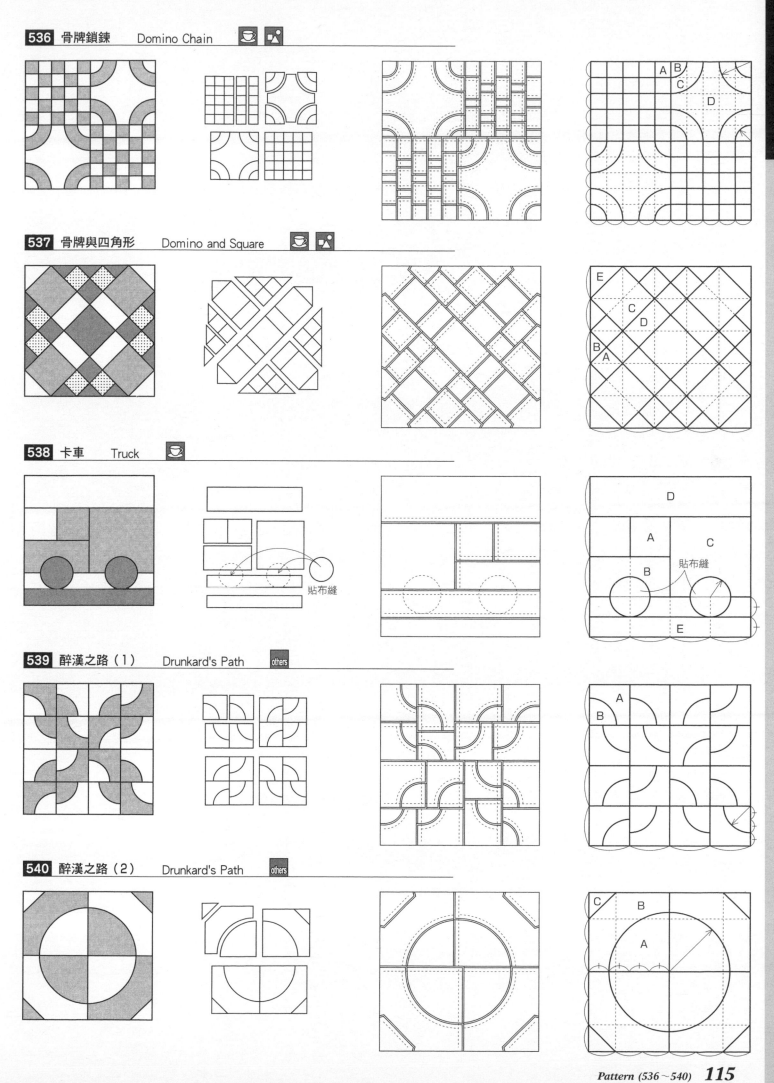

536 骨牌鎖鍊　Domino Chain

537 骨牌與四角形　Domino and Square

538 卡車　Truck

貼布縫

539 醉漢之路（1）　Drunkard's Path　others

540 醉漢之路（2）　Drunkard's Path　others

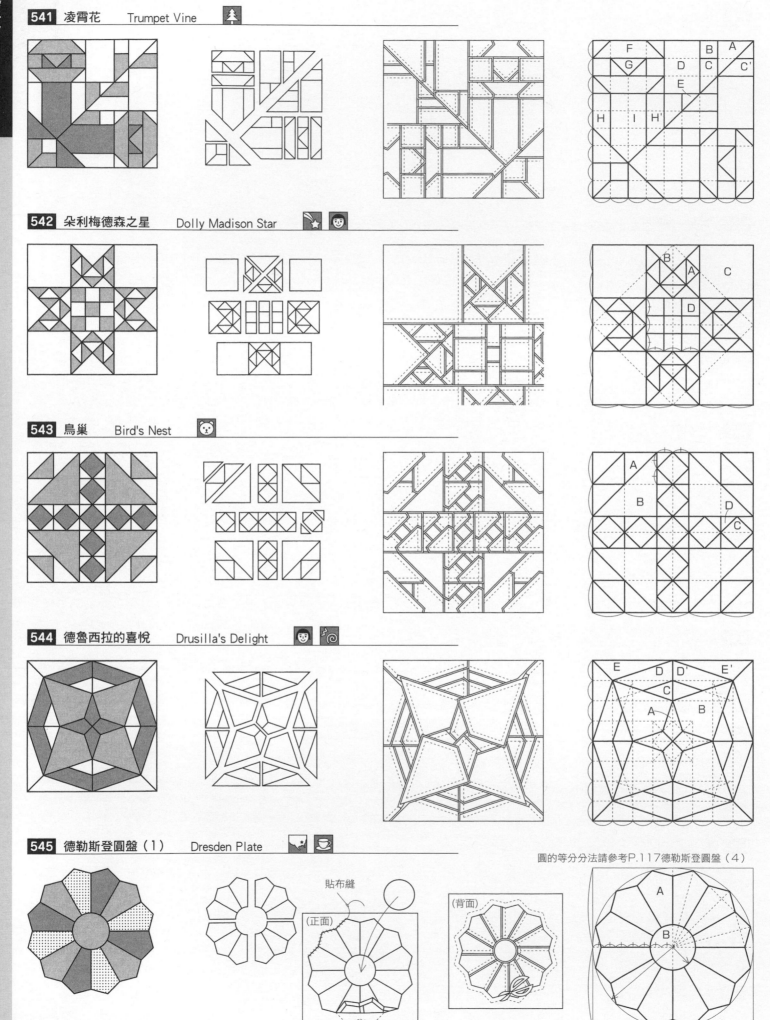

541 凌霄花　　Trumpet Vine

542 朵利梅德森之星　Dolly Madison Star

543 鳥巢　　Bird's Nest

544 德魯西拉的喜悅　Drusilla's Delight

545 德勒斯登圓盤（1）　Dresden Plate

圓的等分分法請參考P.117德勒斯登圓盤（4）

貼布縫　（正面）（背面）

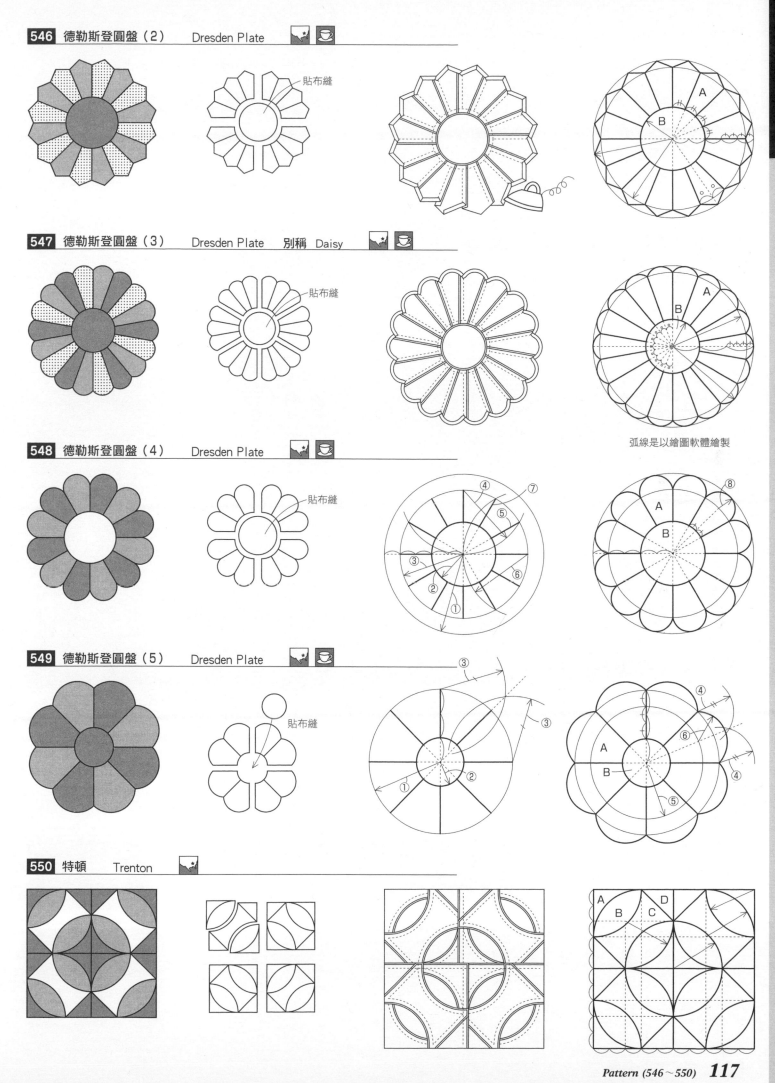

546 德勒斯登圓盤（2）　Dresden Plate

貼布縫

547 德勒斯登圓盤（3）　Dresden Plate　別稱　Daisy

貼布縫

弧線是以繪圖軟體繪製

548 德勒斯登圓盤（4）　Dresden Plate

貼布縫

549 德勒斯登圓盤（5）　Dresden Plate

貼布縫

550 特頓　Trenton

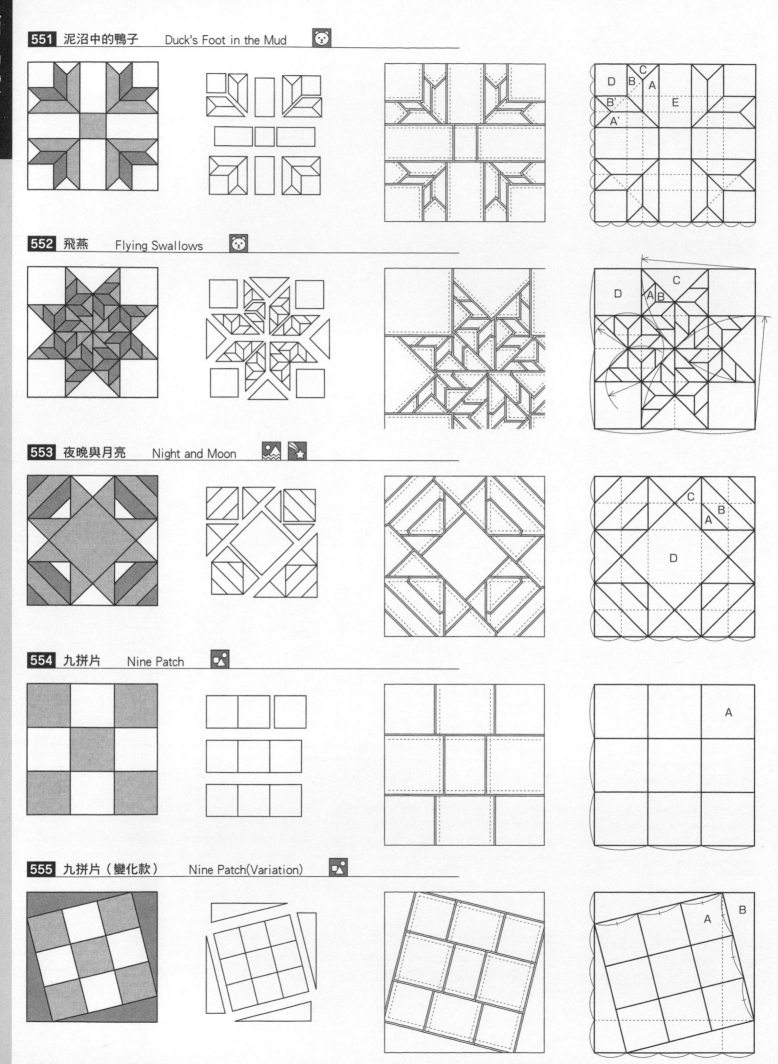

551 泥沼中的鴨子　Duck's Foot in the Mud

552 飛燕　Flying Swallows

553 夜晚與月亮　Night and Moon

554 九拼片　Nine Patch

555 九拼片（變化款）　Nine Patch(Variation)

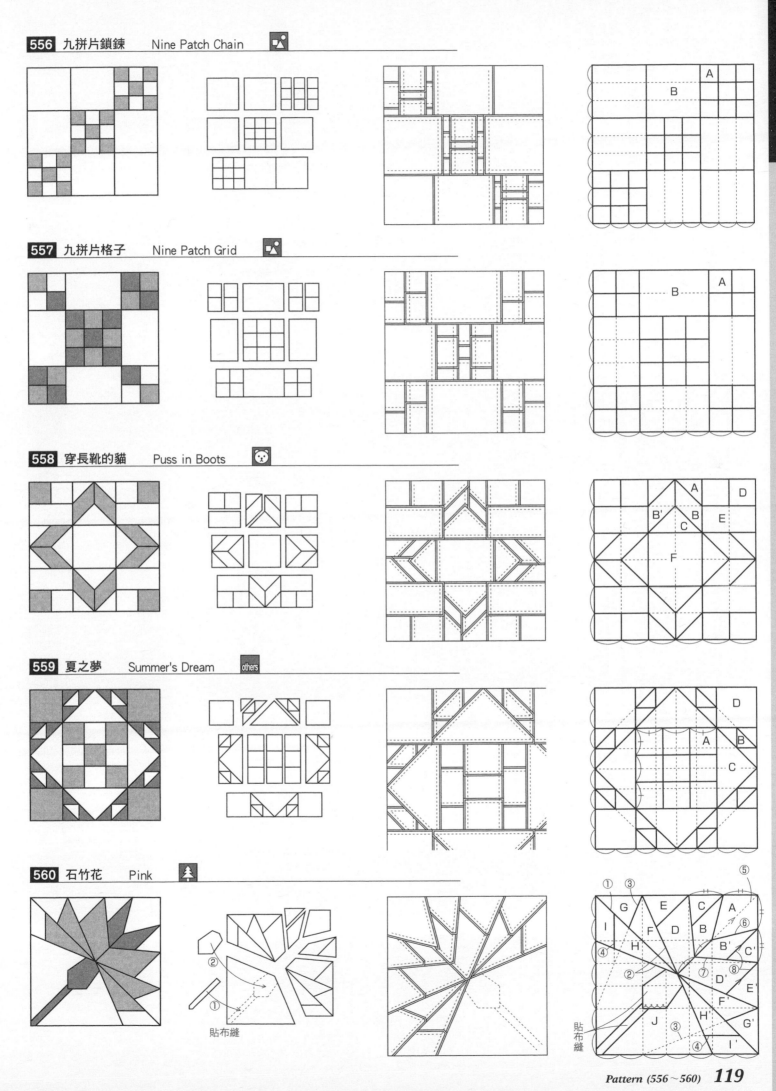

556 九拼片鎖鍊　Nine Patch Chain

557 九拼片格子　Nine Patch Grid

558 穿長靴的貓　Puss in Boots

559 夏之夢　Summer's Dream　others

560 石竹花　Pink

貼布縫

貼布縫

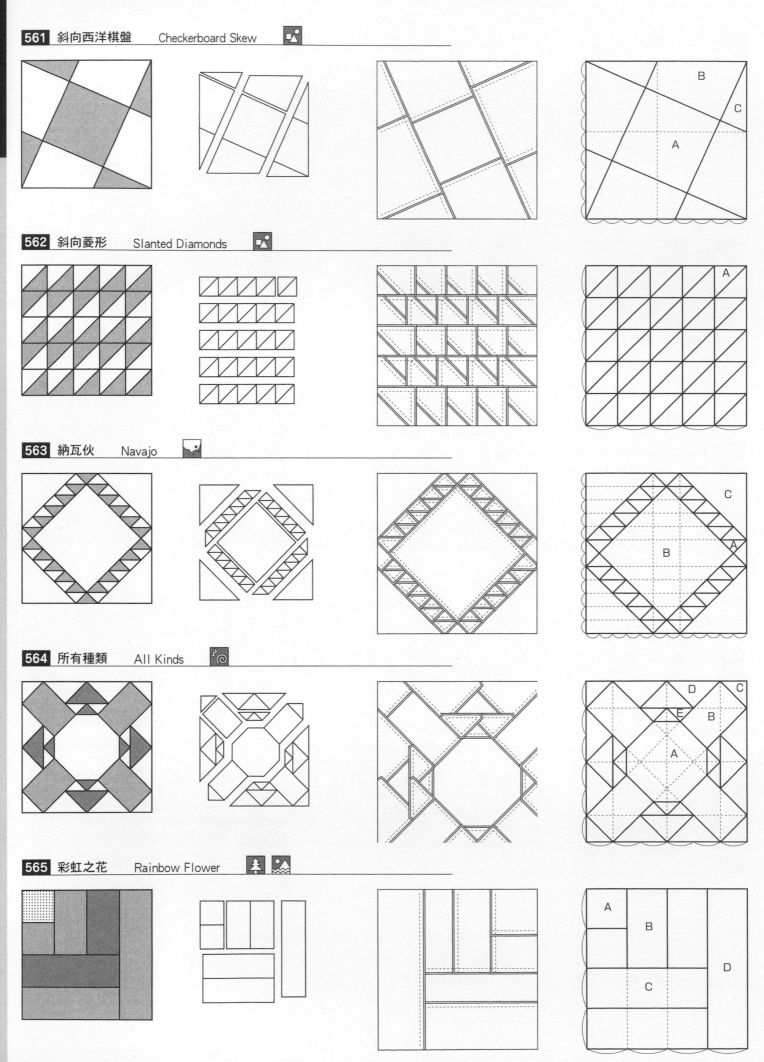

561 斜向西洋棋盤　Checkerboard Skew

562 斜向菱形　Slanted Diamonds

563 納瓦伙　Navajo

564 所有種類　All Kinds

565 彩虹之花　Rainbow Flower

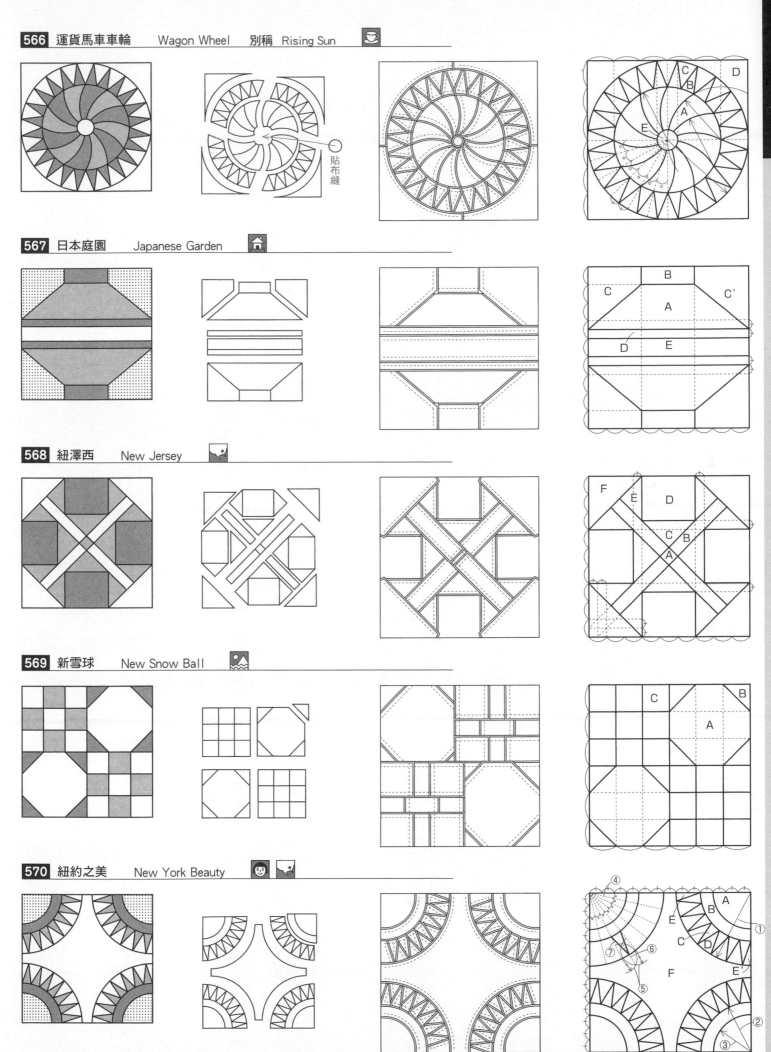

566 運貨馬車車輪　Wagon Wheel　別稱　Rising Sun

貼布縫

567 日本庭園　Japanese Garden

568 紐澤西　New Jersey

569 新雪球　New Snow Ball

570 紐約之美　New York Beauty

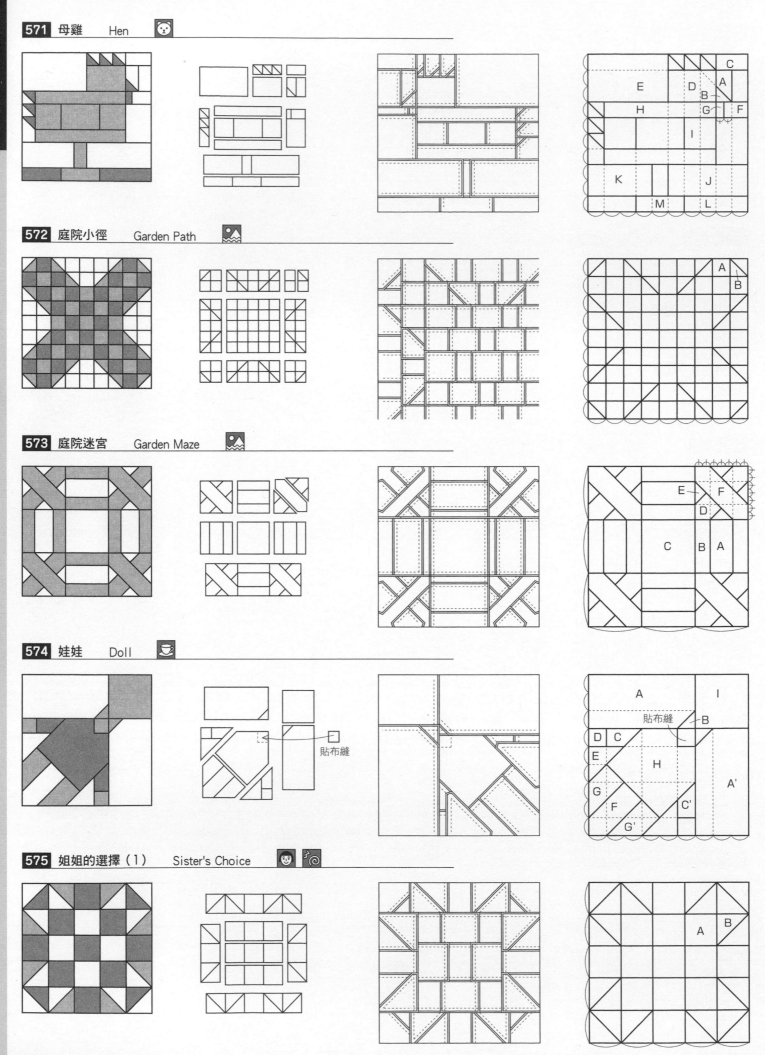

571 母雞　Hen

572 庭院小徑　Garden Path

573 庭院迷宮　Garden Maze

574 娃娃　Doll

575 姐姐的選擇（1）　Sister's Choice

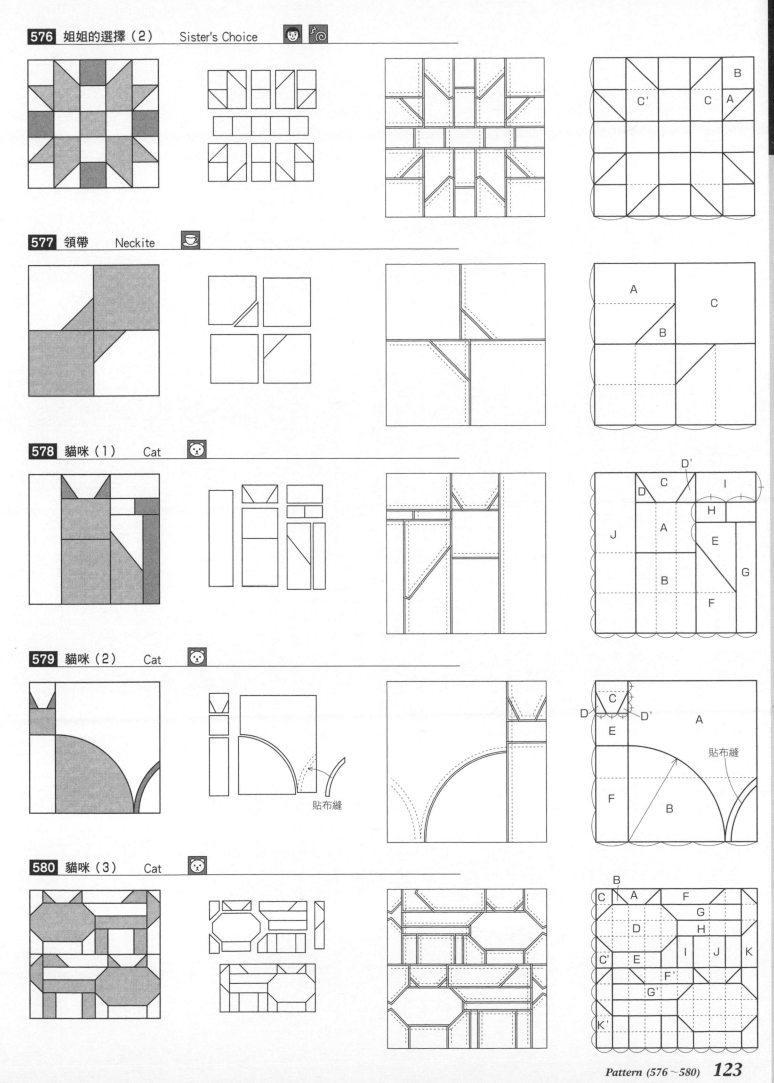

576 姐姐的選擇（2） Sister's Choice

577 領帶 Neckite

578 貓咪（1） Cat

579 貓咪（2） Cat

580 貓咪（3） Cat

貼布縫

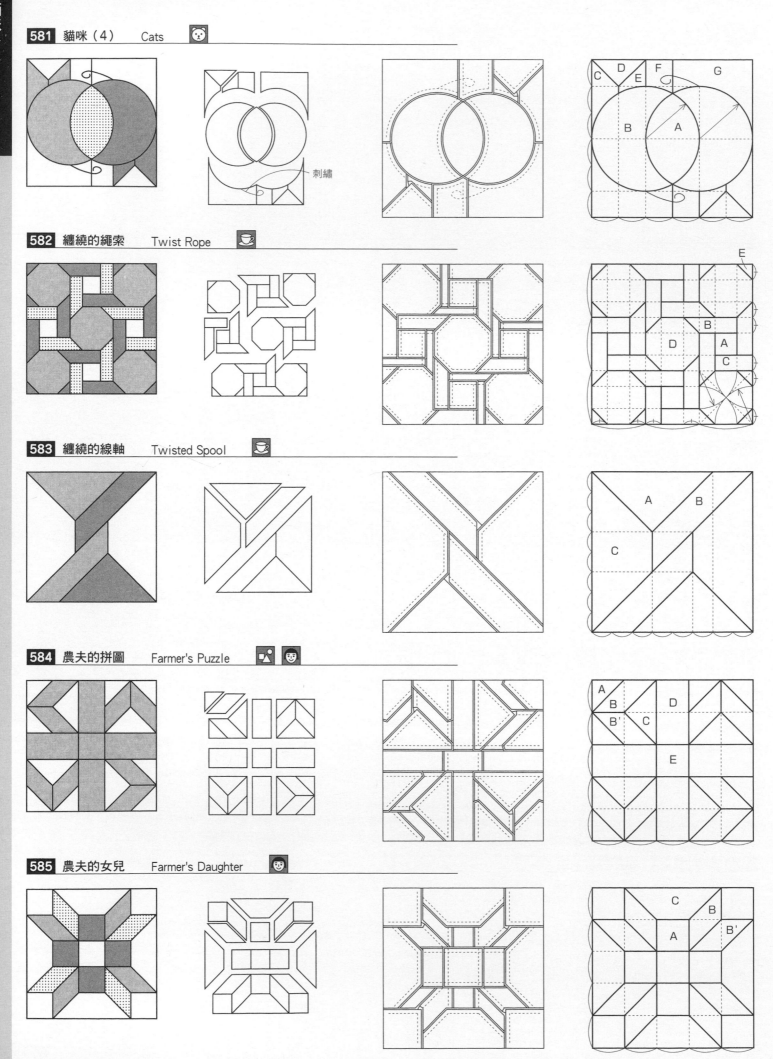

581 貓咪（4） Cats

刺繡

582 纏繞的繩索 Twist Rope

583 纏繞的線軸 Twisted Spool

584 農夫的拼圖 Farmer's Puzzle

585 農夫的女兒 Farmer's Daughter

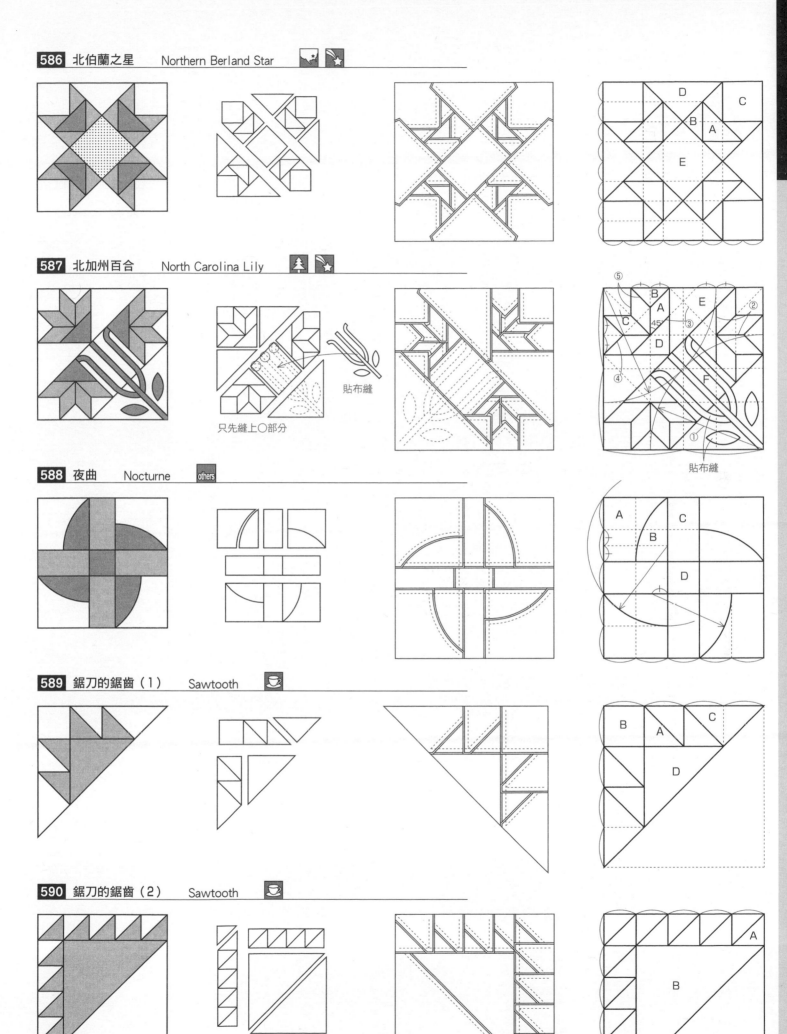

586 北伯蘭之星　Northern Berland Star

587 北加州百合　North Carolina Lily

貼布縫

只先縫上○部分

貼布縫

588 夜曲　Nocturne　others

589 鋸刀的鋸齒（1）　Sawtooth

590 鋸刀的鋸齒（2）　Sawtooth

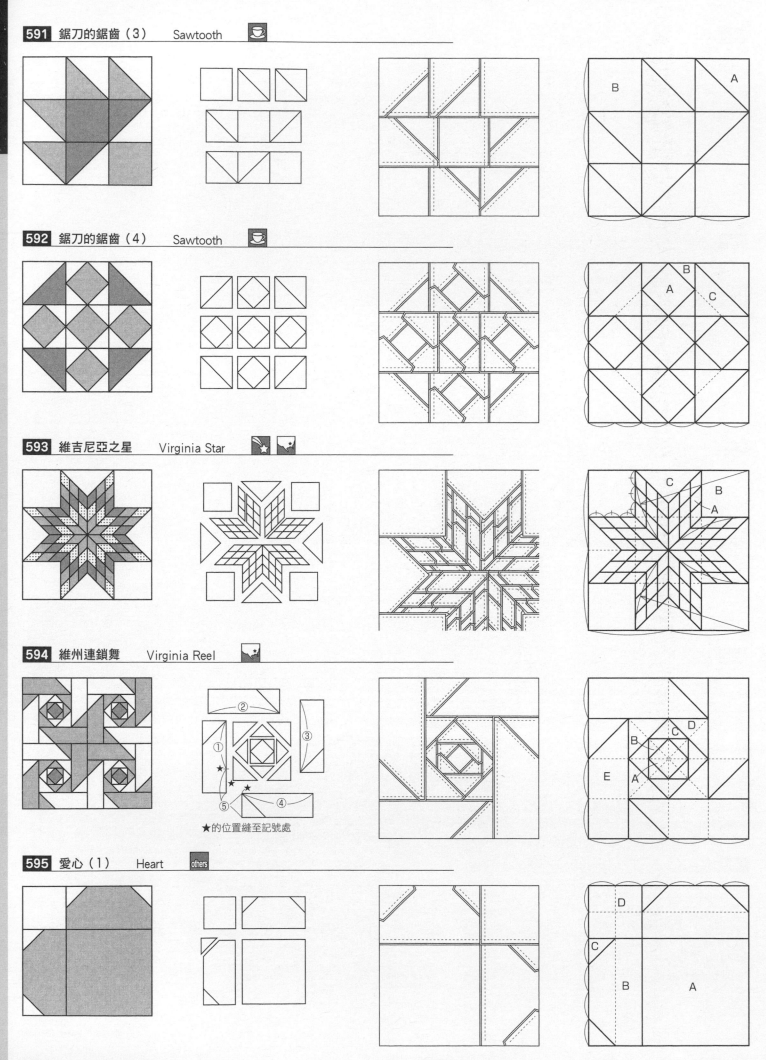

591 鋸刀的鋸齒（3） Sawtooth

592 鋸刀的鋸齒（4） Sawtooth

593 維吉尼亞之星 Virginia Star

594 維州連鎖舞 Virginia Reel

★的位置縫至記號處

595 愛心（1） Heart others

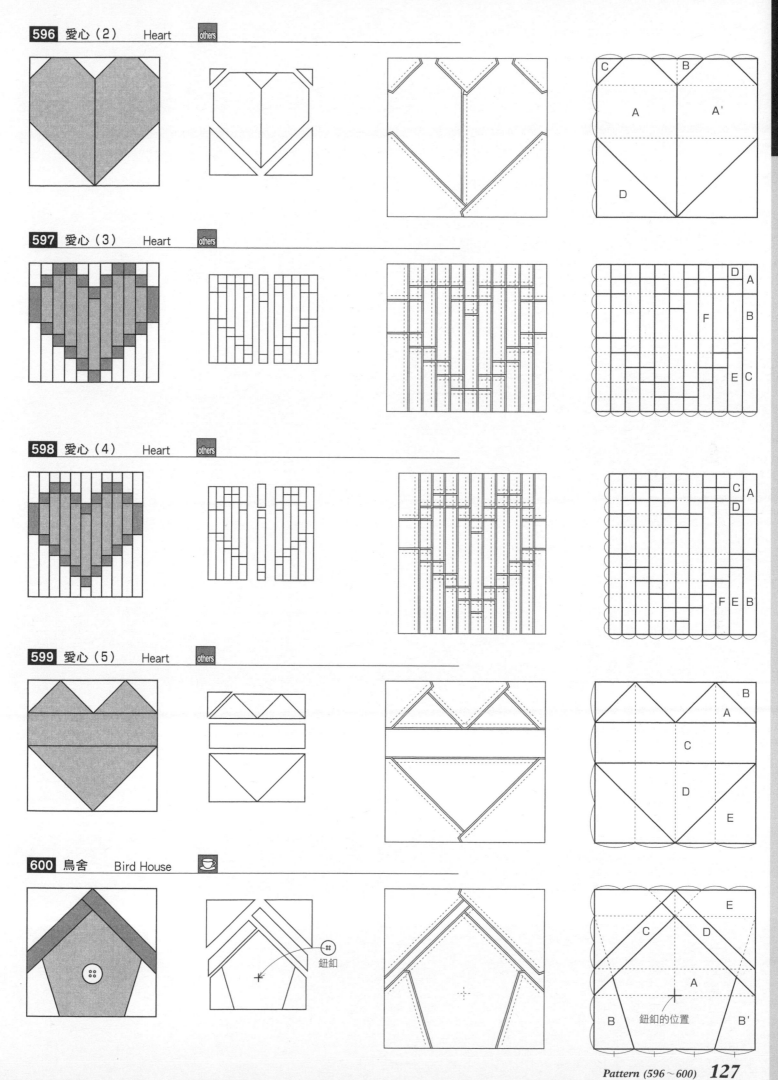

596 愛心（2） Heart others

597 愛心（3） Heart others

598 愛心（4） Heart others

599 愛心（5） Heart others

600 鳥舍 Bird House

鈕釦

鈕釦的位置

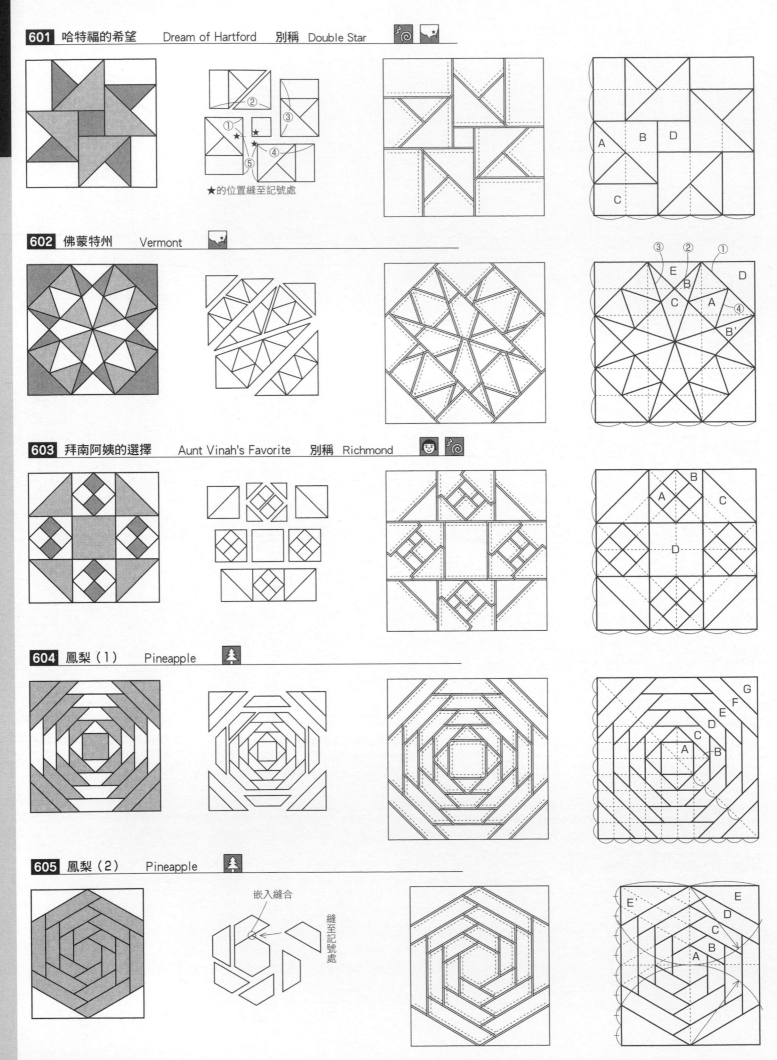

601 哈特福的希望　Dream of Hartford　別稱　Double Star

★的位置縫至記號處

602 佛蒙特州　Vermont

603 拜南阿姨的選擇　Aunt Vinah's Favorite　別稱　Richmond

604 鳳梨（1）　Pineapple

605 鳳梨（2）　Pineapple

嵌入縫合

縫至記號處

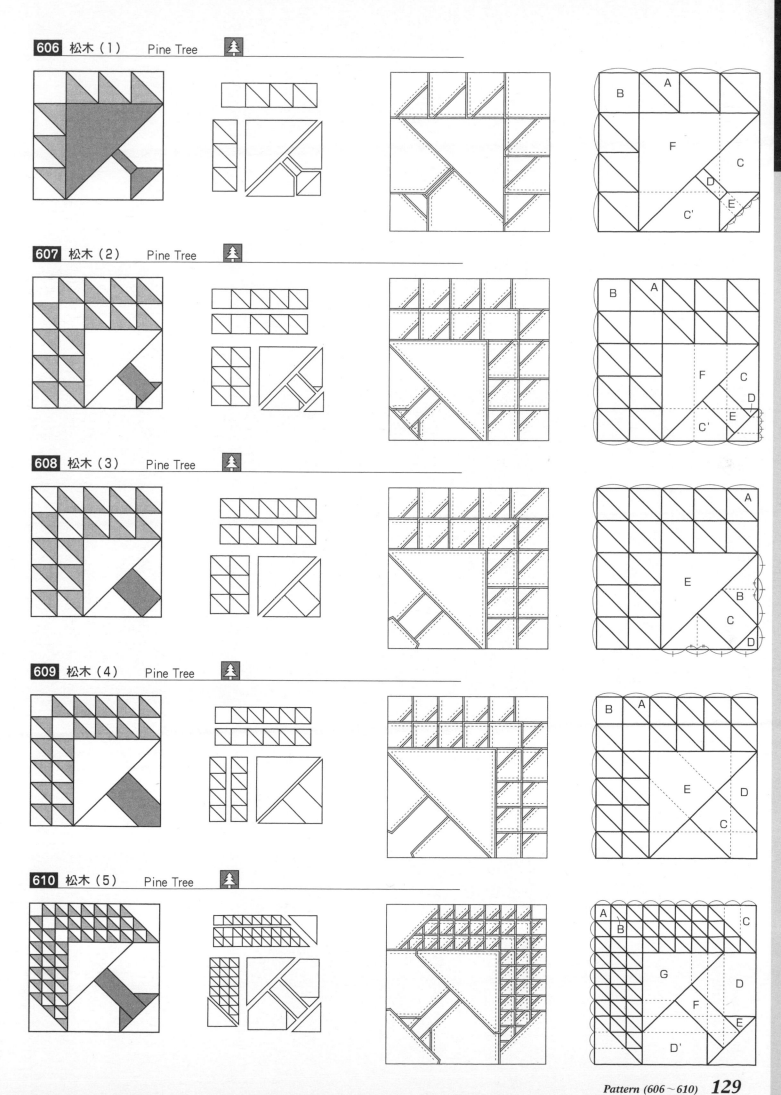

606 松木（1） Pine Tree

607 松木（2） Pine Tree

608 松木（3） Pine Tree

609 松木（4） Pine Tree

610 松木（5） Pine Tree

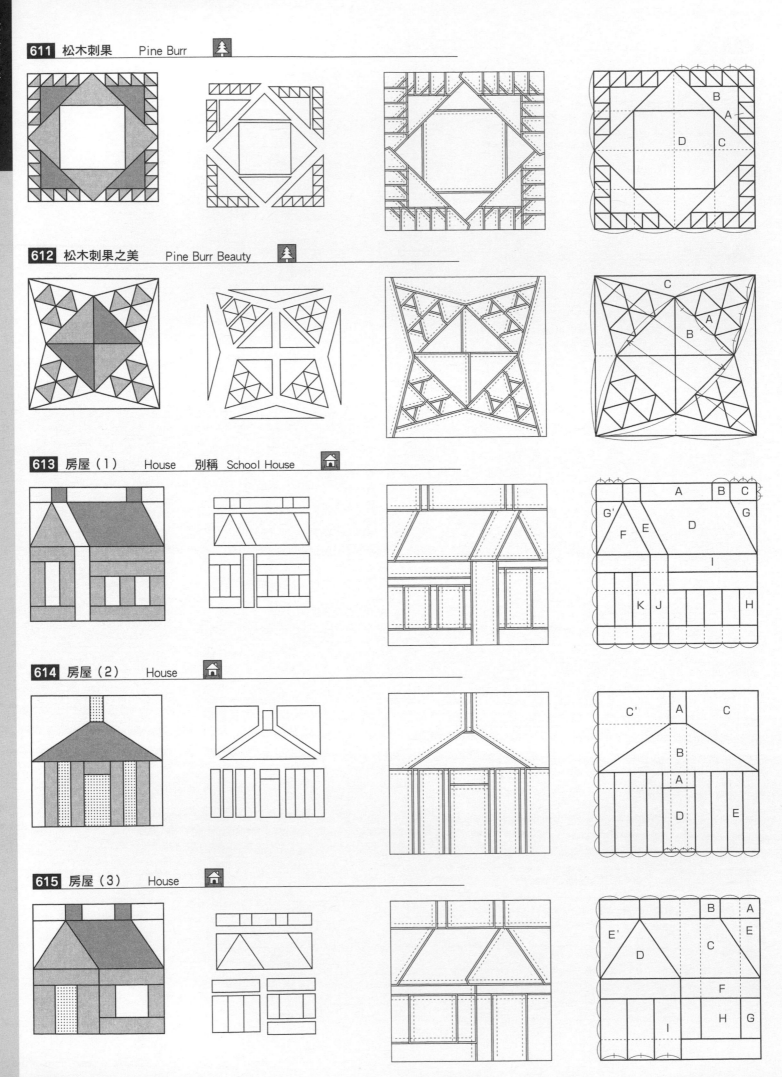

611 松木刺果　Pine Burr

612 松木刺果之美　Pine Burr Beauty

613 房屋（1）　House　別稱　School House

614 房屋（2）　House

615 房屋（3）　House

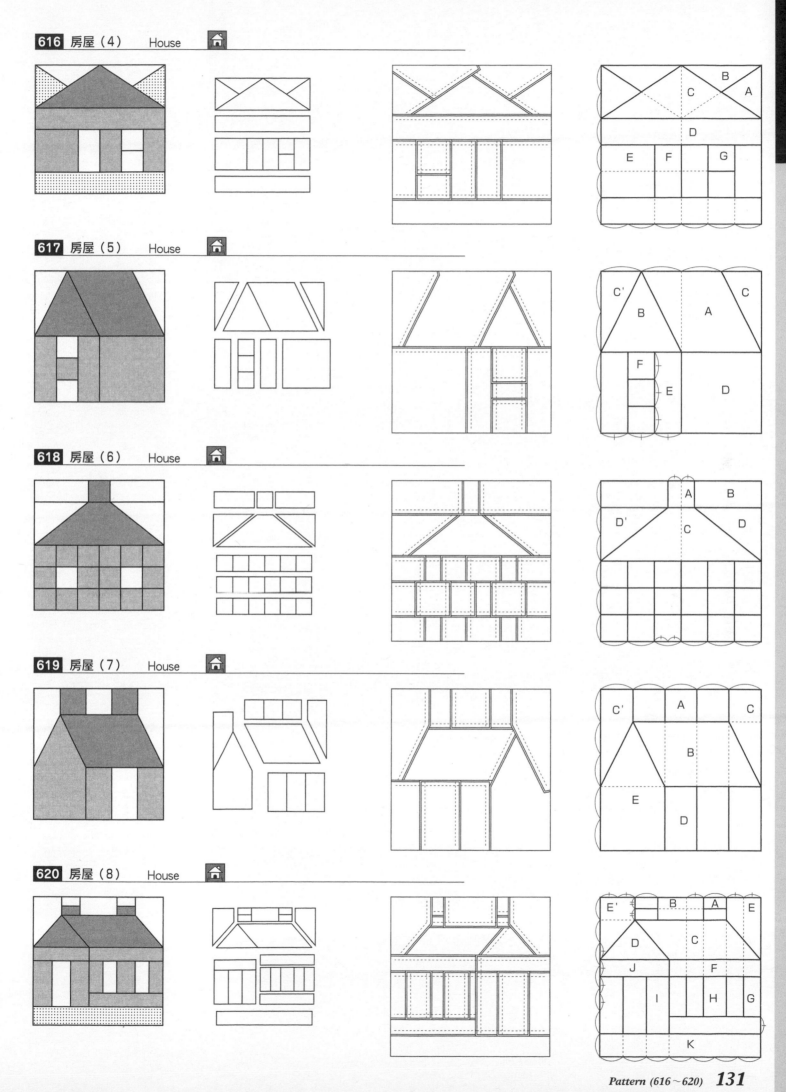

616 房屋（4）　House

617 房屋（5）　House

618 房屋（6）　House

619 房屋（7）　House

620 房屋（8）　House

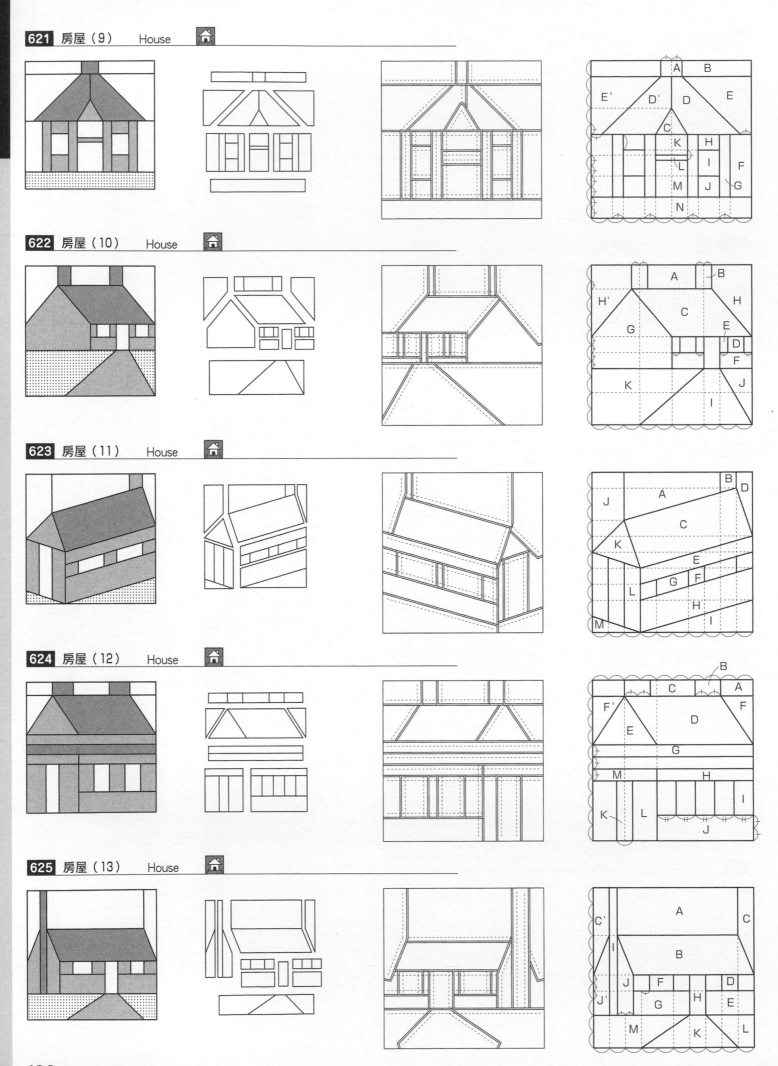

621 房屋（9） House

622 房屋（10） House

623 房屋（11） House

624 房屋（12） House

625 房屋（13） House

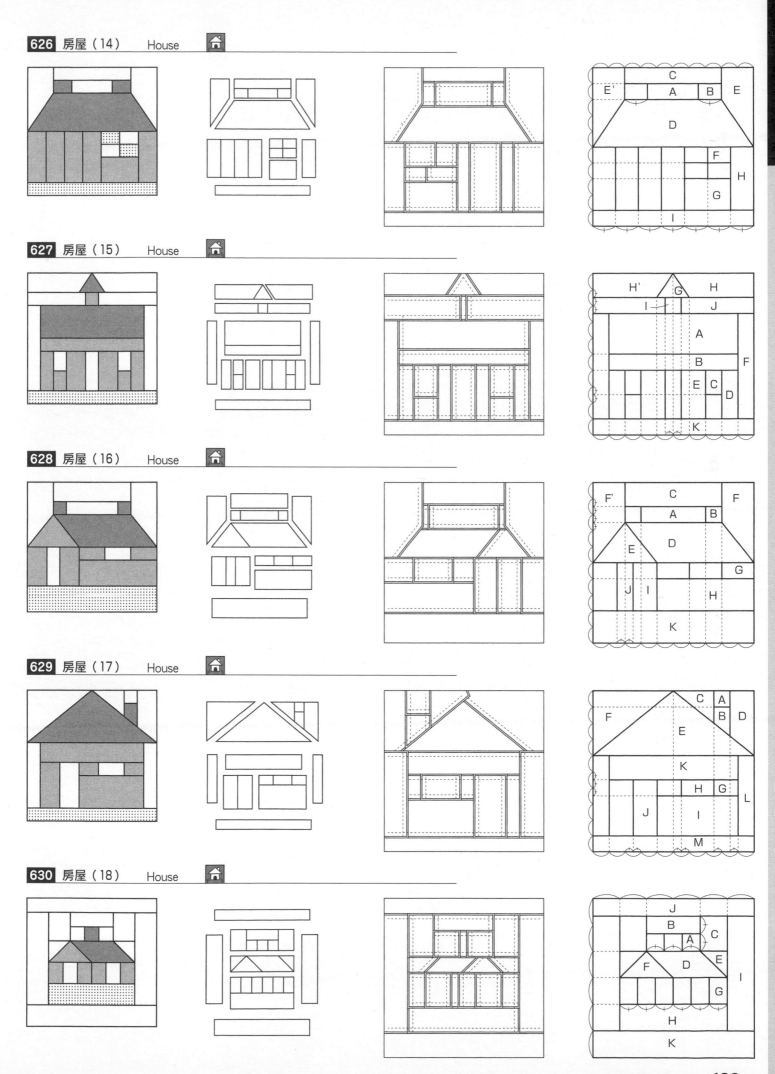

626 房屋（14）　House

627 房屋（15）　House

628 房屋（16）　House

629 房屋（17）　House

630 房屋（18）　House

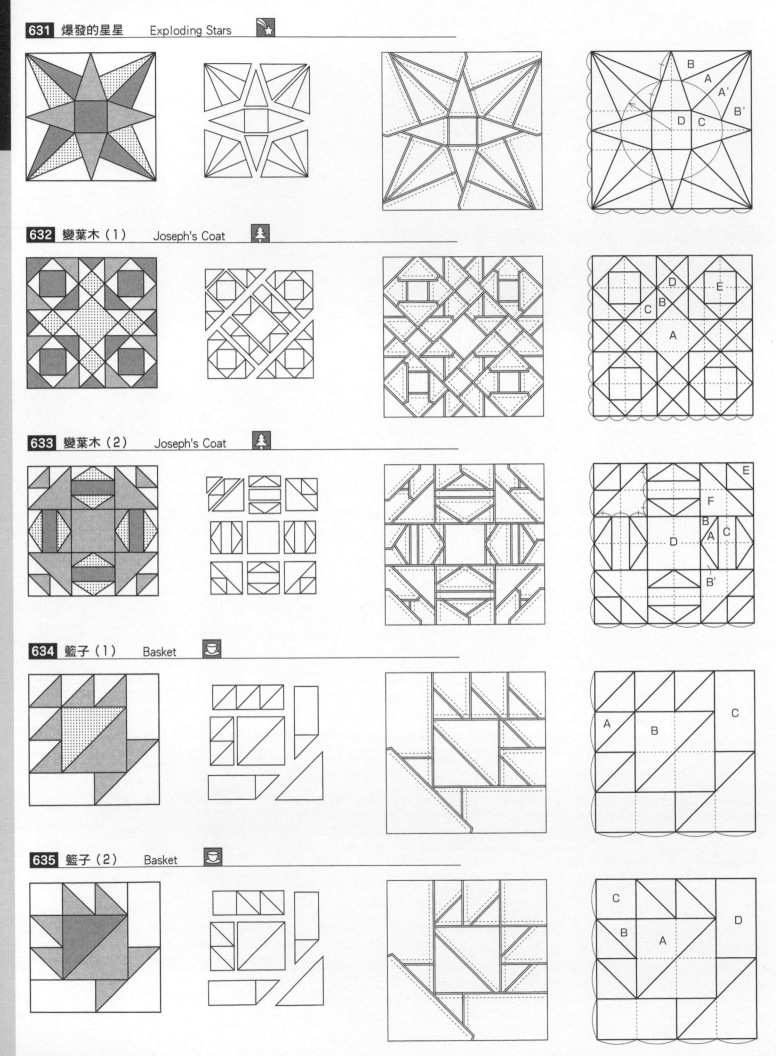

631 爆發的星星　Exploding Stars

632 變葉木（1）　Joseph's Coat

633 變葉木（2）　Joseph's Coat

634 籃子（1）　Basket

635 籃子（2）　Basket

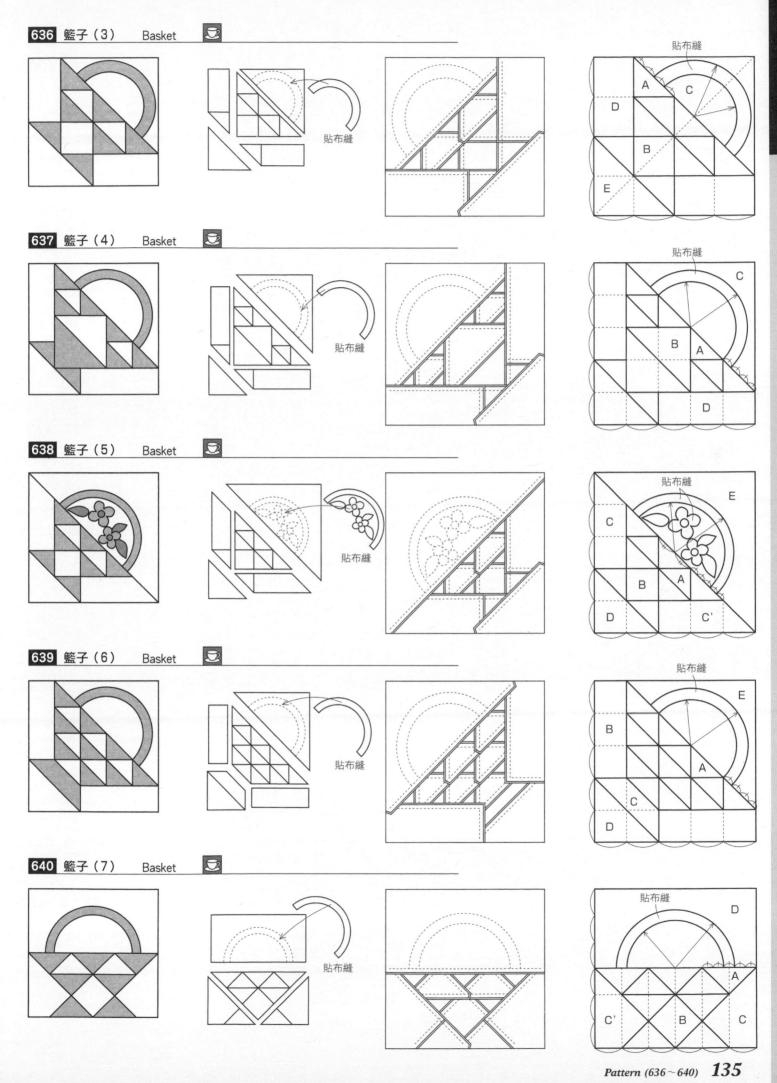

636 籃子（3） Basket

貼布縫

637 籃子（4） Basket

貼布縫

638 籃子（5） Basket

貼布縫

639 籃子（6） Basket

貼布縫

640 籃子（7） Basket

貼布縫

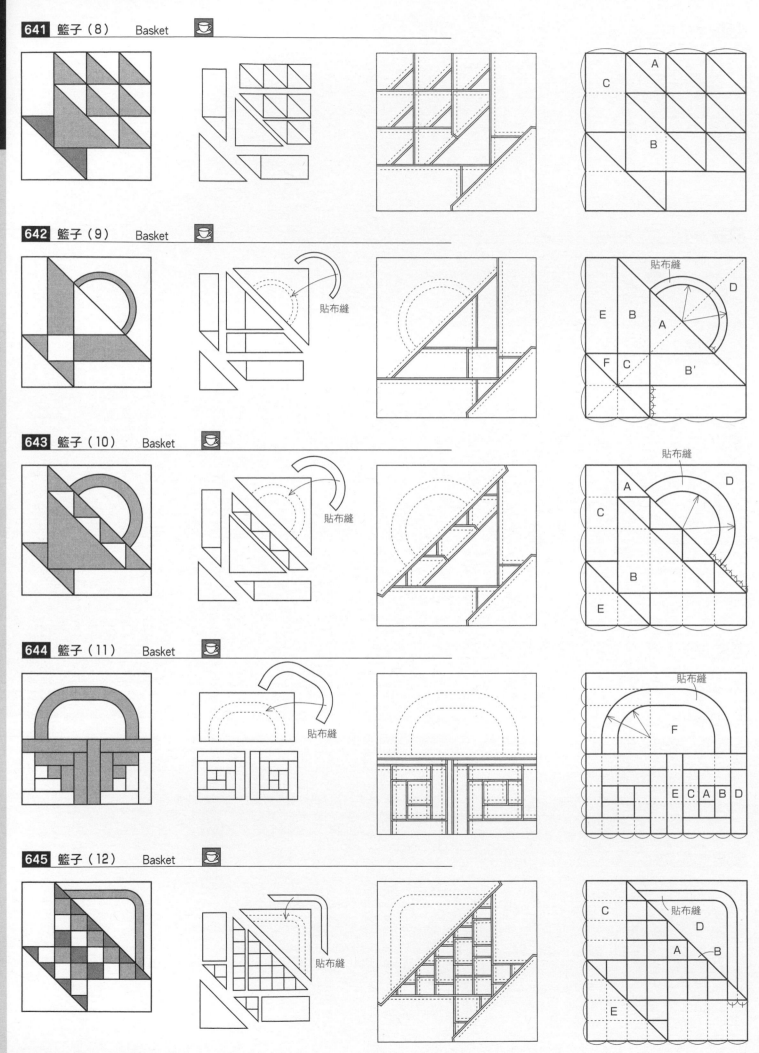

641 籃子（8） Basket

642 籃子（9） Basket

貼布縫

貼布縫

貼布縫

643 籃子（10） Basket

貼布縫

貼布縫

貼布縫

644 籃子（11） Basket

貼布縫

貼布縫

645 籃子（12） Basket

貼布縫

貼布縫

貼布縫

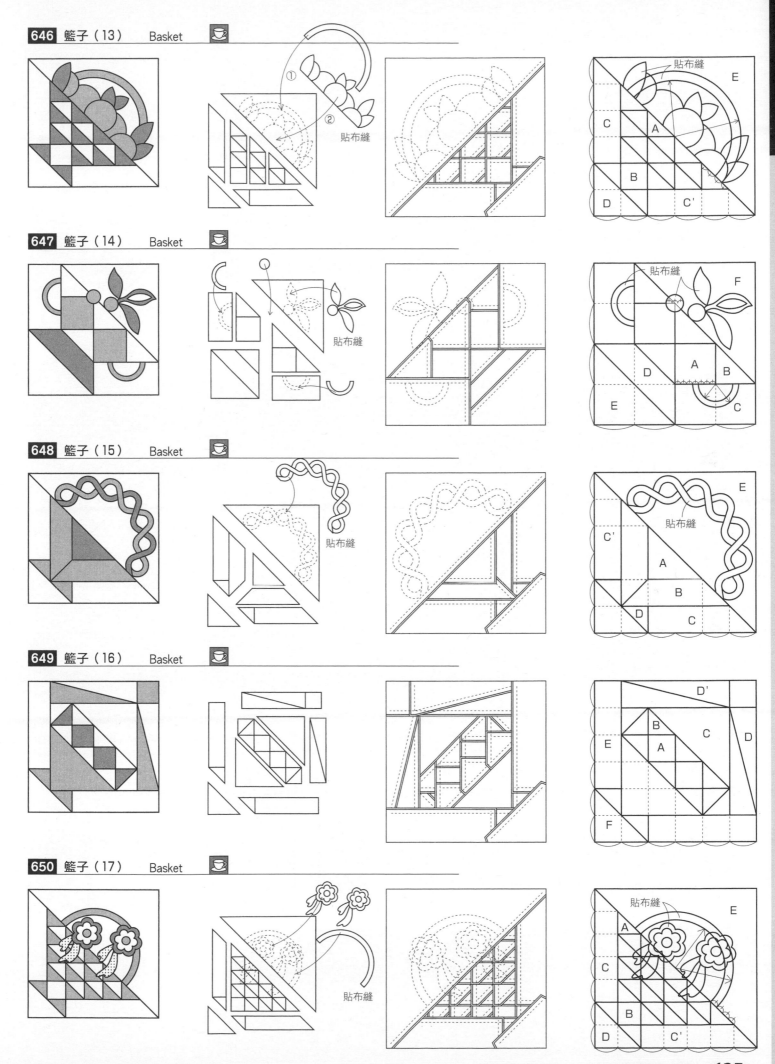

646 籃子（13） Basket

① ②
貼布縫

貼布縫
E
C A
B
D C'

647 籃子（14） Basket

貼布縫

貼布縫
F
D A B
E C

648 籃子（15） Basket

貼布縫

E
貼布縫
C'
A
B
D C

649 籃子（16） Basket

D'
B
E C D
A
F

650 籃子（17） Basket

貼布縫

貼布縫
E
A
C
B
D C'

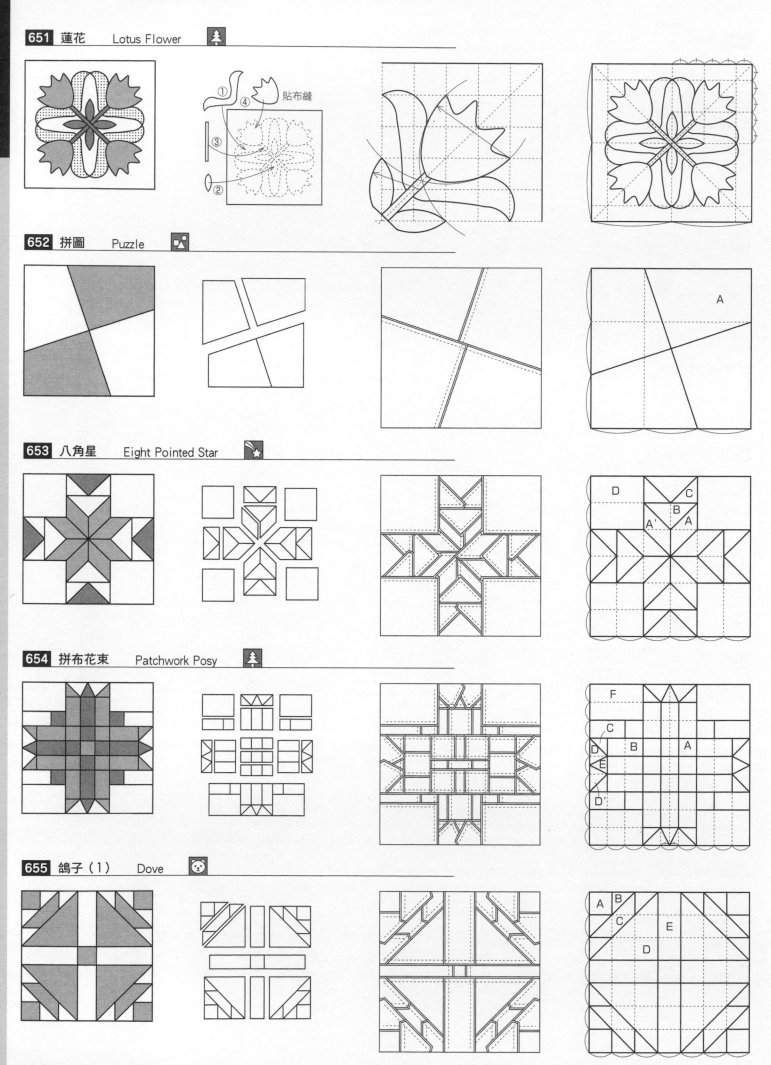

651 蓮花　Lotus Flower

貼布縫

652 拼圖　Puzzle

A

653 八角星　Eight Pointed Star

D　　C
B
A'　A

654 拼布花束　Patchwork Posy

F
C
D　B　A
E
D'

655 鴿子（1）　Dove

A B
C　　E
D

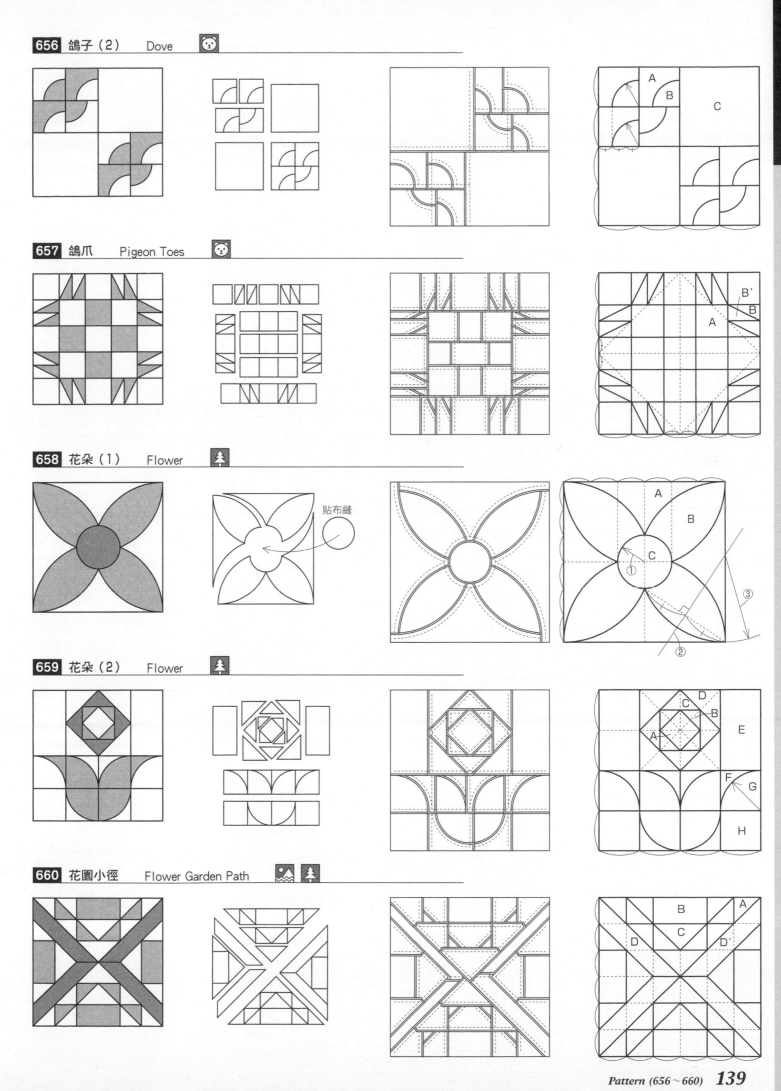

656 鴿子（2）　Dove

657 鳩爪　Pigeon Toes

658 花朵（1）　Flower

貼布縫

659 花朵（2）　Flower

660 花園小徑　Flower Garden Path

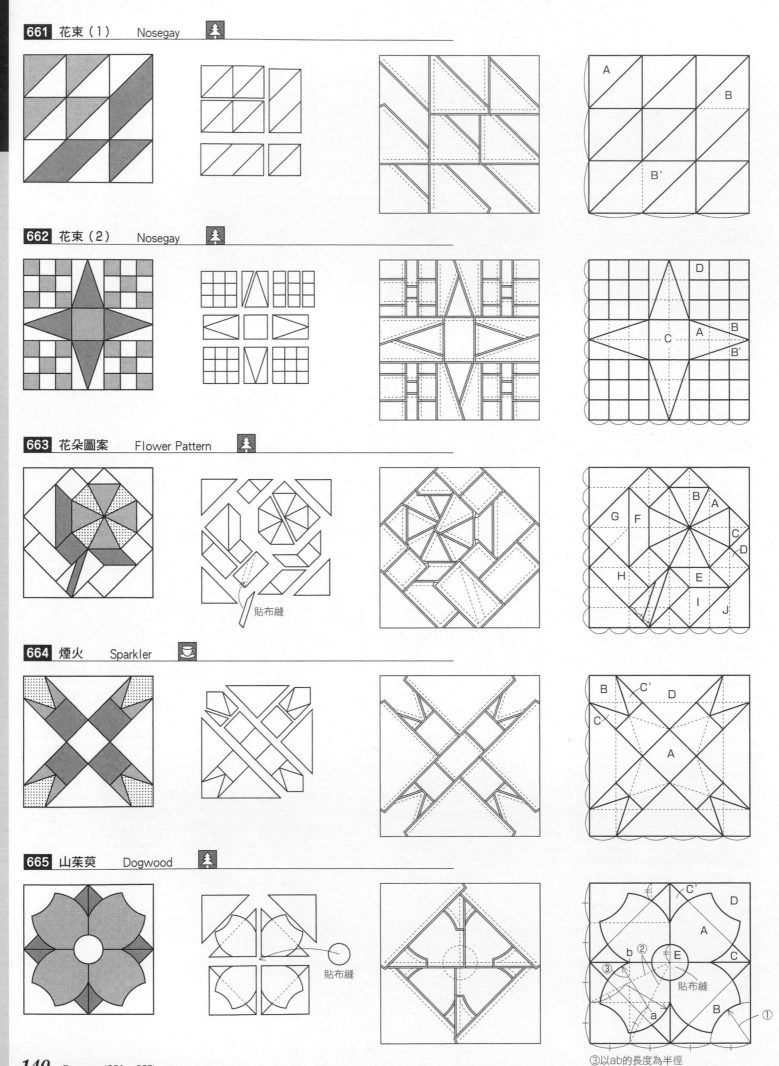

661 花束（1）　Nosegay

662 花束（2）　Nosegay

663 花朵圖案　Flower Pattern

貼布縫

664 煙火　Sparkler

665 山茱萸　Dogwood

貼布縫

貼布縫

③以ab的長度為半徑

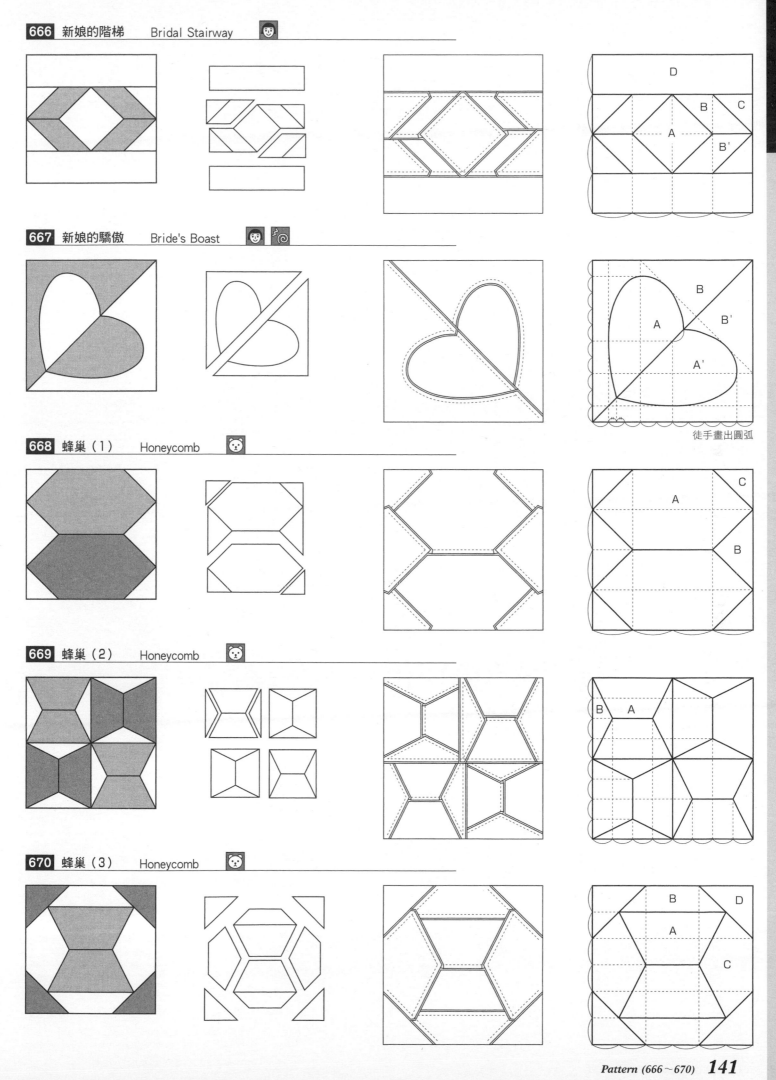

666 新娘的階梯　Bridal Stairway

D
B　C
A
B'

667 新娘的驕傲　Bride's Boast

B
A　B'
A'

徒手畫出圓弧

668 蜂巢（1）　Honeycomb

C
A
B

669 蜂巢（2）　Honeycomb

B　A

670 蜂巢（3）　Honeycomb

B　D
A
C

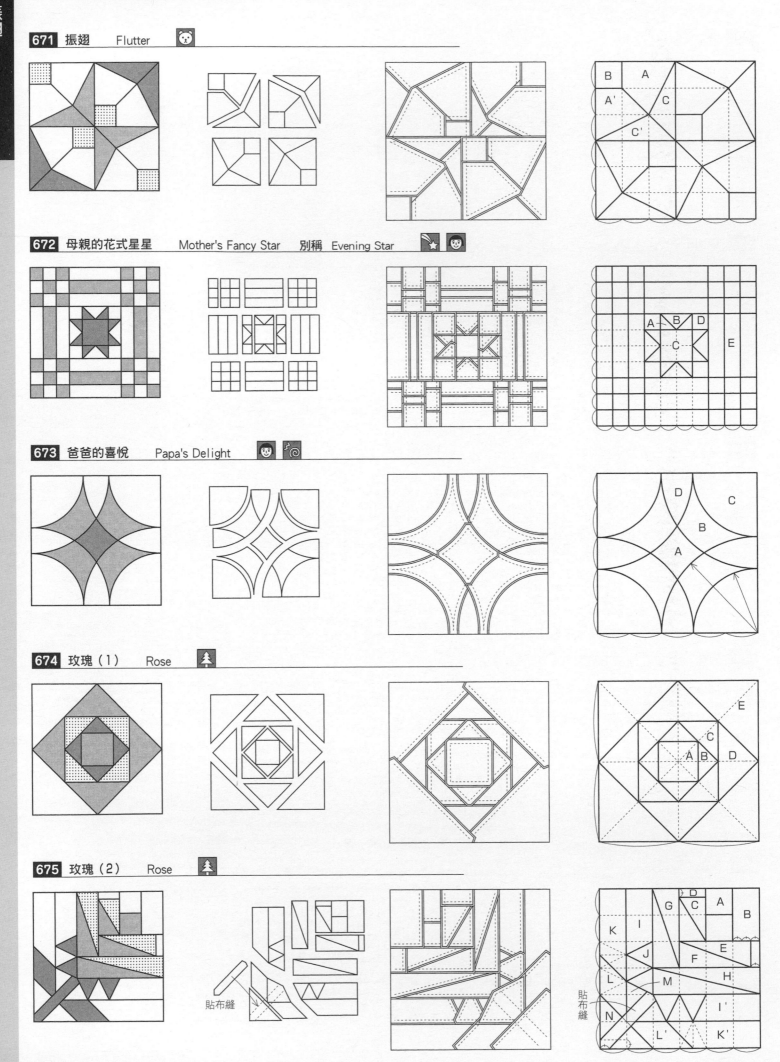

671 振翅　　Flutter

672 母親的花式星星　　Mother's Fancy Star　　別稱　Evening Star

673 爸爸的喜悅　　Papa's Delight

674 玫瑰（1）　　Rose

675 玫瑰（2）　　Rose

貼布縫

貼布縫

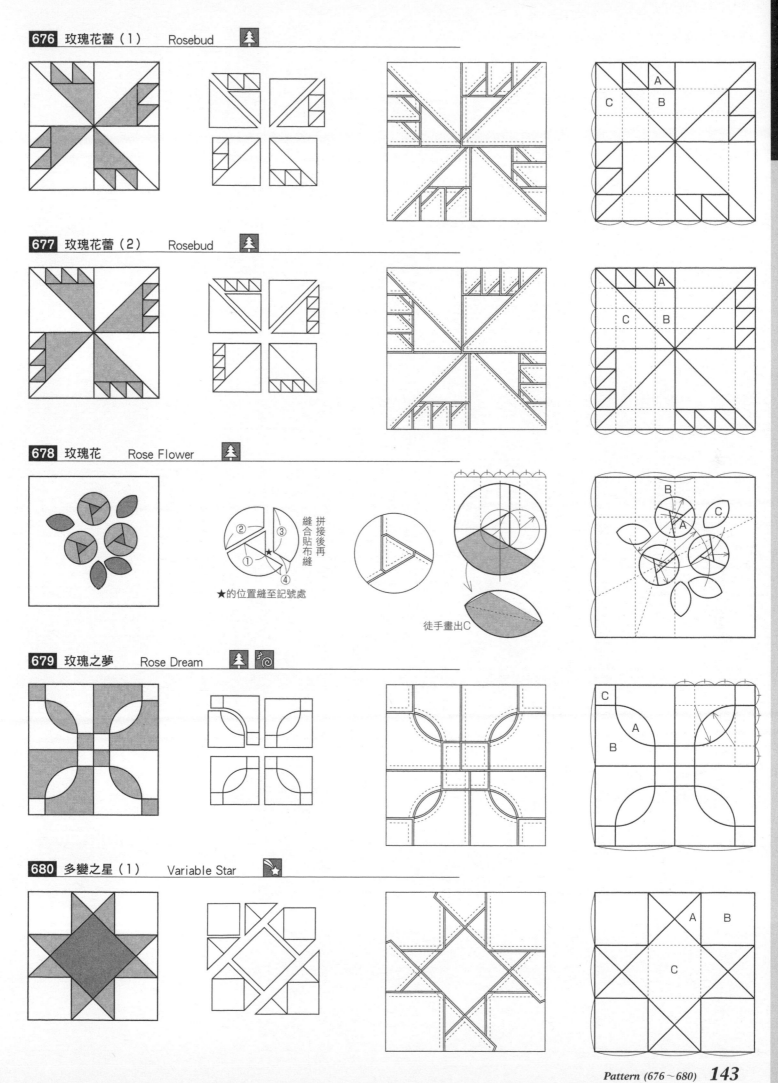

676 玫瑰花蕾（1） Rosebud

677 玫瑰花蕾（2） Rosebud

678 玫瑰花 Rose Flower

拼接後再
縫合貼布縫

★的位置縫至記號處

徒手畫出C

679 玫瑰之夢 Rose Dream

680 多變之星（1） Variable Star

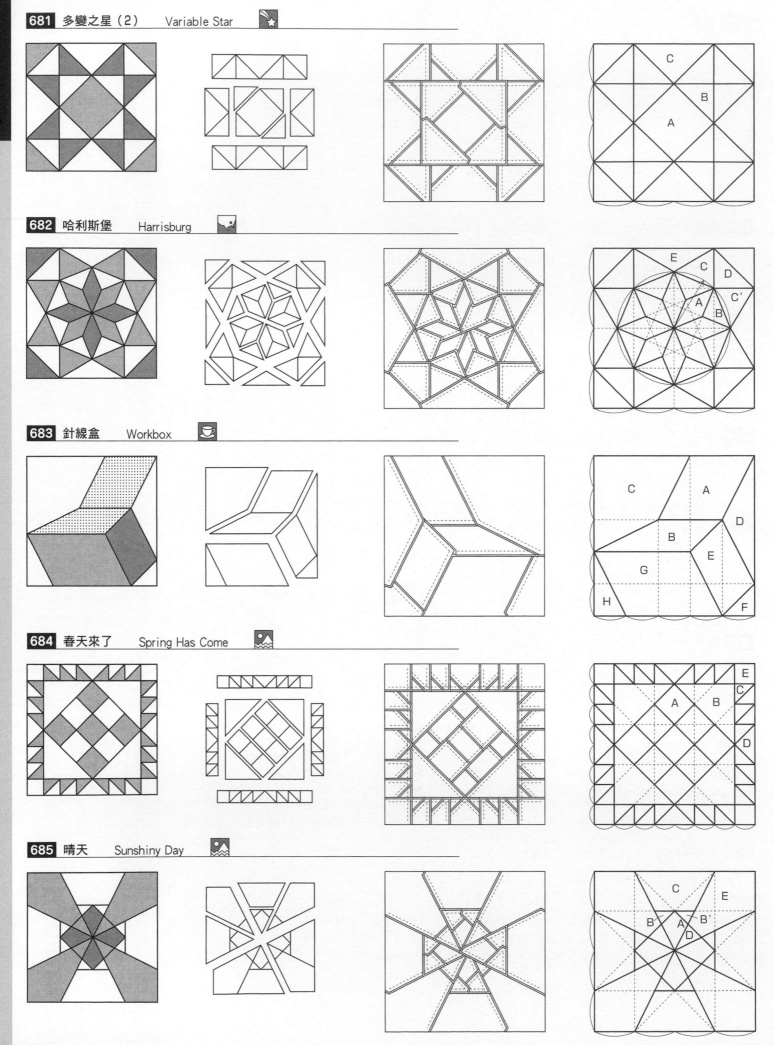

681 多變之星（2）　Variable Star

682 哈利斯堡　Harrisburg

683 針線盒　Workbox

684 春天來了　Spring Has Come

685 晴天　Sunshiny Day

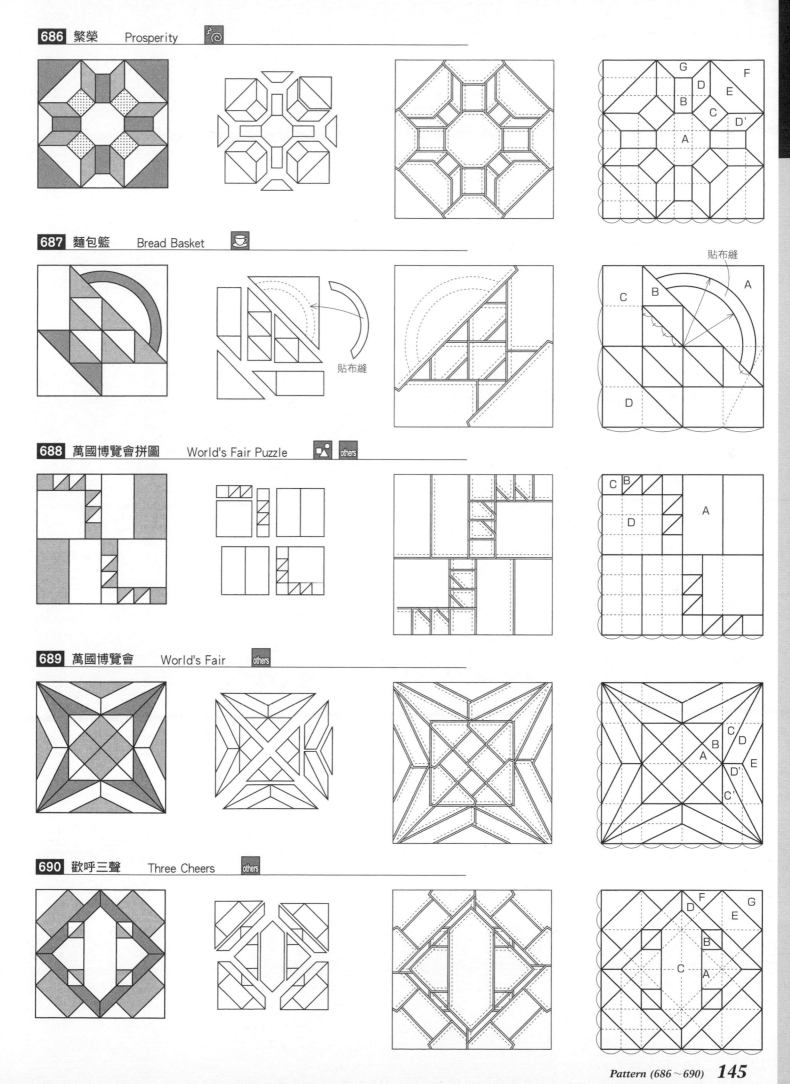

686 繁榮　　Prosperity

687 麵包籃　　Bread Basket

貼布縫

貼布縫

688 萬國博覽會拼圖　　World's Fair Puzzle　　others

689 萬國博覽會　　World's Fair　　others

690 歡呼三聲　　Three Cheers　　others

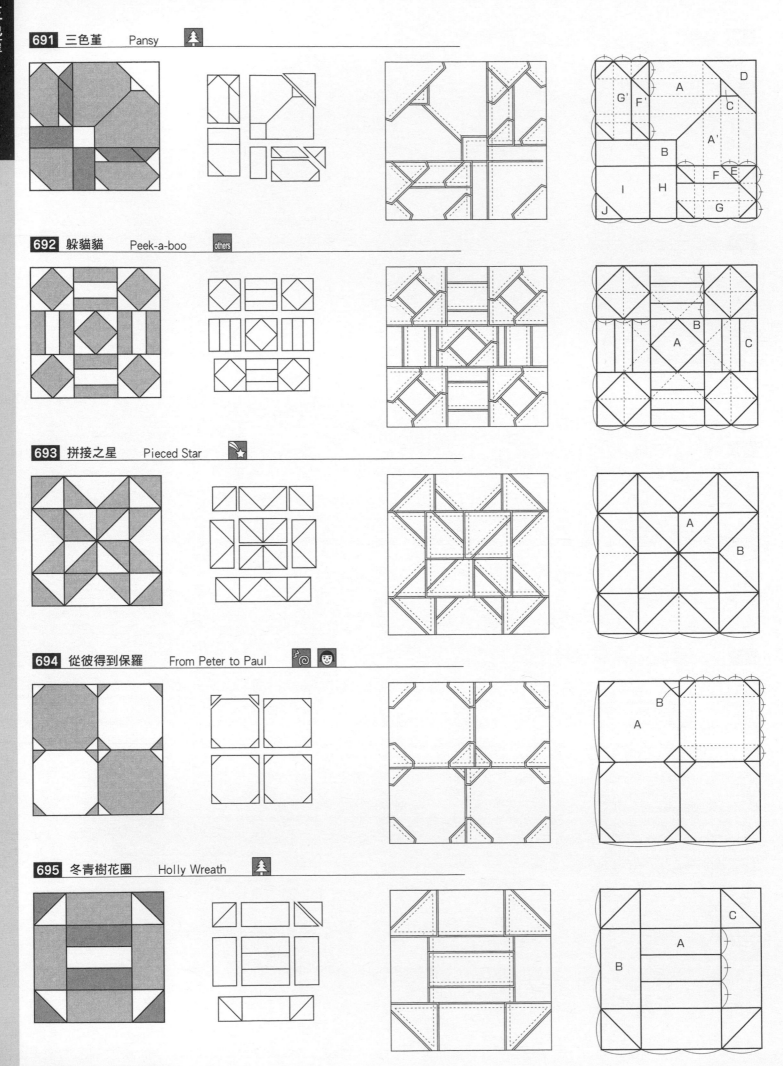

691 三色堇　　Pansy

692 躲貓貓　　Peek-a-boo

693 拼接之星　　Pieced Star

694 從彼得到保羅　　From Peter to Paul

695 冬青樹花圈　　Holly Wreath

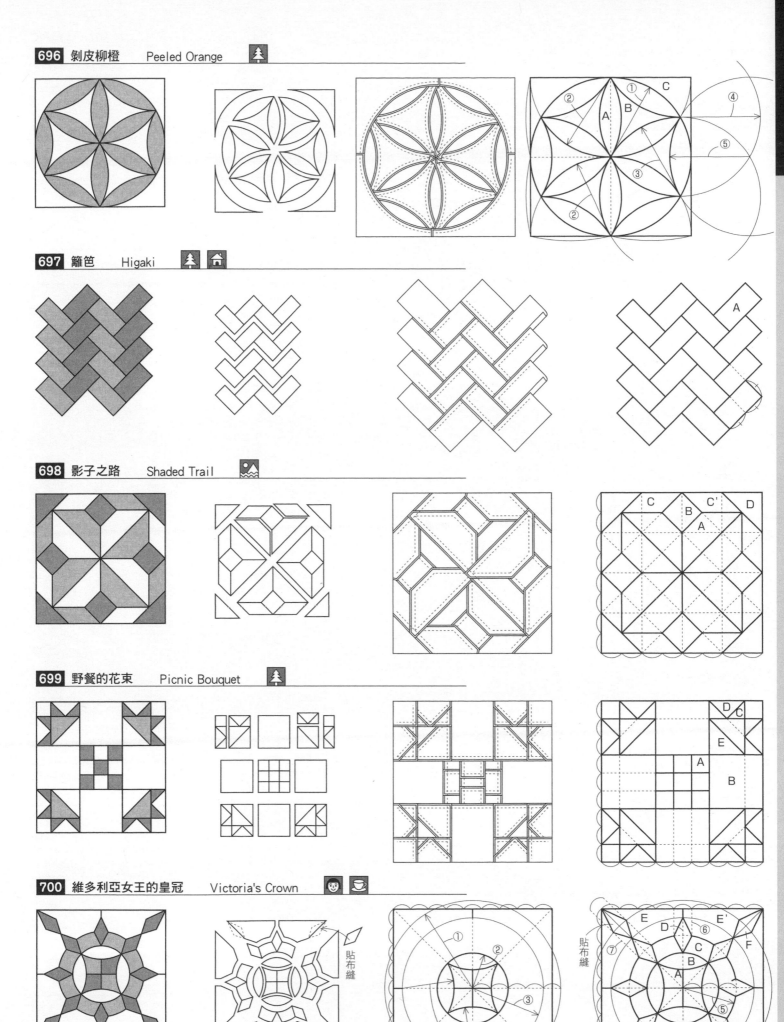

696 剝皮柳橙　Peeled Orange

697 籬笆　Higaki

698 影子之路　Shaded Trail

699 野餐的花束　Picnic Bouquet

700 維多利亞女王的皇冠　Victoria's Crown

縫份倒向請參考凱撒的皇冠（P.73）

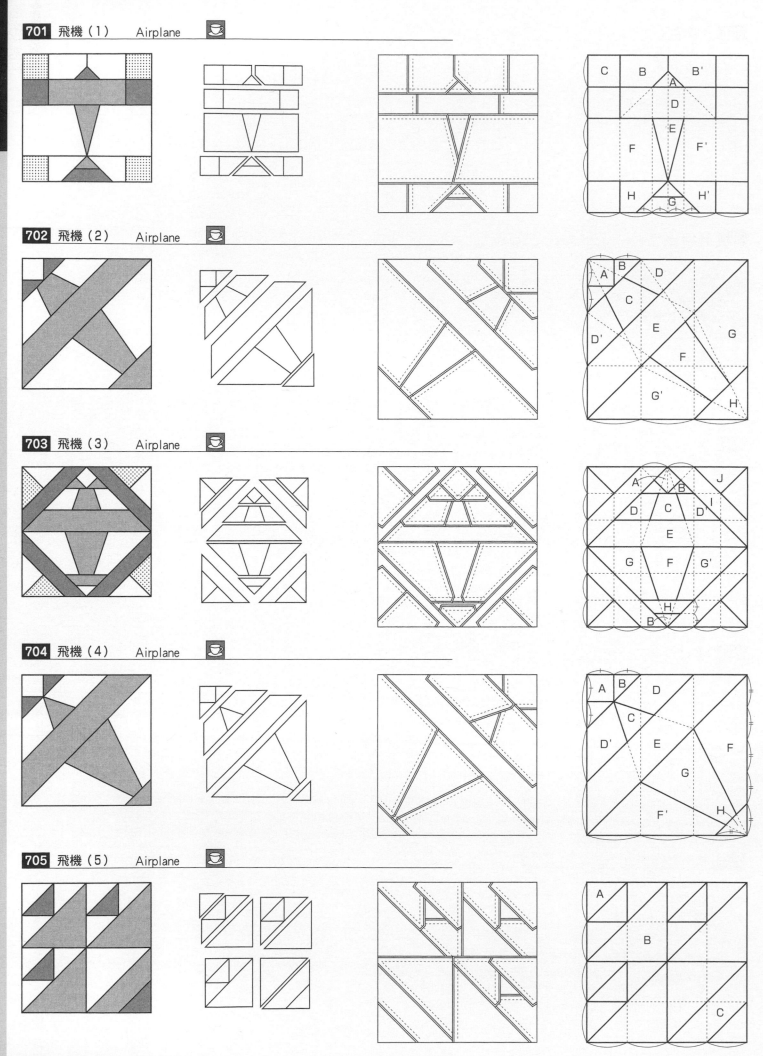

701 飛機（1）　Airplane

702 飛機（2）　Airplane

703 飛機（3）　Airplane

704 飛機（4）　Airplane

705 飛機（5）　Airplane

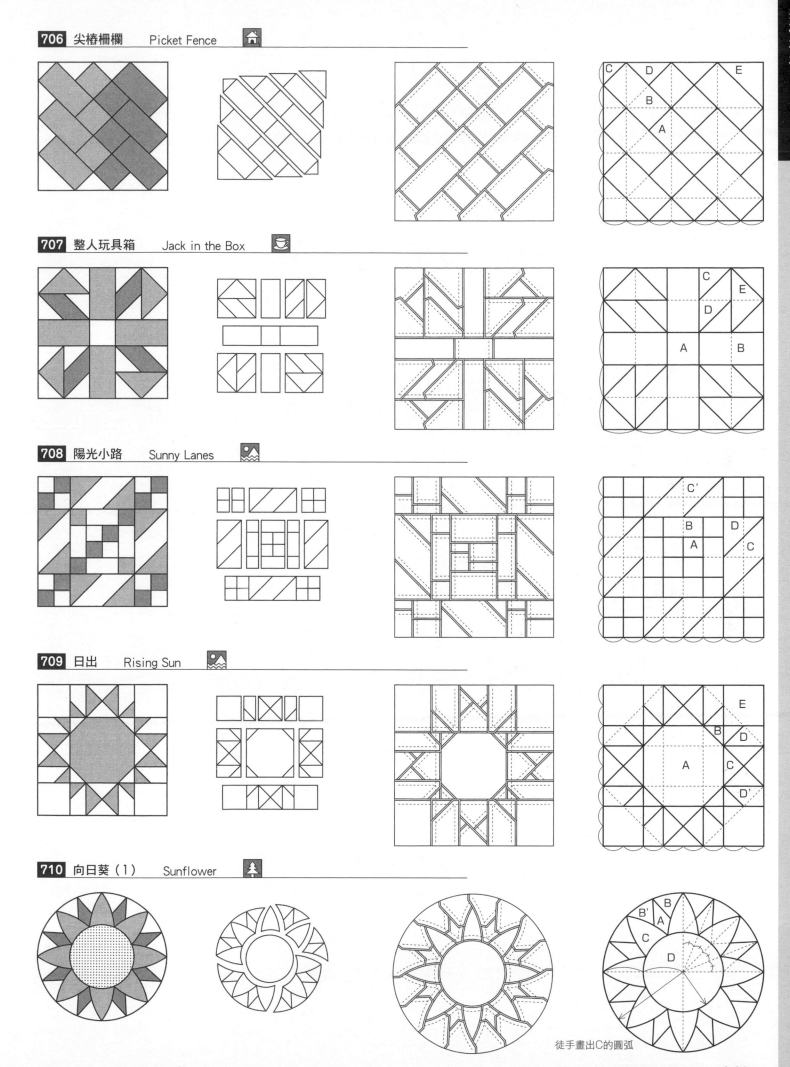

706 尖椿柵欄　Picket Fence

707 整人玩具箱　Jack in the Box

708 陽光小路　Sunny Lanes

709 日出　Rising Sun

710 向日葵（1）　Sunflower

徒手畫出C的圓弧

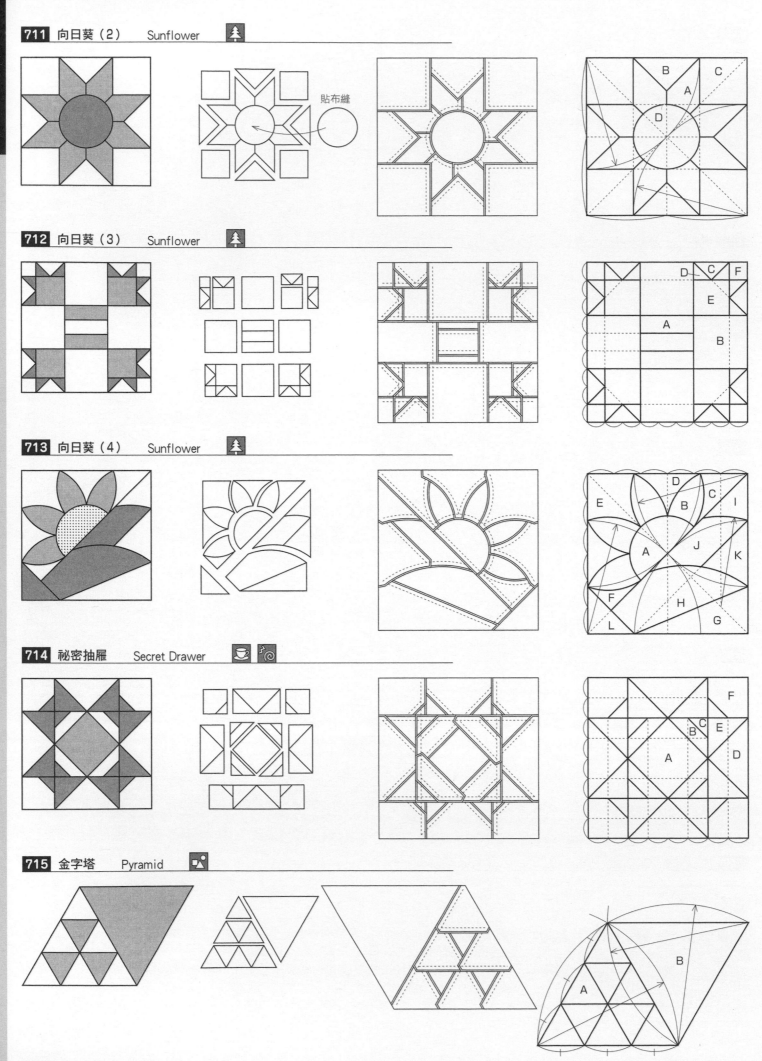

711 向日葵（2） Sunflower

712 向日葵（3） Sunflower

713 向日葵（4） Sunflower

714 祕密抽屜 Secret Drawer

715 金字塔 Pyramid

貼布縫

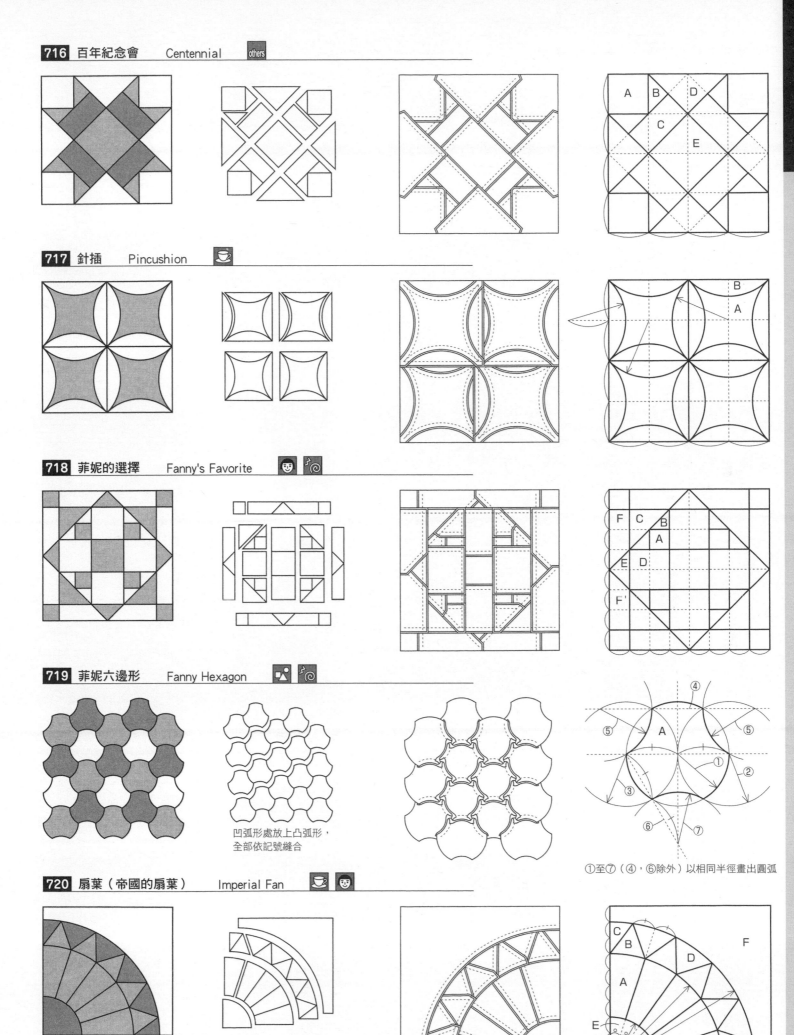

716 百年紀念會　Centennial　others

717 針插　Pincushion

718 菲妮的選擇　Fanny's Favorite

719 菲妮六邊形　Fanny Hexagon

凹弧形處放上凸弧形，
全部依記號縫合

①至⑦（④、⑥除外）以相同半徑畫出圓弧

720 扇葉（帝國的扇葉）　Imperial Fan

⊥=18°

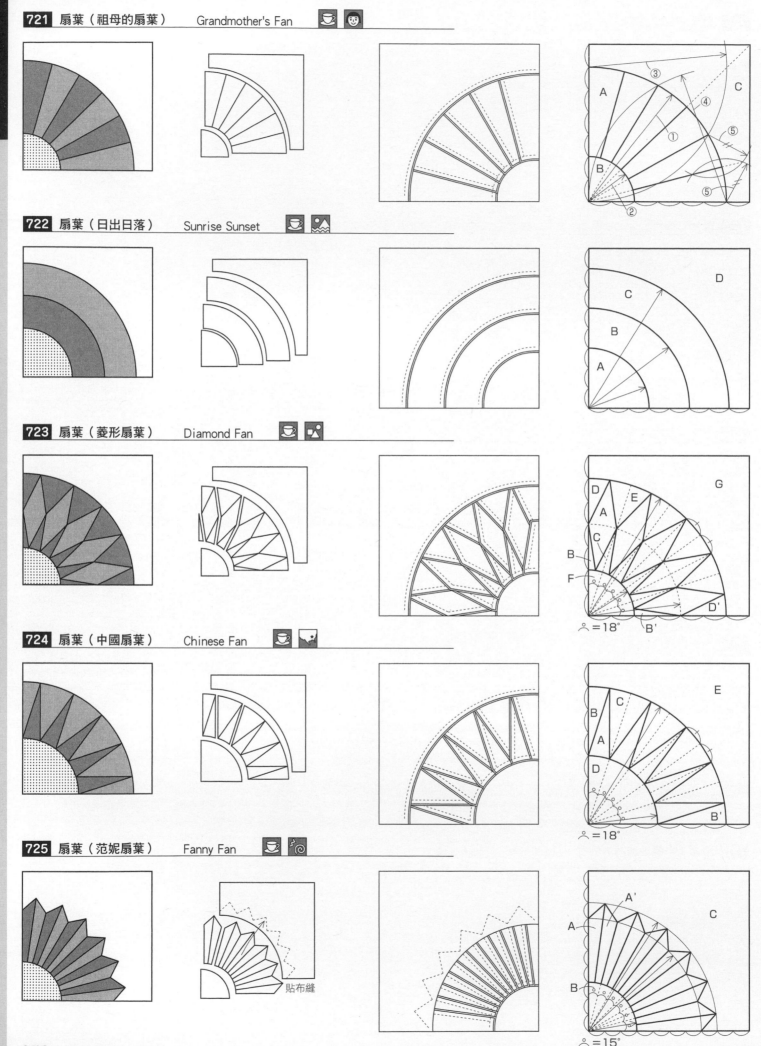

721 扇葉（祖母的扇葉）　Grandmother's Fan

722 扇葉（日出日落）　Sunrise Sunset

723 扇葉（菱形扇葉）　Diamond Fan

724 扇葉（中國扇葉）　Chinese Fan

725 扇葉（范妮扇葉）　Fanny Fan

貼布縫

$\angle = 18°$

$\angle = 18°$

$\angle = 15°$

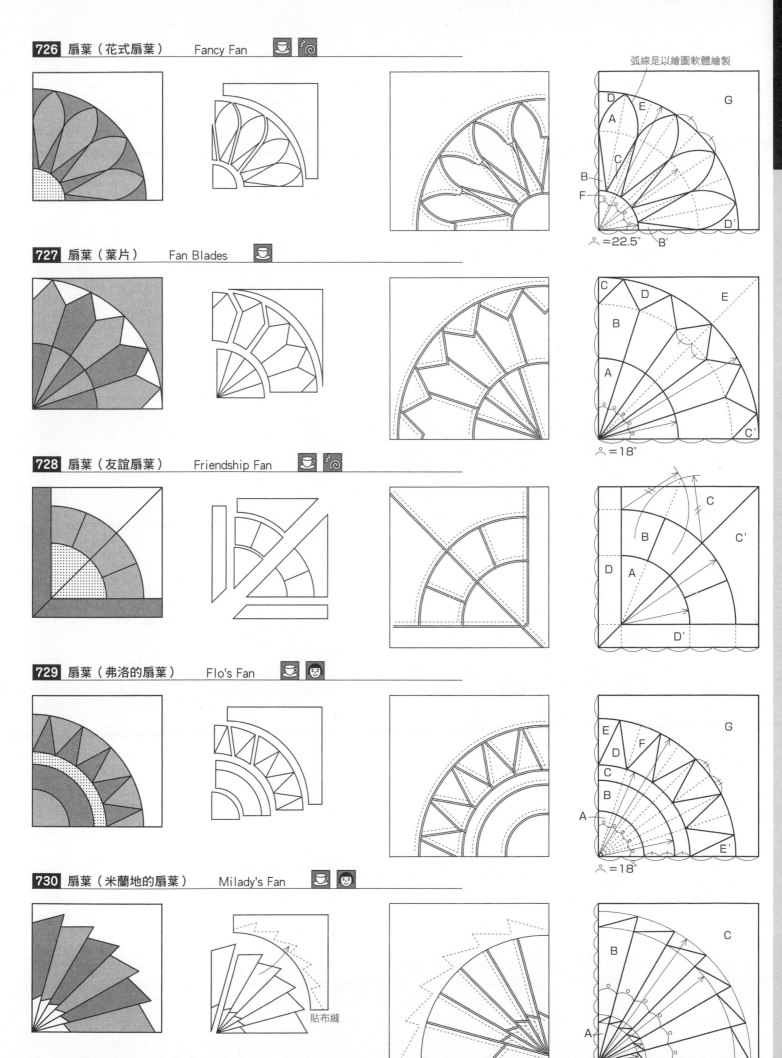

726 扇葉（花式扇葉）　　Fancy Fan

弧線是以繪圖軟體繪製

∠=22.5°

727 扇葉（葉片）　　Fan Blades

∠=18°

728 扇葉（友誼扇葉）　　Friendship Fan

729 扇葉（弗洛的扇葉）　　Flo's Fan

∠=18°

730 扇葉（米蘭地的扇葉）　　Milady's Fan

貼布縫

∠=15°

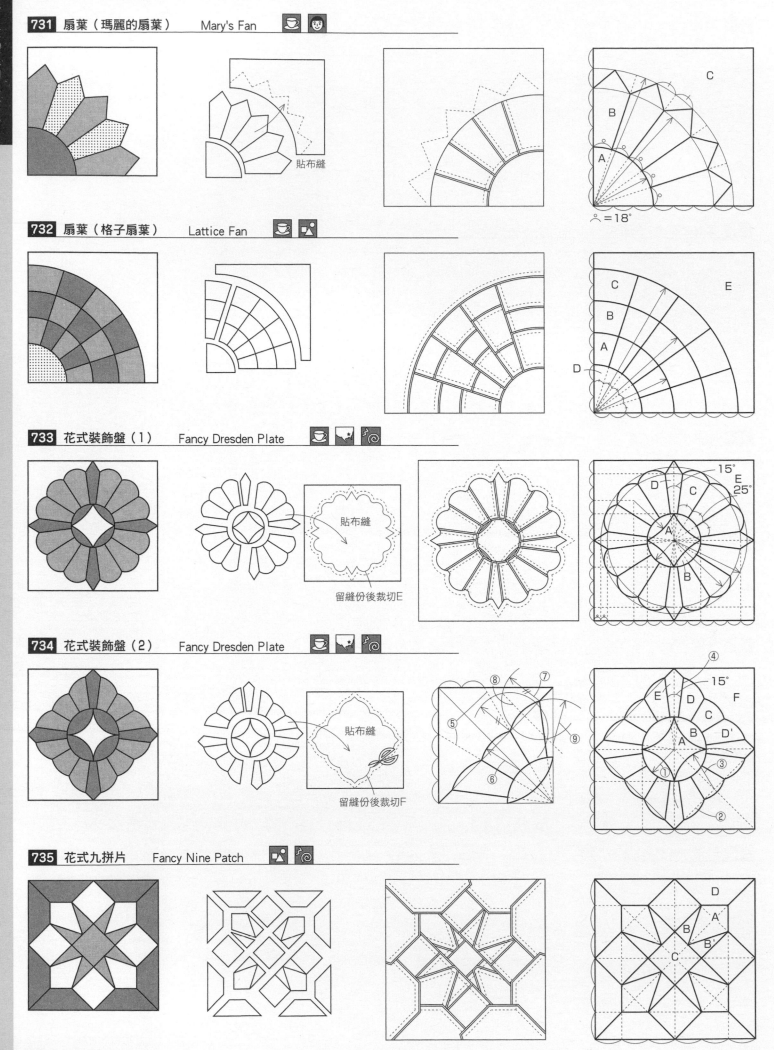

731 扇葉（瑪麗的扇葉）　Mary's Fan

貼布縫

∧ = 18°

C
B
A

732 扇葉（格子扇葉）　Lattice Fan

C
B
A
D
E

733 花式裝飾盤（1）　Fancy Dresden Plate

貼布縫
留縫份後裁切E

15°
D C E
25°
A
B

734 花式裝飾盤（2）　Fancy Dresden Plate

貼布縫
留縫份後裁切F

④
⑧ ⑦
⑤
⑥
⑨
①
②
③

15°
E D F
C
A B D'

735 花式九拼片　Fancy Nine Patch

D
A'
B
B'
C

736 號角齊鳴　Fanfare　others

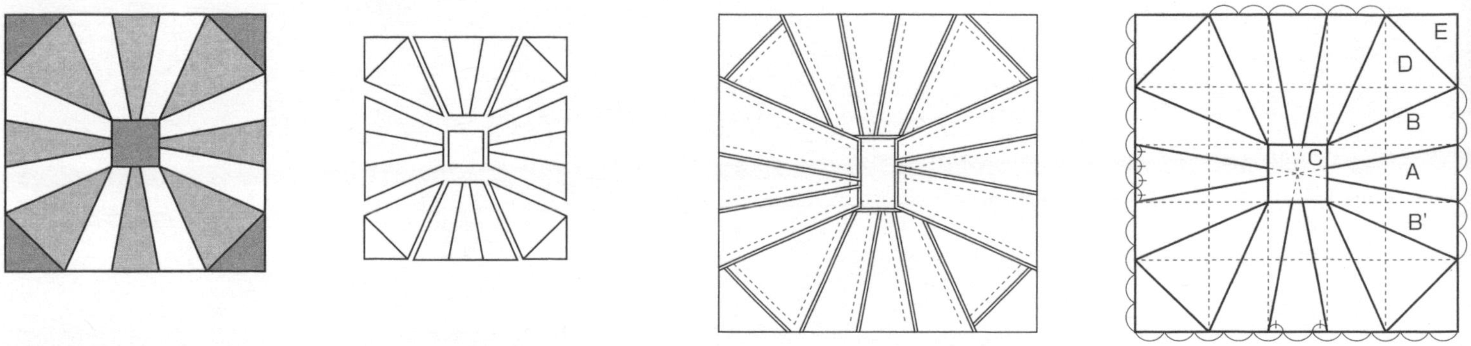

737 扇葉之花　Fan Flower

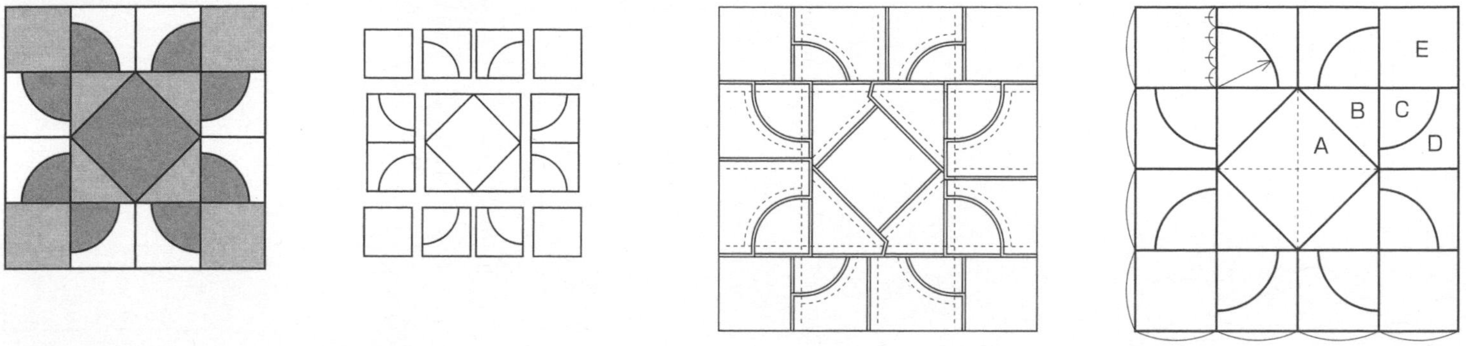

738 花束（1）　Bouquet

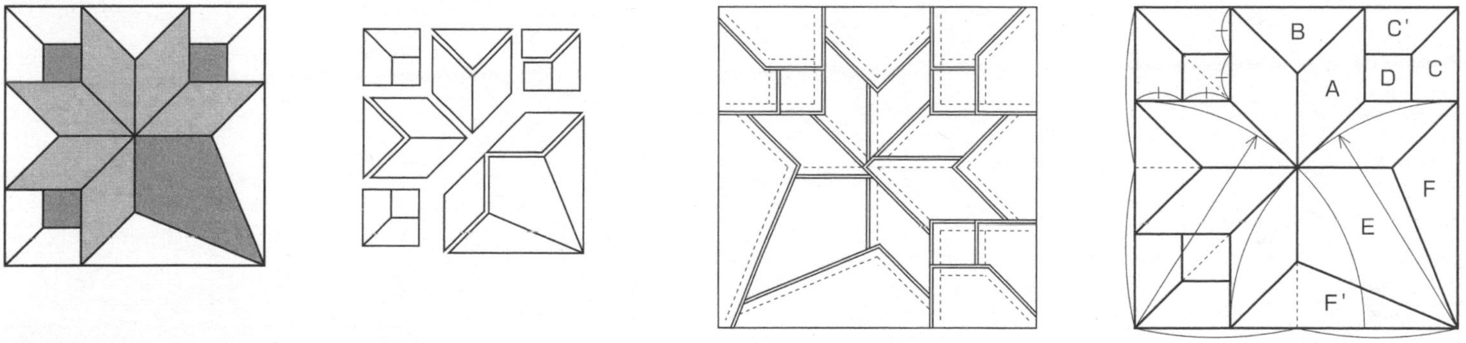

739 花束（2）　Bouquet

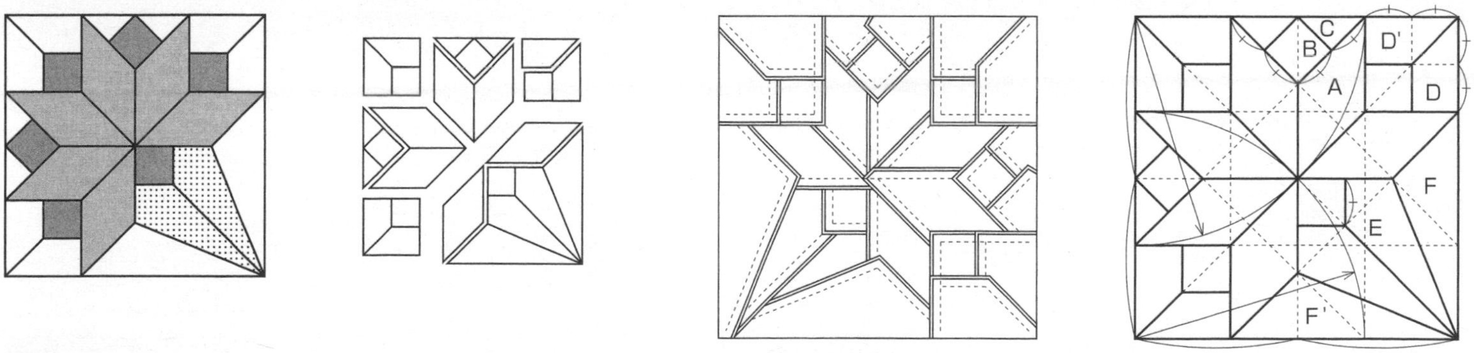

740 封鎖　Blockade

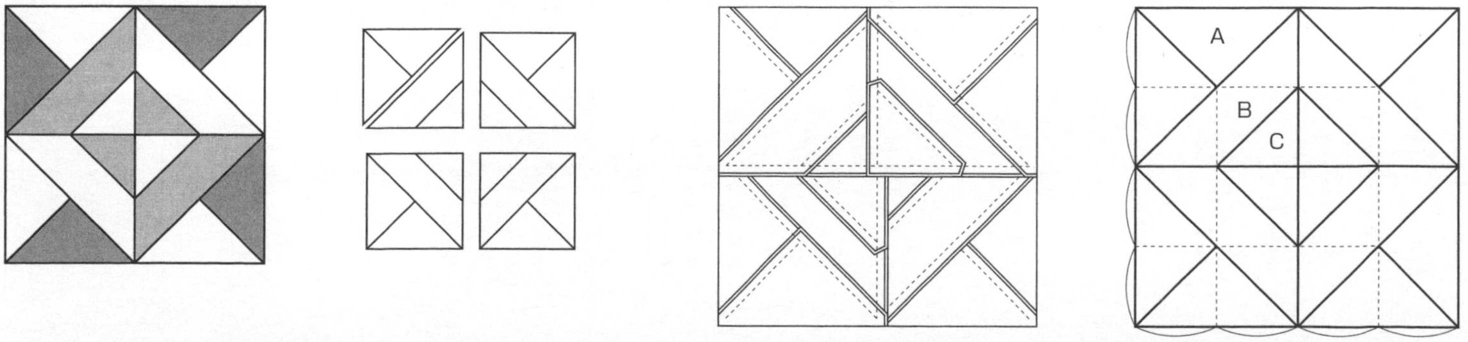

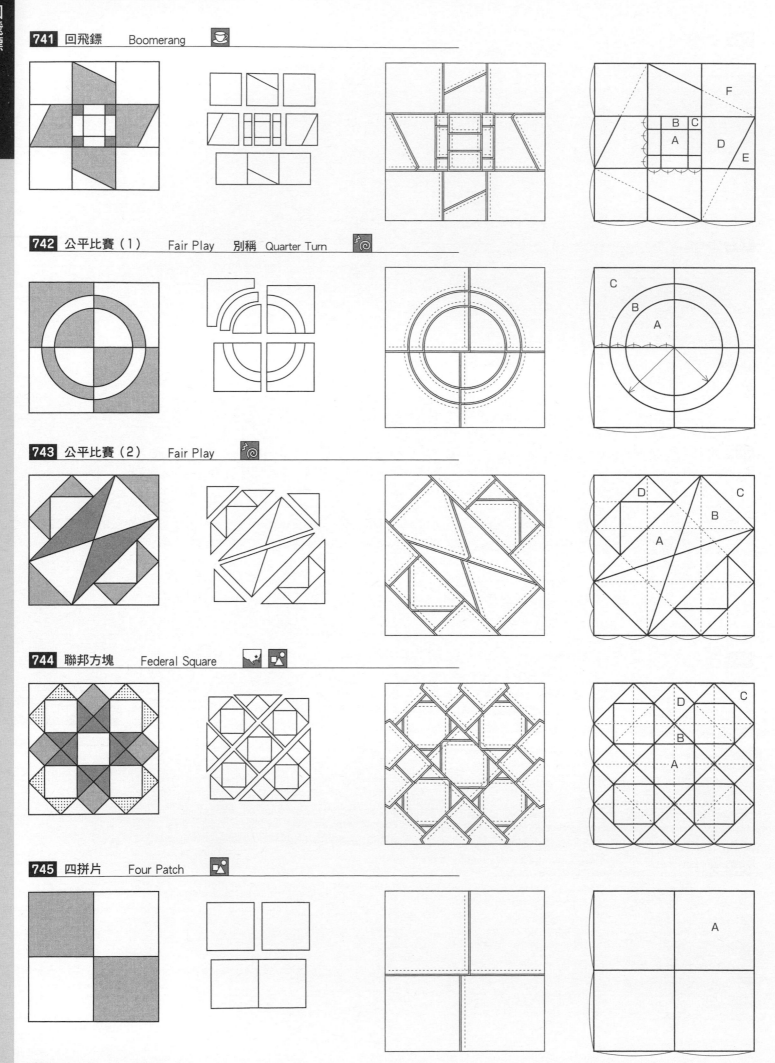

741 回飛鏢　　Boomerang

742 公平比賽（1）　　Fair Play　　別稱　Quarter Turn

743 公平比賽（2）　　Fair Play

744 聯邦方塊　　Federal Square

745 四拼片　　Four Patch

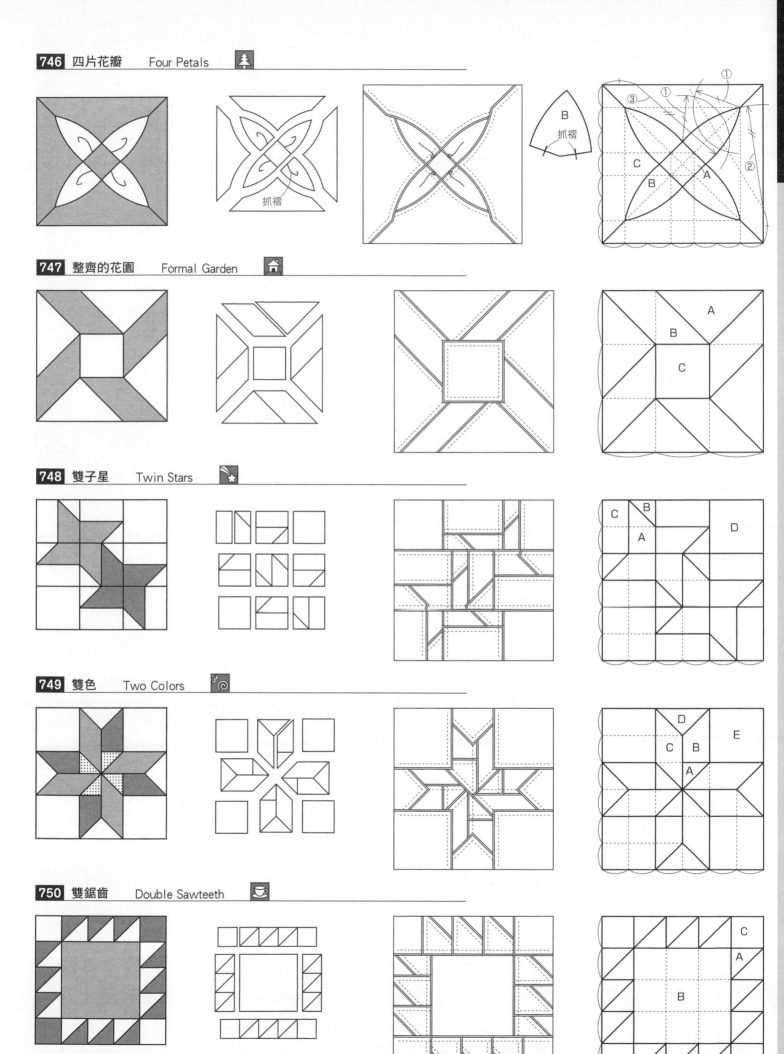

746 四片花瓣　　Four Petals

B 抓褶

抓褶

747 整齊的花園　　Formal Garden

A
B
C

748 雙子星　　Twin Stars

C B
A
D

749 雙色　　Two Colors

D
E
C B
A

750 雙鋸齒　　Double Sawteeth

C
A
B

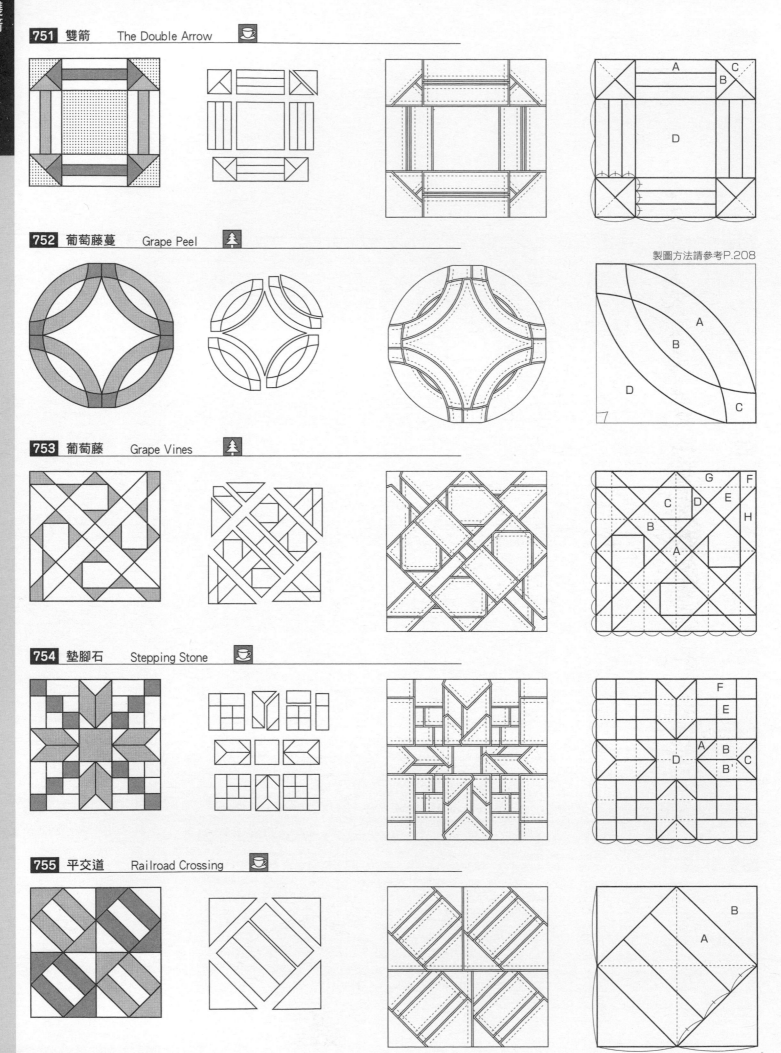

751 雙箭　The Double Arrow

752 葡萄藤蔓　Grape Peel

製圖方法請參考P.208

753 葡萄藤　Grape Vines

754 墊腳石　Stepping Stone

755 平交道　Railroad Crossing

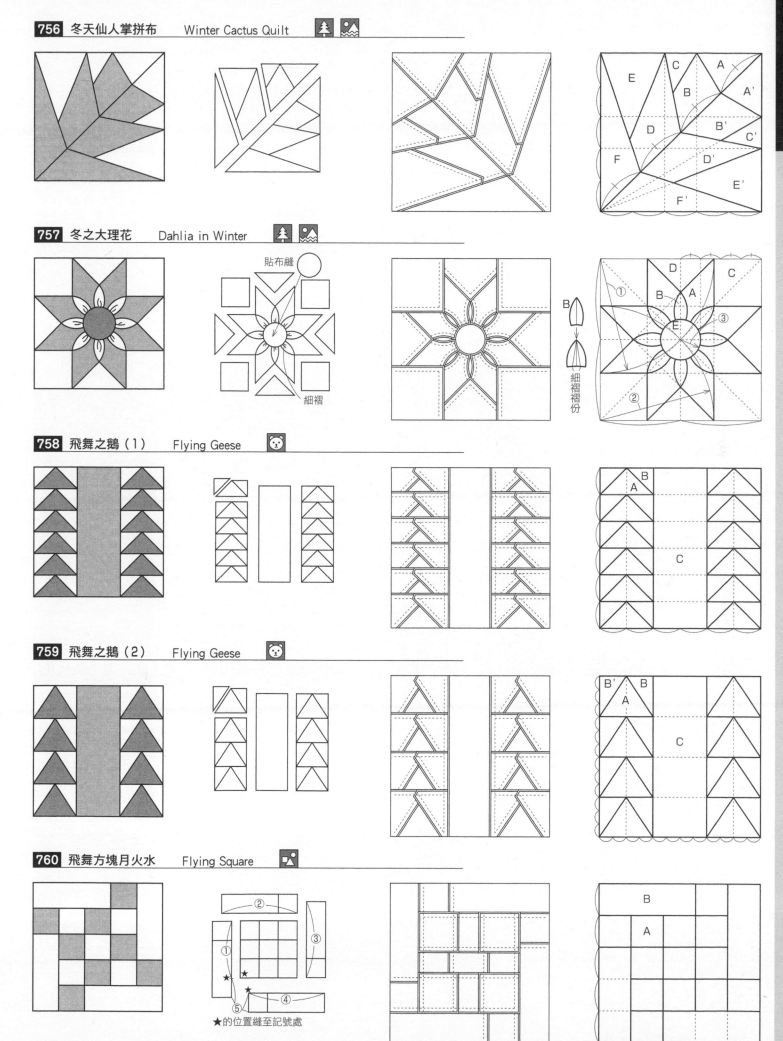

756 冬天仙人掌拼布　　Winter Cactus Quilt

E　C　A
B　A'
D　B'
F　C'
D'
E'
F'

757 冬之大理花　　Dahlia in Winter

貼布縫

細褶

B

細褶褶份

D　C
B　A
E
①
③
②

758 飛舞之鵝（1）　　Flying Geese

B
A
C

759 飛舞之鵝（2）　　Flying Geese

B'　B
A
C

760 飛舞方塊月火水　　Flying Square

②
③
①
④
⑤
★的位置縫至記號處

B
A

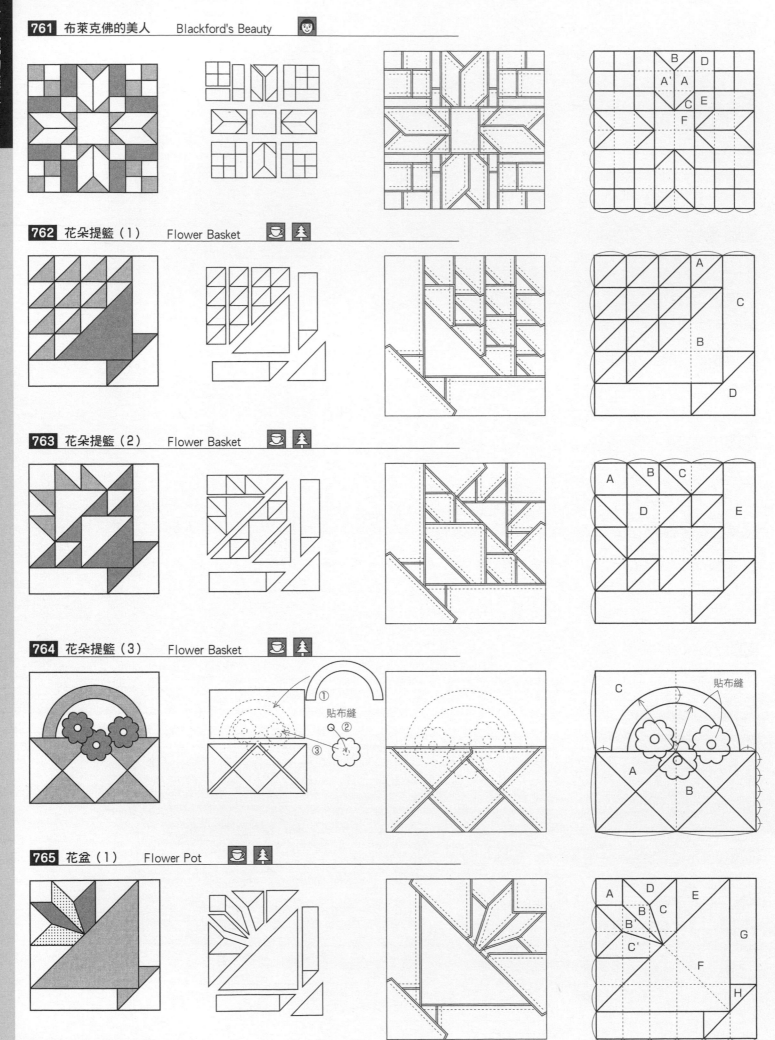

761 布萊克佛的美人　Blackford's Beauty

762 花朵提籃（1）　Flower Basket

763 花朵提籃（2）　Flower Basket

764 花朵提籃（3）　Flower Basket

貼布縫

765 花盆（1）　Flower Pot

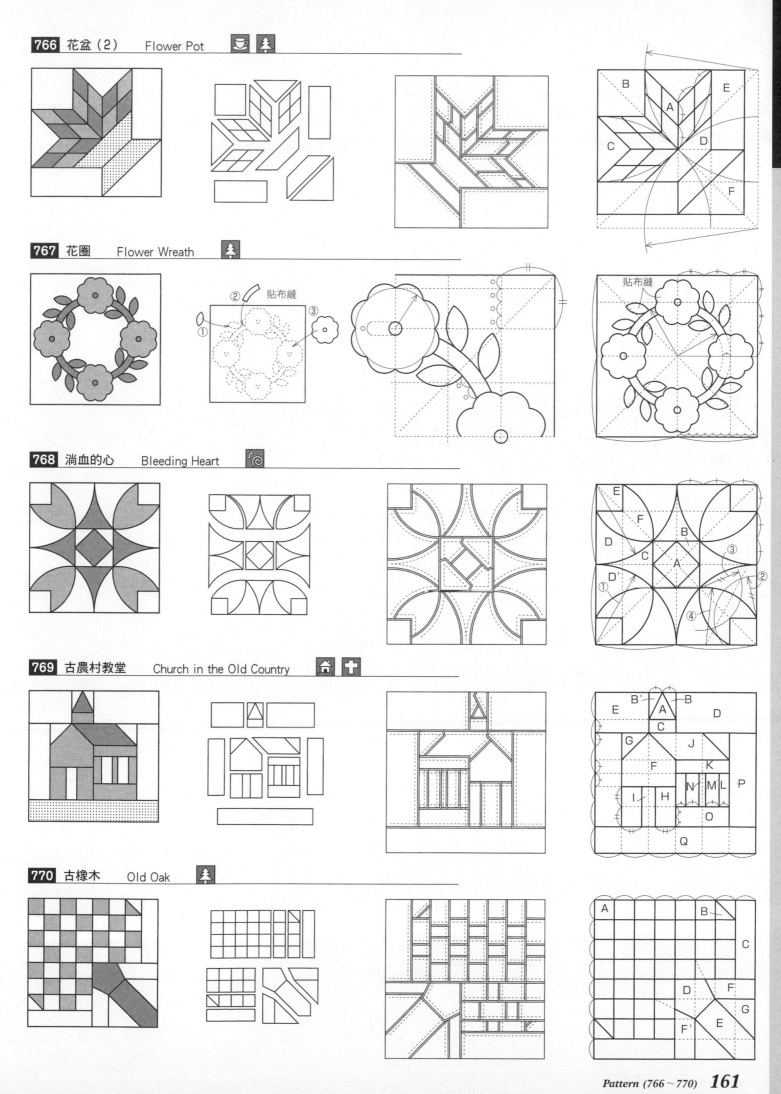

766 花盆（2）　Flower Pot

767 花圈　Flower Wreath

貼布縫

768 淌血的心　Bleeding Heart

769 古農村教堂　Church in the Old Country

770 古橡木　Old Oak

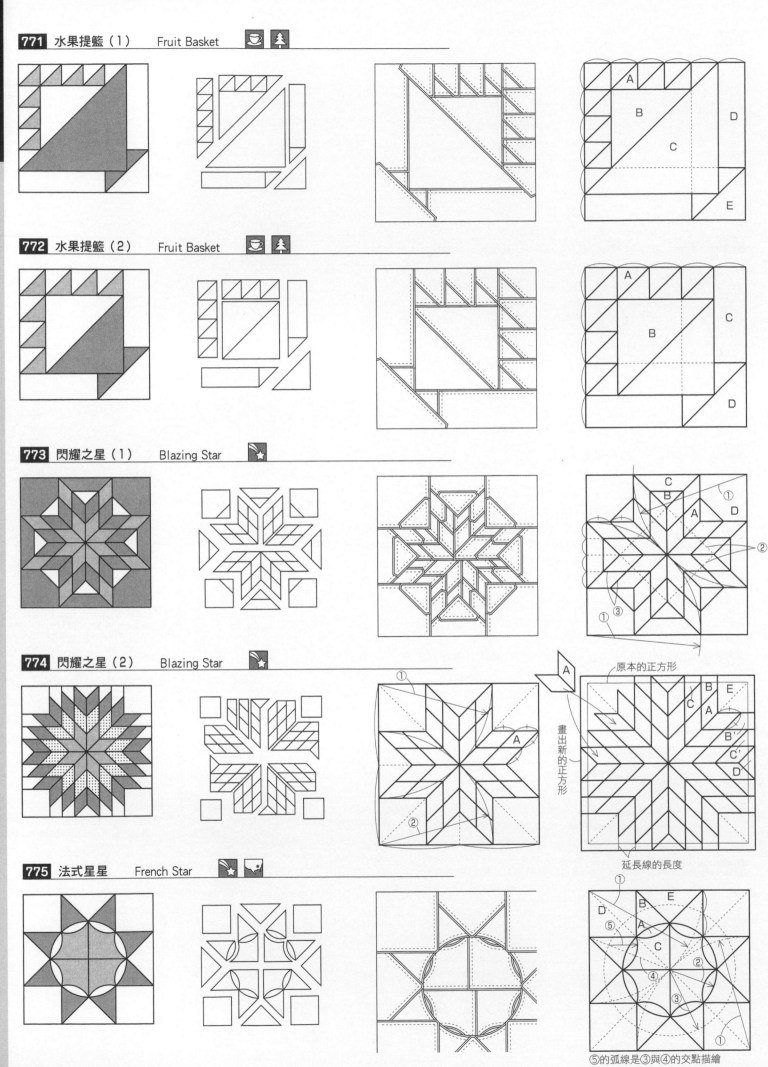

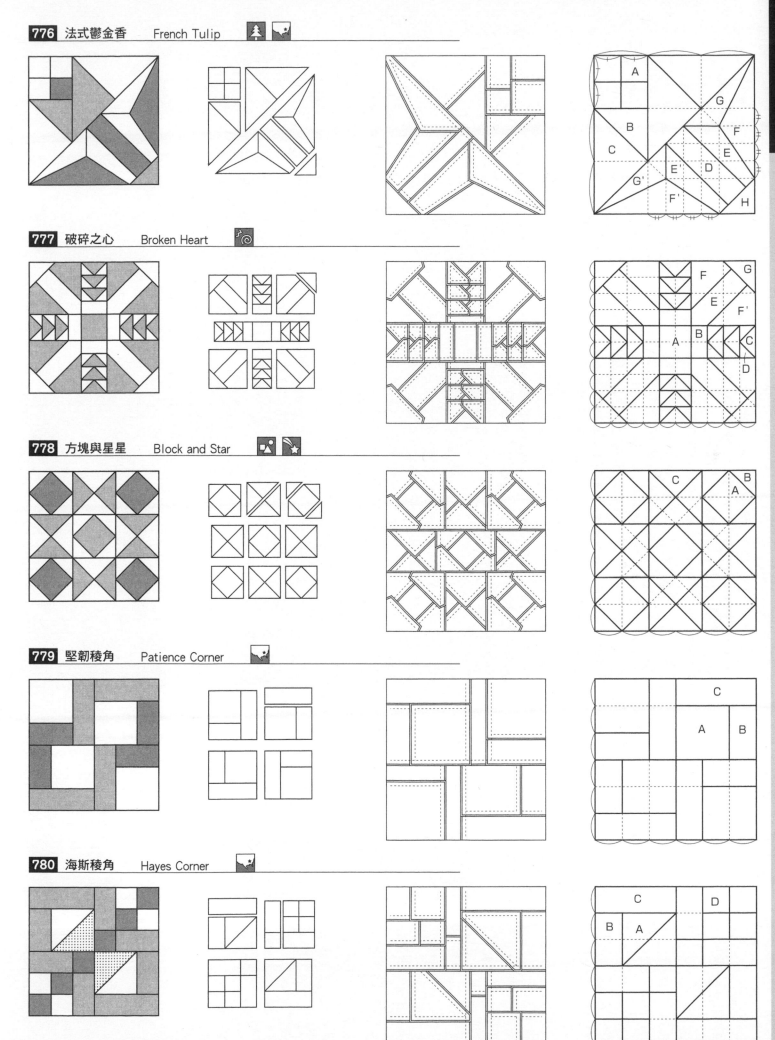

776 法式鬱金香　French Tulip

777 破碎之心　Broken Heart

778 方塊與星星　Block and Star

779 堅韌稜角　Patience Corner

780 海斯稜角　Hayes Corner

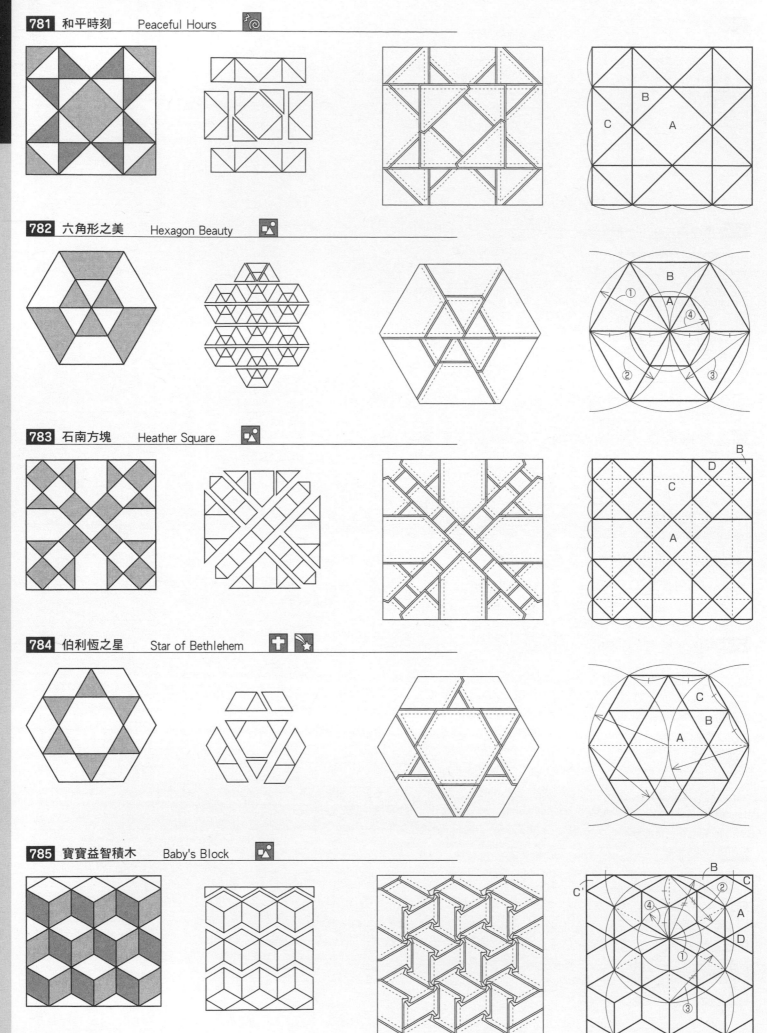

781 和平時刻　Peaceful Hours

782 六角形之美　Hexagon Beauty

783 石南方塊　Heather Square

784 伯利恆之星　Star of Bethlehem

785 寶寶益智積木　Baby's Block

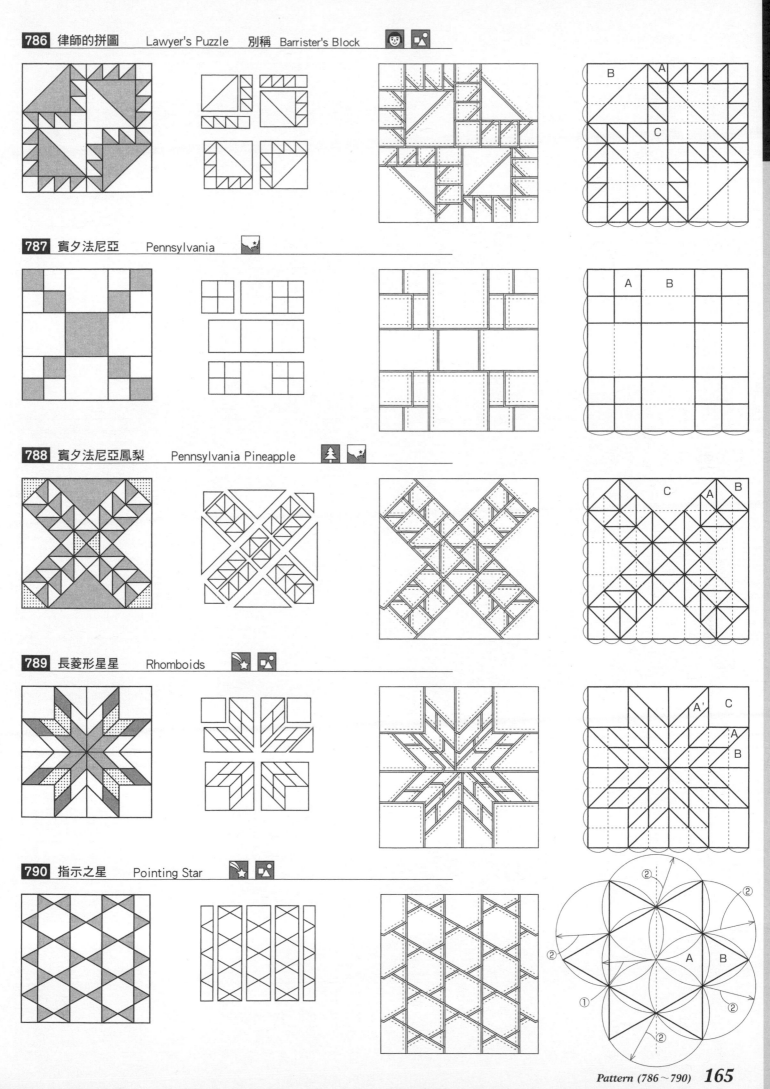

786 律師的拼圖　Lawyer's Puzzle　別稱 Barrister's Block

787 賓夕法尼亞　Pennsylvania

788 賓夕法尼亞鳳梨　Pennsylvania Pineapple

789 長菱形星星　Rhomboids

790 指示之星　Pointing Star

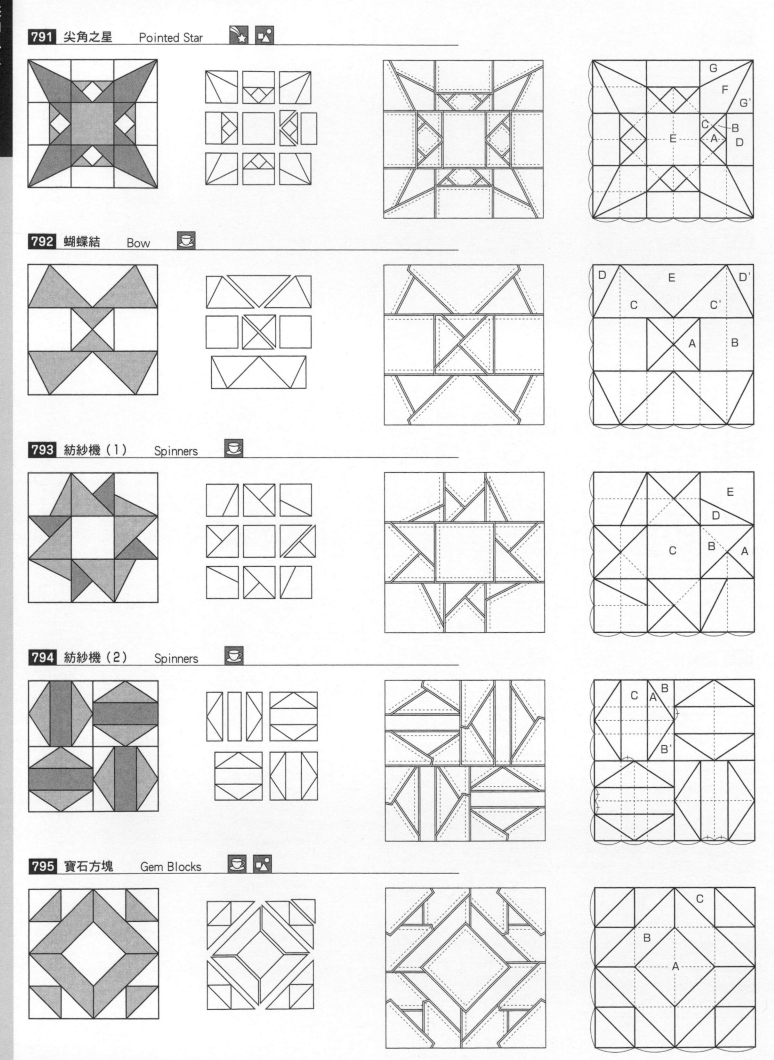

791 尖角之星　Pointed Star

792 蝴蝶結　Bow

793 紡紗機（1）　Spinners

794 紡紗機（2）　Spinners

795 寶石方塊　Gem Blocks

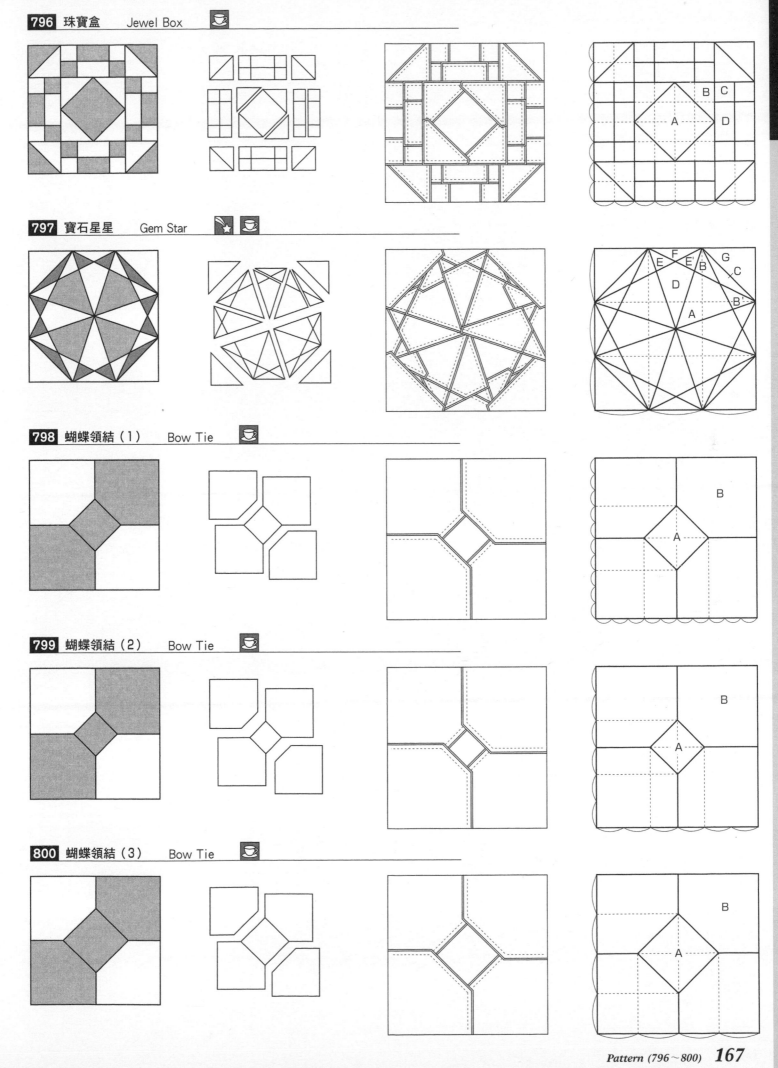

796 珠寶盒　Jewel Box

797 寶石星星　Gem Star

798 蝴蝶領結（1）　Bow Tie

799 蝴蝶領結（2）　Bow Tie

800 蝴蝶領結（3）　Bow Tie

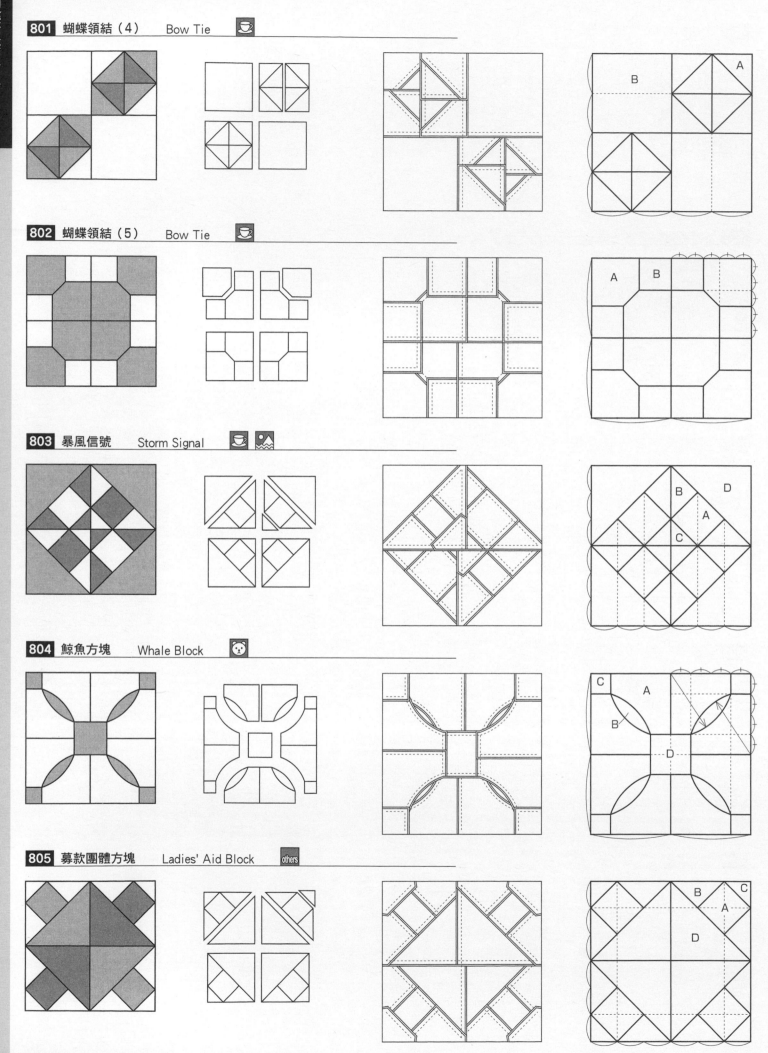

801 蝴蝶領結（4）　Bow Tie

802 蝴蝶領結（5）　Bow Tie

803 暴風信號　Storm Signal

804 鯨魚方塊　Whale Block

805 募款團體方塊　Ladies' Aid Block　others

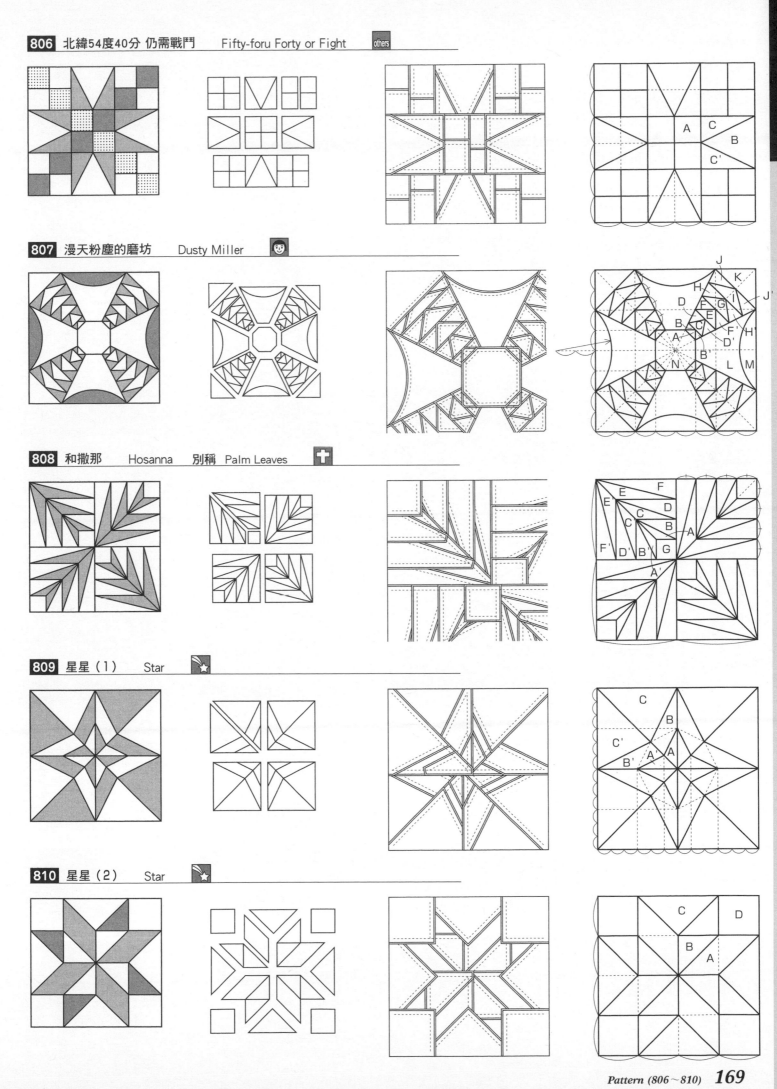

806 北緯54度40分 仍需戰鬥　　Fifty-foru Forty or Fight　　others

807 漫天粉塵的磨坊　　Dusty Miller

808 和撒那　　Hosanna　　別稱　Palm Leaves

809 星星（1）　　Star

810 星星（2）　　Star

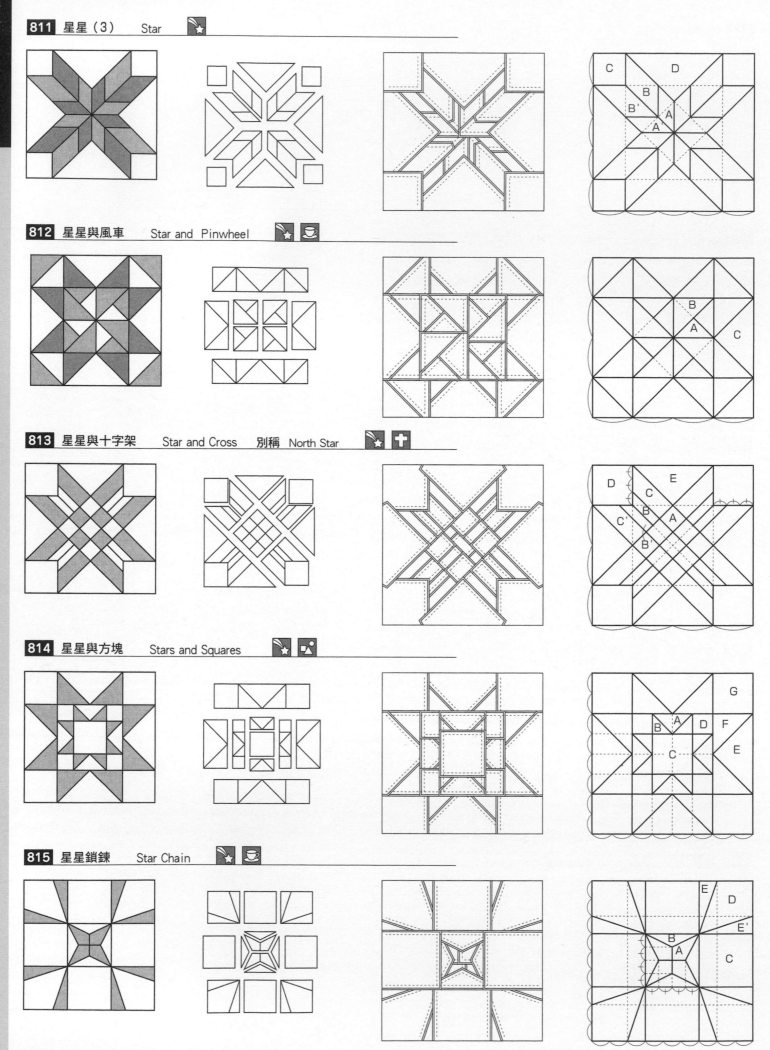

811 星星（3） Star

812 星星與風車　Star and Pinwheel

813 星星與十字架　Star and Cross　別稱　North Star

814 星星與方塊　Stars and Squares

815 星星鎖鍊　Star Chain

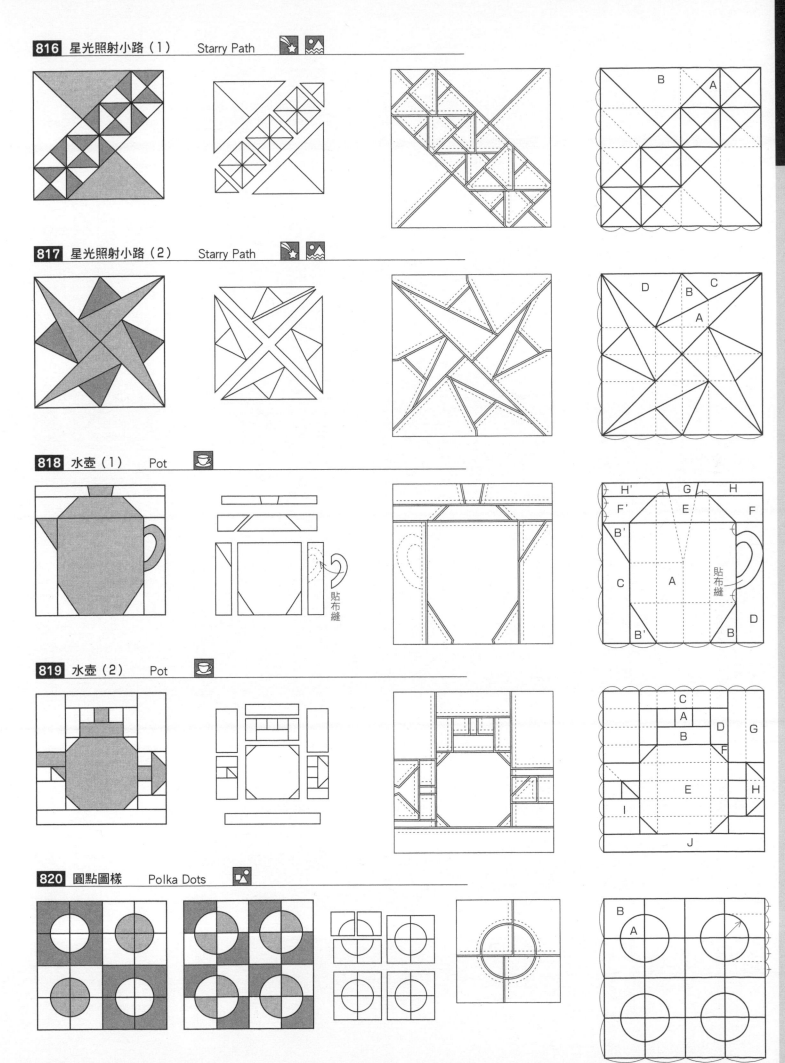

816 星光照射小路（1） Starry Path

817 星光照射小路（2） Starry Path

818 水壺（1） Pot

819 水壺（2） Pot

820 圓點圖樣 Polka Dots

貼布縫

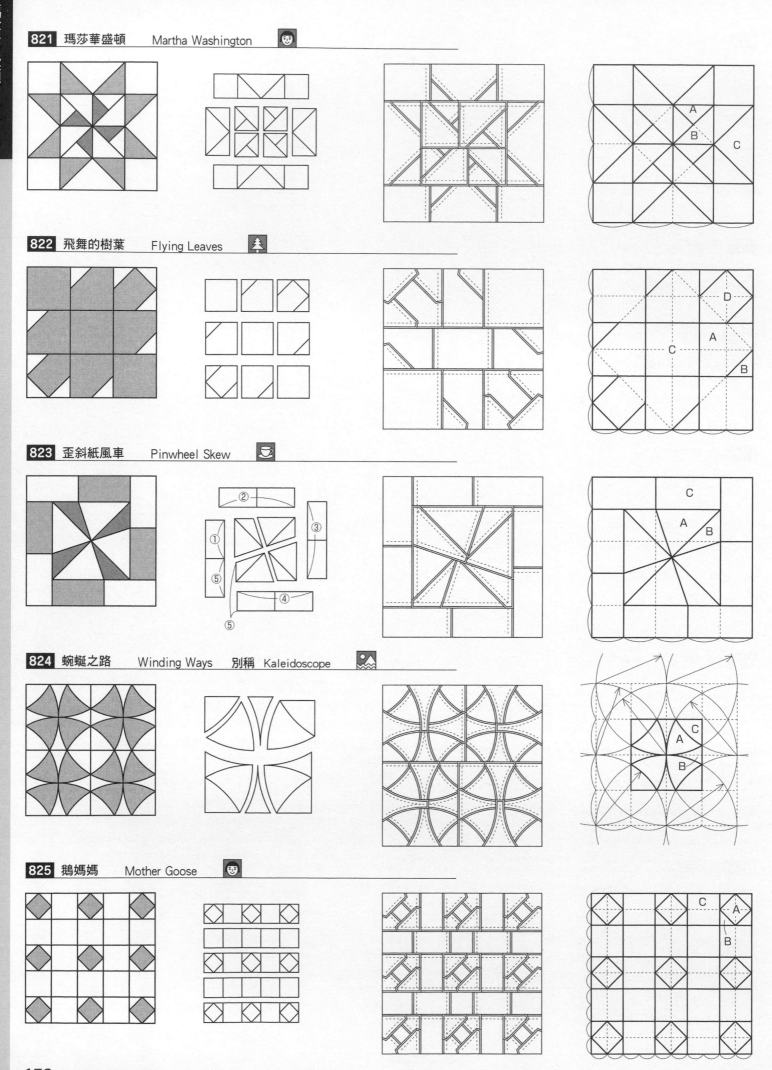

821 瑪莎華盛頓　*Martha Washington*

822 飛舞的樹葉　*Flying Leaves*

823 歪斜紙風車　*Pinwheel Skew*

824 蜿蜒之路　*Winding Ways*　別稱　*Kaleidoscope*

825 鵝媽媽　*Mother Goose*

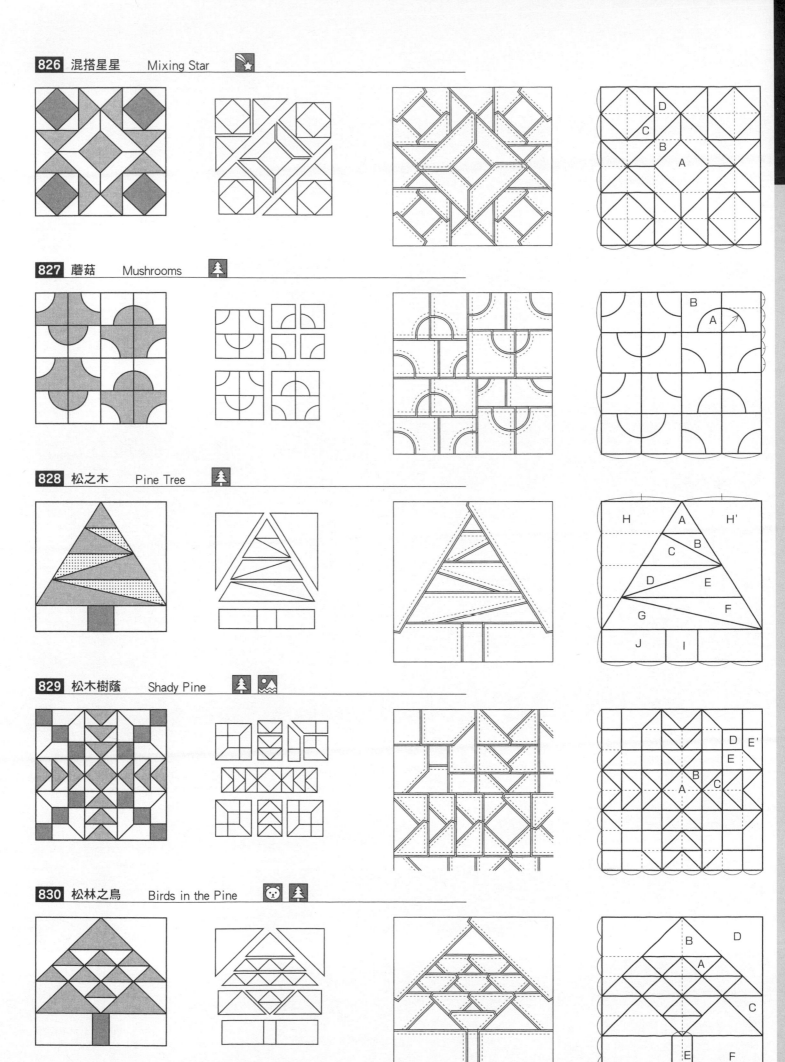

826 混搭星星　　Mixing Star

827 蘑菇　　Mushrooms

828 松之木　　Pine Tree

829 松木樹蔭　　Shady Pine

830 松林之鳥　　Birds in the Pine

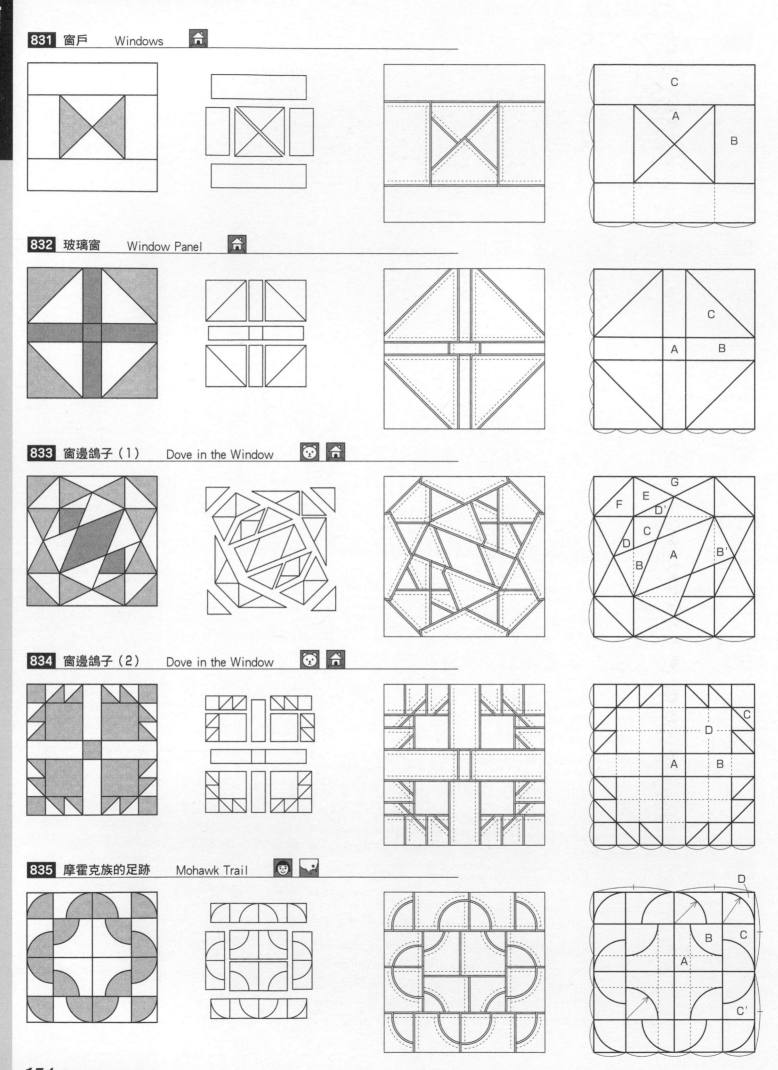

831 窗戶　　Windows

832 玻璃窗　　Window Panel

833 窗邊鴿子（1）　　Dove in the Window

834 窗邊鴿子（2）　　Dove in the Window

835 摩霍克族的足跡　　Mohawk Trail

836 水手羅盤（1） Mariner's Compass

837 水手羅盤（2） Mariner's Compass

繼續製圖

838 水手羅盤（3） Mariner's Compass

839 水手羅盤（4） Mariner's Compass

以直線連結

840 水手羅盤（5） Mariner's Compass

貼布縫

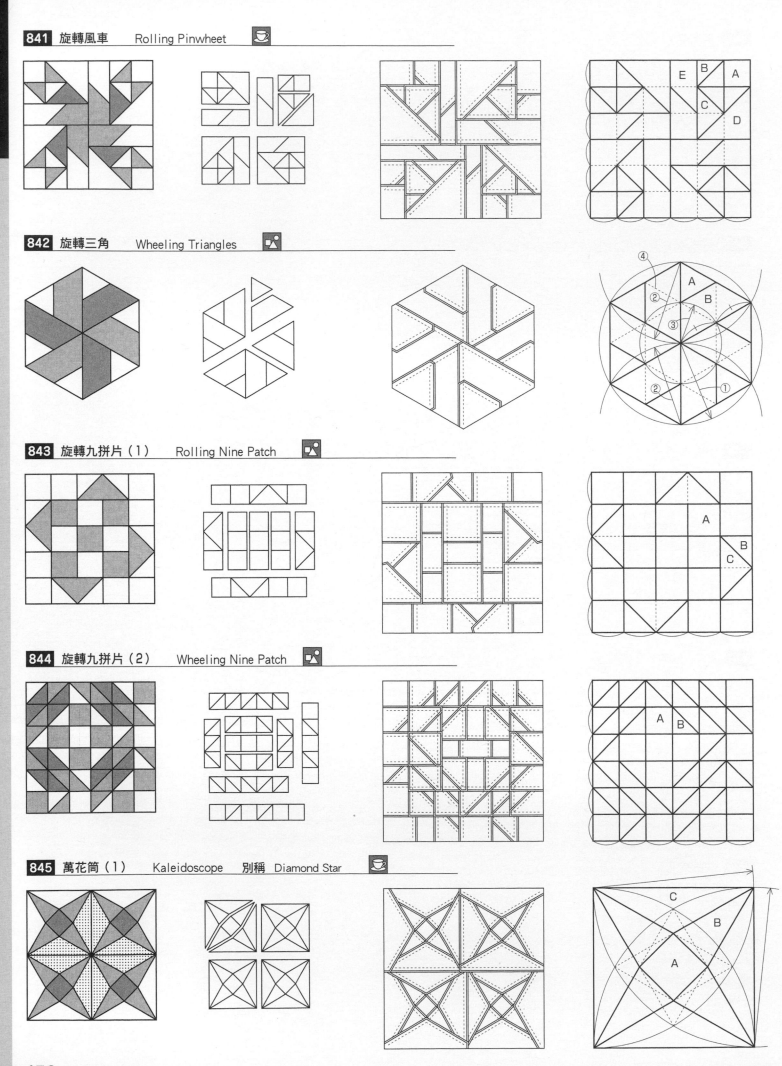

841 旋轉風車　Rolling Pinwheel

842 旋轉三角　Wheeling Triangles

843 旋轉九拼片（1）　Rolling Nine Patch

844 旋轉九拼片（2）　Wheeling Nine Patch

845 萬花筒（1）　Kaleidoscope　別稱　Diamond Star

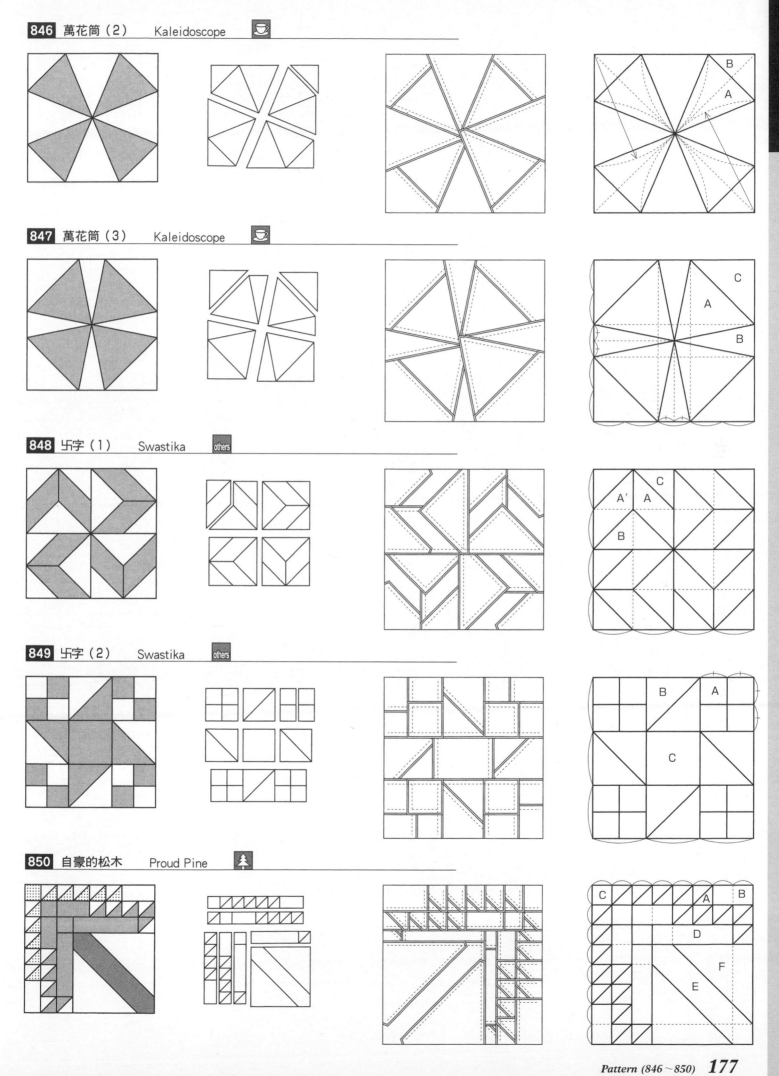

846 萬花筒（2）　Kaleidoscope

847 萬花筒（3）　Kaleidoscope

848 卍字（1）　Swastika　others

849 卍字（2）　Swastika　others

850 自豪的松木　Proud Pine

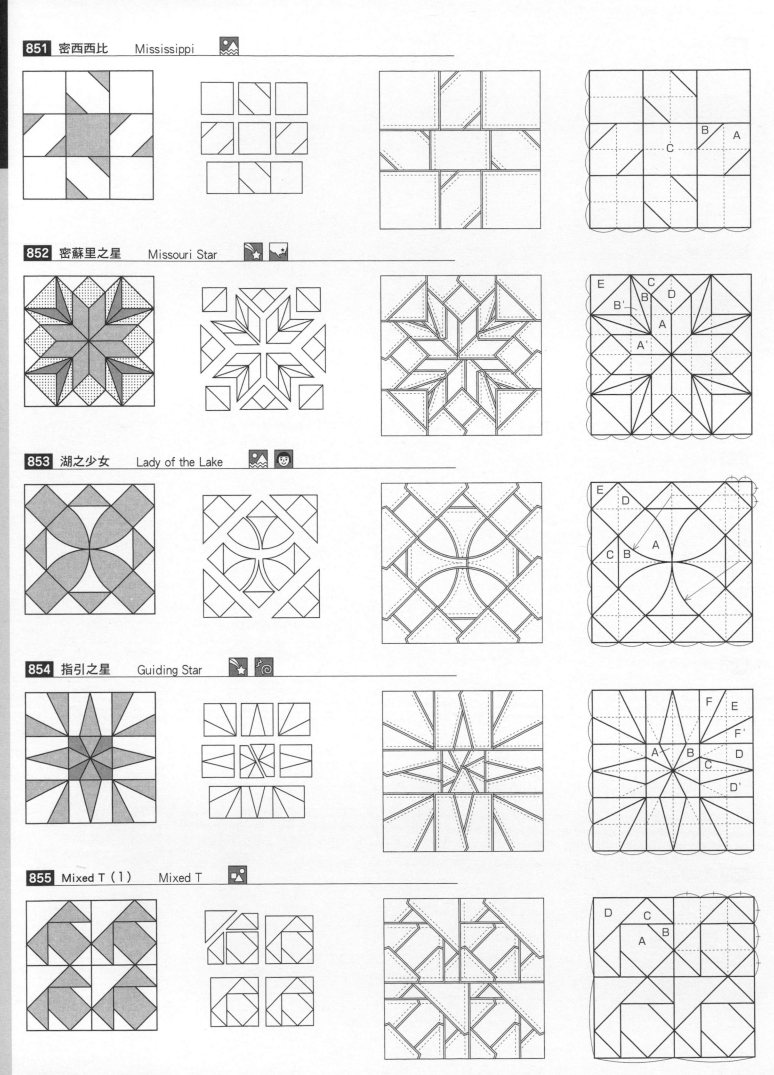

851 密西西比　　Mississippi

852 密蘇里之星　　Missouri Star

853 湖之少女　　Lady of the Lake

854 指引之星　　Guiding Star

855 Mixed T（1）　　Mixed T

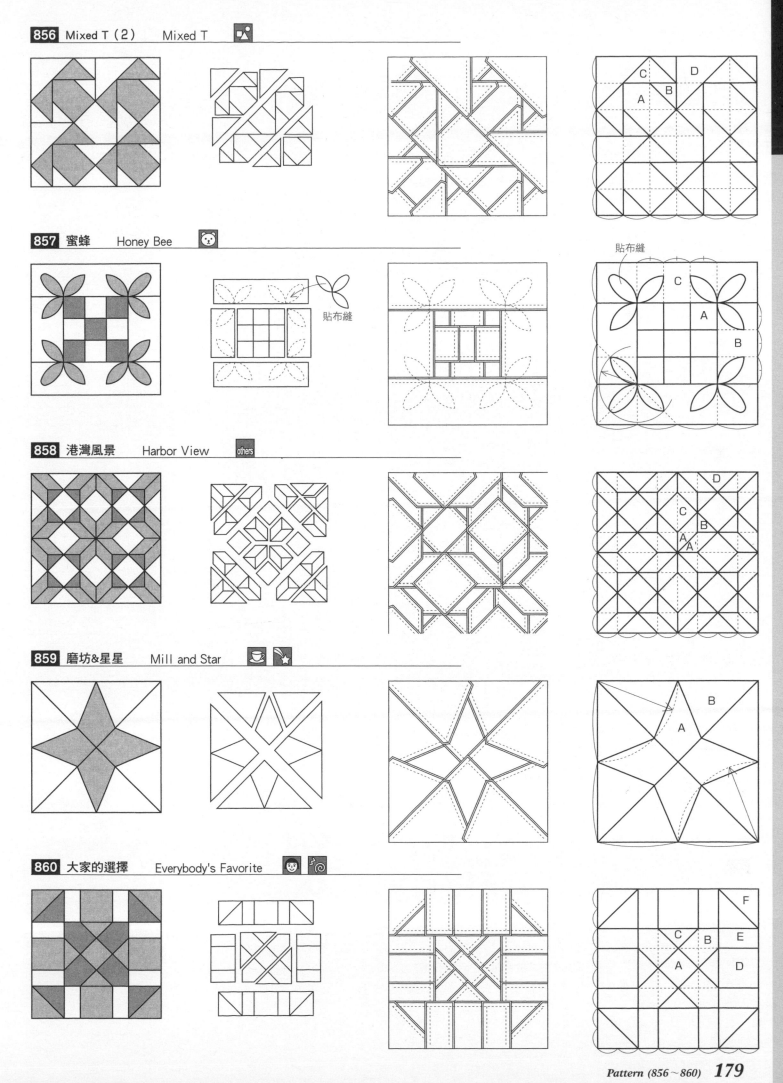

856 Mixed T（2）　　Mixed T

857 蜜蜂　Honey Bee

858 港灣風景　Harbor View

859 磨坊&星星　Mill and Star

860 大家的選擇　Everybody's Favorite

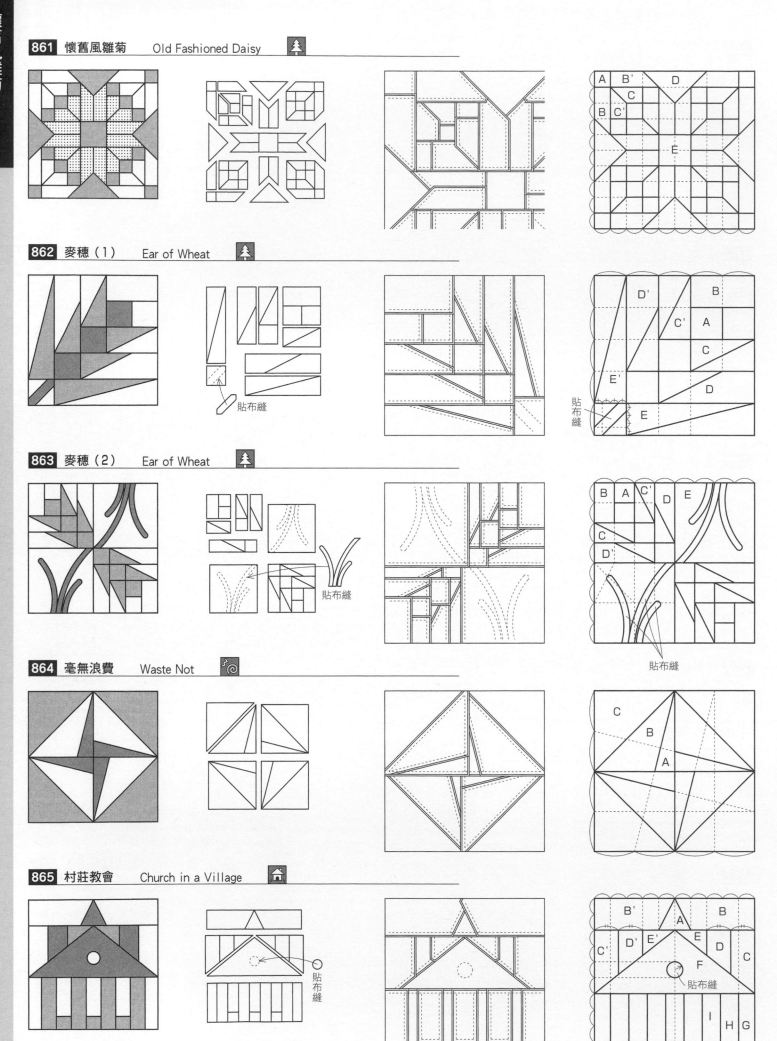

861 懷舊風雛菊　Old Fashioned Daisy

862 麥穗（1）　Ear of Wheat

貼布縫

863 麥穗（2）　Ear of Wheat

貼布縫

貼布縫

864 毫無浪費　Waste Not

865 村莊教會　Church in a Village

貼布縫

貼布縫

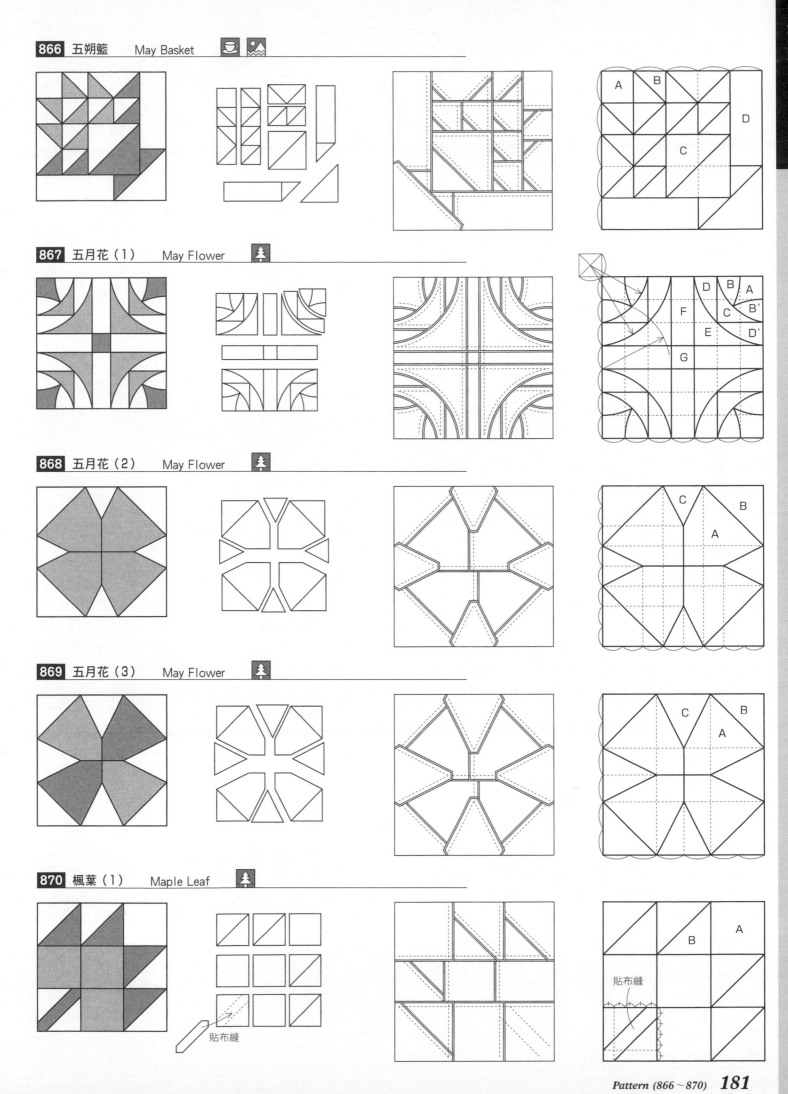

866 五朔籃　May Basket

867 五月花（1）　May Flower

868 五月花（2）　May Flower

869 五月花（3）　May Flower

870 楓葉（1）　Maple Leaf

貼布縫

貼布縫

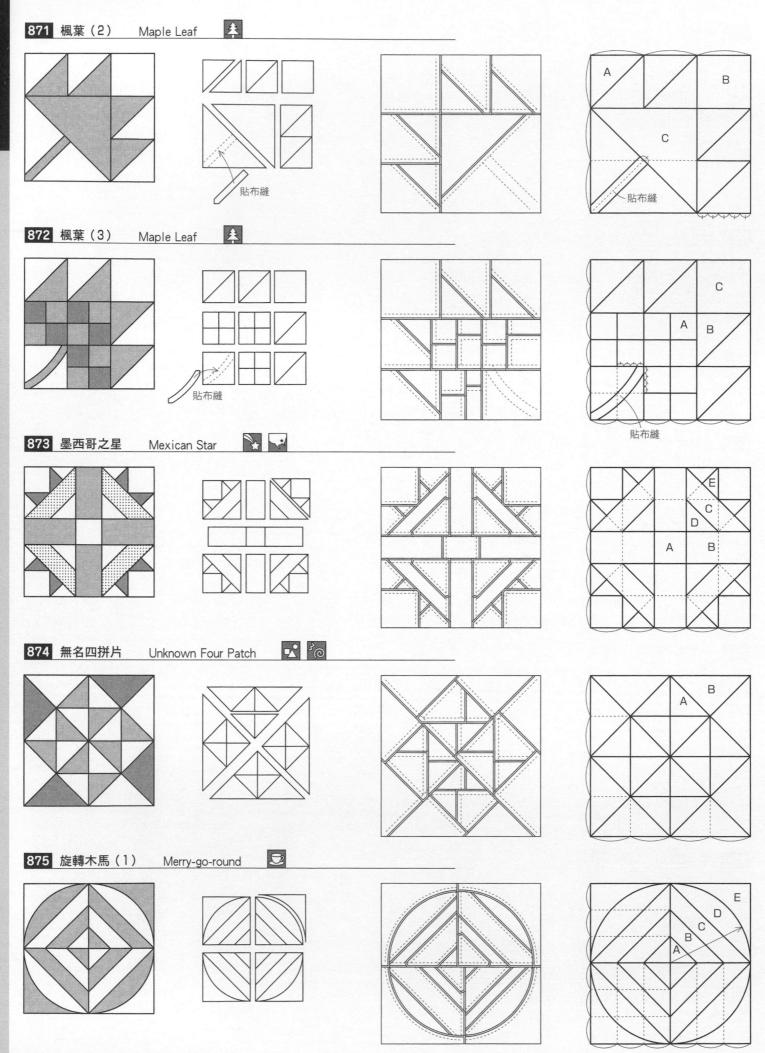

871 楓葉（2） Maple Leaf

貼布縫

貼布縫

872 楓葉（3） Maple Leaf

貼布縫

貼布縫

873 墨西哥之星 Mexican Star

874 無名四拼片 Unknown Four Patch

875 旋轉木馬（1） Merry-go-round

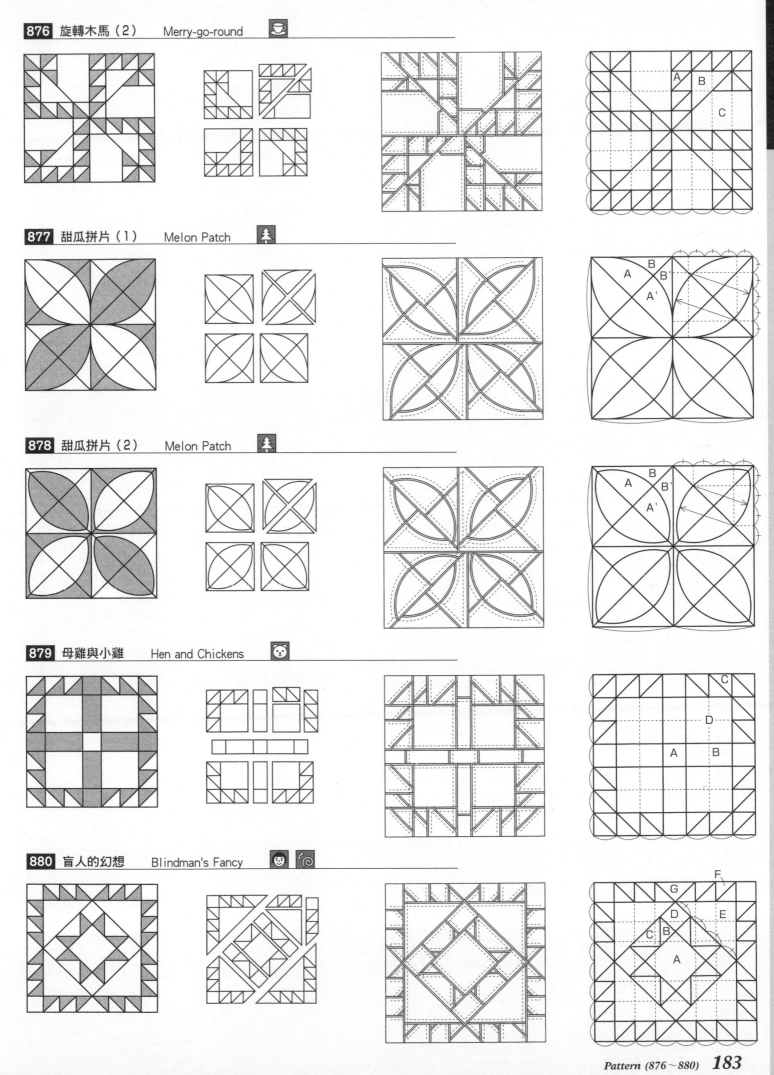

876 旋轉木馬（2） Merry-go-round

877 甜瓜拼片（1） Melon Patch

878 甜瓜拼片（2） Melon Patch

879 母雞與小雞 Hen and Chickens

880 盲人的幻想 Blindman's Fancy

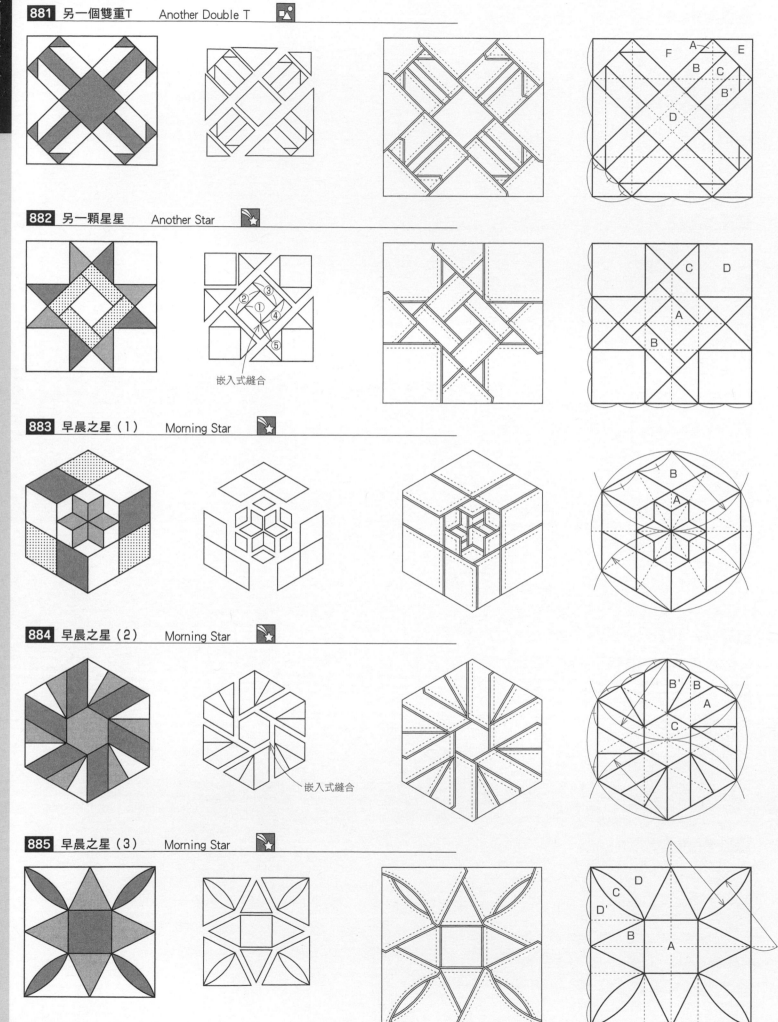

881 另一個雙重T　Another Double T

882 另一顆星星　Another Star

　　　　嵌入式縫合

883 早晨之星（1）　Morning Star

884 早晨之星（2）　Morning Star

　　　　嵌入式縫合

885 早晨之星（3）　Morning Star

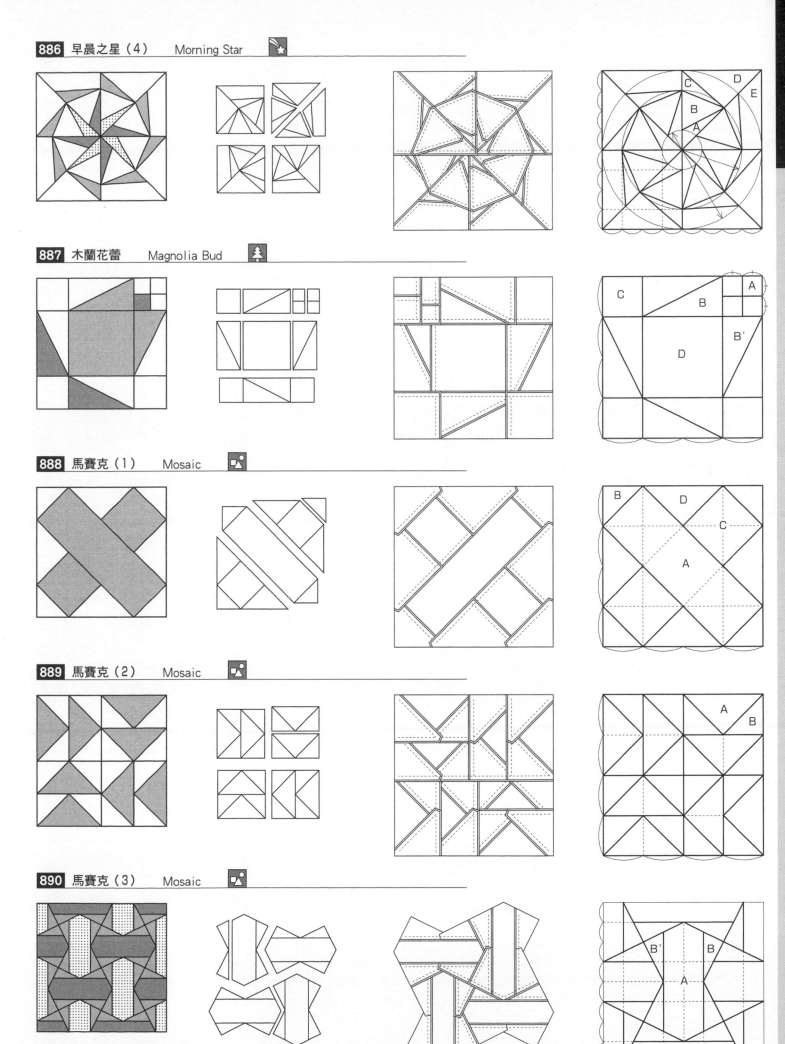

886 早晨之星（4）　Morning Star

887 木蘭花蕾　Magnolia Bud

888 馬賽克（1）　Mosaic

889 馬賽克（2）　Mosaic

890 馬賽克（3）　Mosaic

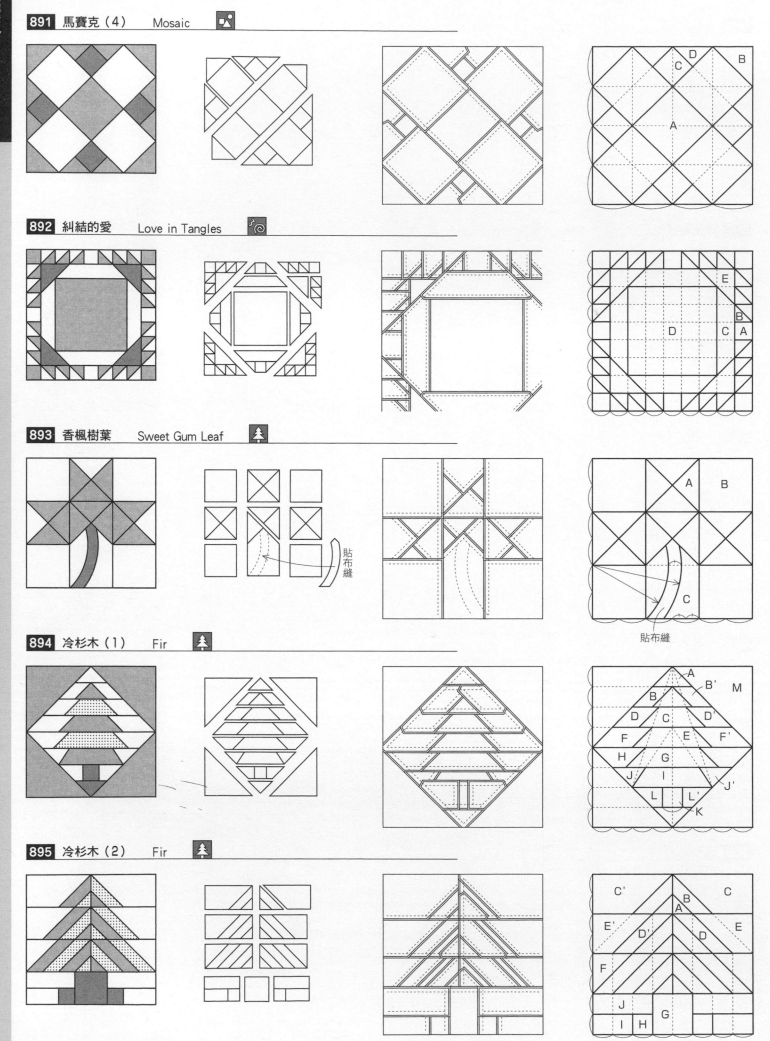

891 馬賽克（4）　Mosaic

892 糾結的愛　Love in Tangles

893 香楓樹葉　Sweet Gum Leaf

貼布縫

貼布縫

894 冷杉木（1）　Fir

895 冷杉木（2）　Fir

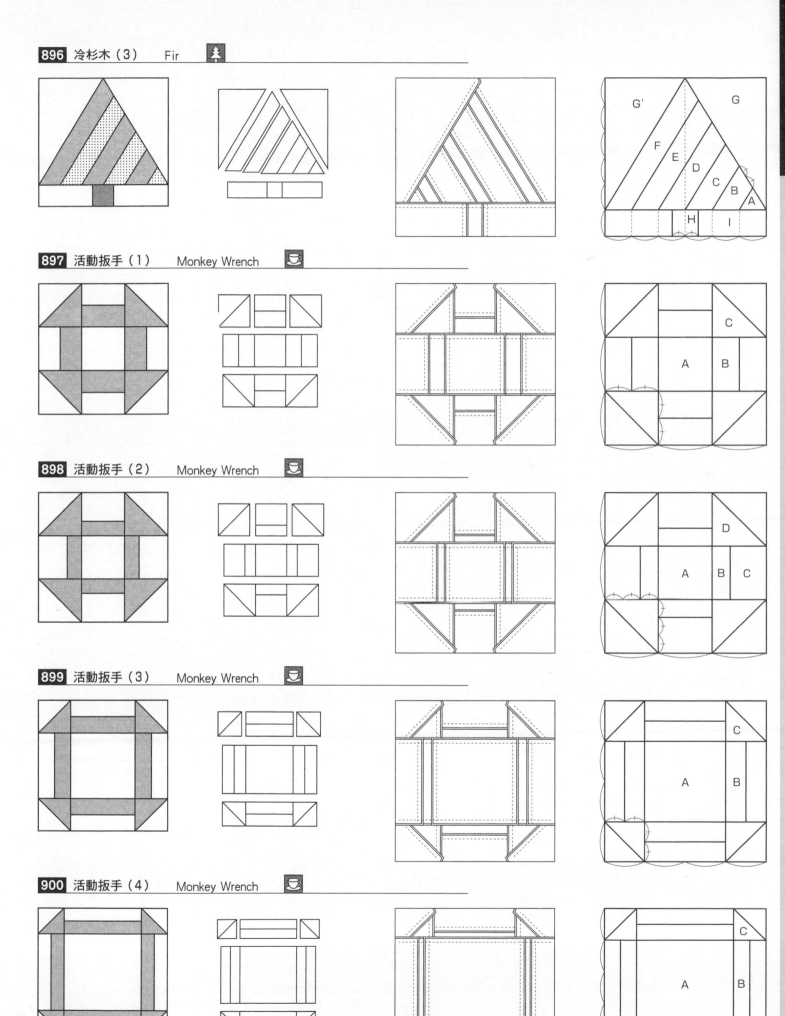

896 冷杉木（3）　　Fir

897 活動扳手（1）　Monkey Wrench

898 活動扳手（2）　Monkey Wrench

899 活動扳手（3）　Monkey Wrench

900 活動扳手（4）　Monkey Wrench

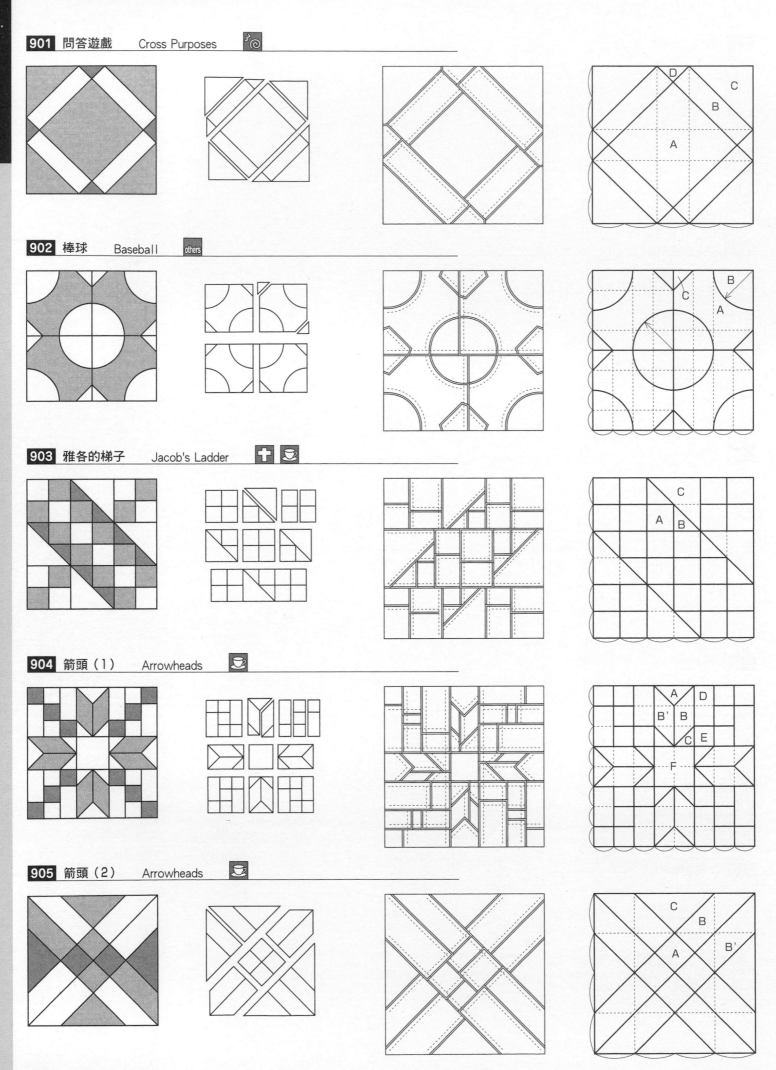

901 問答遊戲　Cross Purposes

902 棒球　Baseball　others

903 雅各的梯子　Jacob's Ladder

904 箭頭（1）　Arrowheads

905 箭頭（2）　Arrowheads

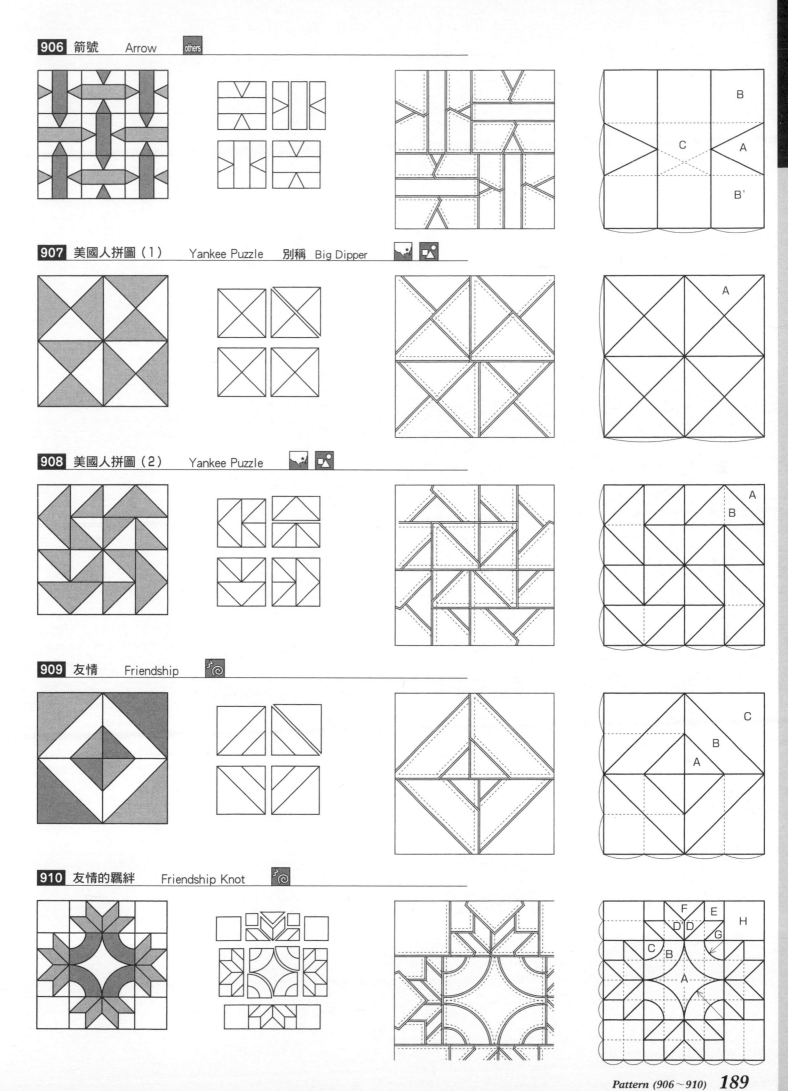

906 箭號　Arrow　others

907 美國人拼圖（1）　Yankee Puzzle　別稱　Big Dipper

908 美國人拼圖（2）　Yankee Puzzle

909 友情　Friendship

910 友情的羈絆　Friendship Knot

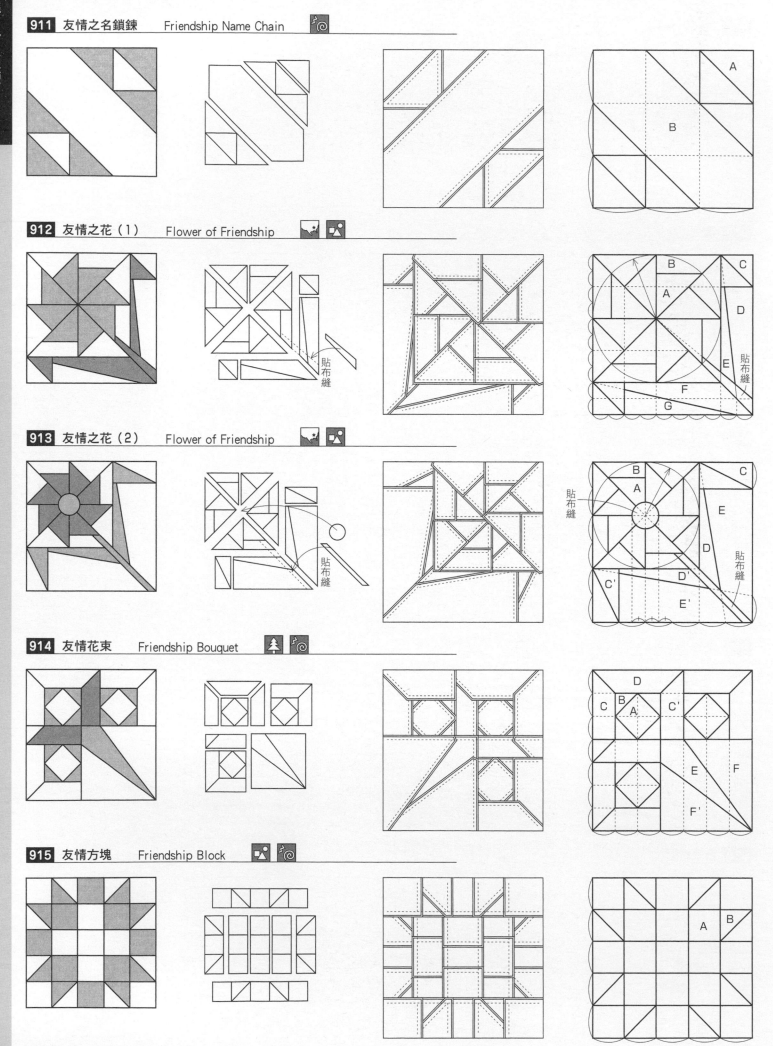

911 友情之名鎖鍊　Friendship Name Chain

912 友情之花（1）　Flower of Friendship

913 友情之花（2）　Flower of Friendship

914 友情花束　Friendship Bouquet

915 友情方塊　Friendship Block

916 友情之星　Friendship Star

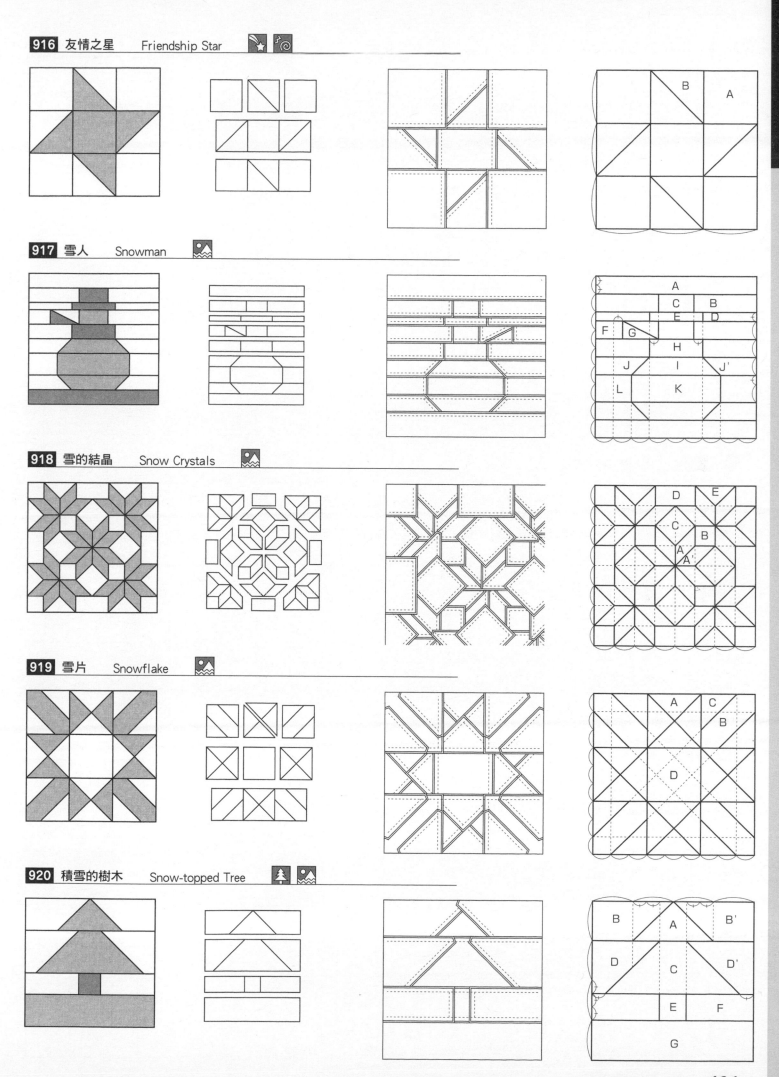

917 雪人　Snowman

918 雪的結晶　Snow Crystals

919 雪片　Snowflake

920 積雪的樹木　Snow-topped Tree

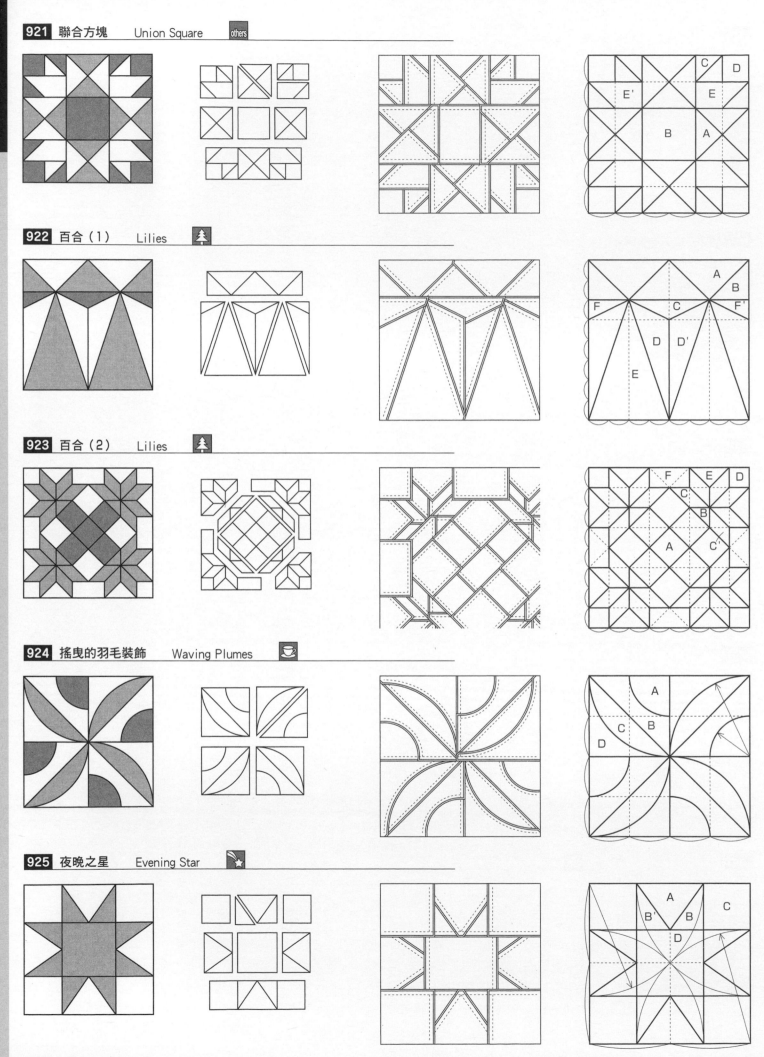

921 聯合方塊　Union Square　others

922 百合（1）　Lilies

923 百合（2）　Lilies

924 搖曳的羽毛裝飾　Waving Plumes

925 夜晚之星　Evening Star

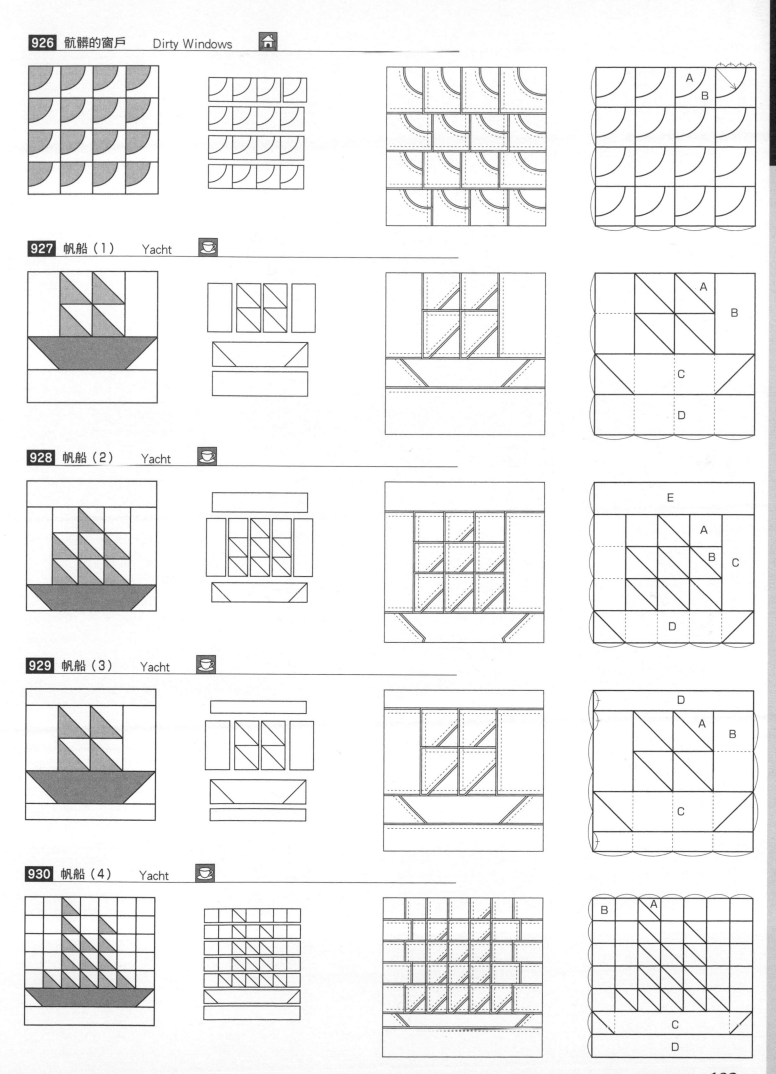

926 航髒的窗戶　　Dirty Windows

927 帆船（1）　　Yacht

928 帆船（2）　　Yacht

929 帆船（3）　　Yacht

930 帆船（4）　　Yacht

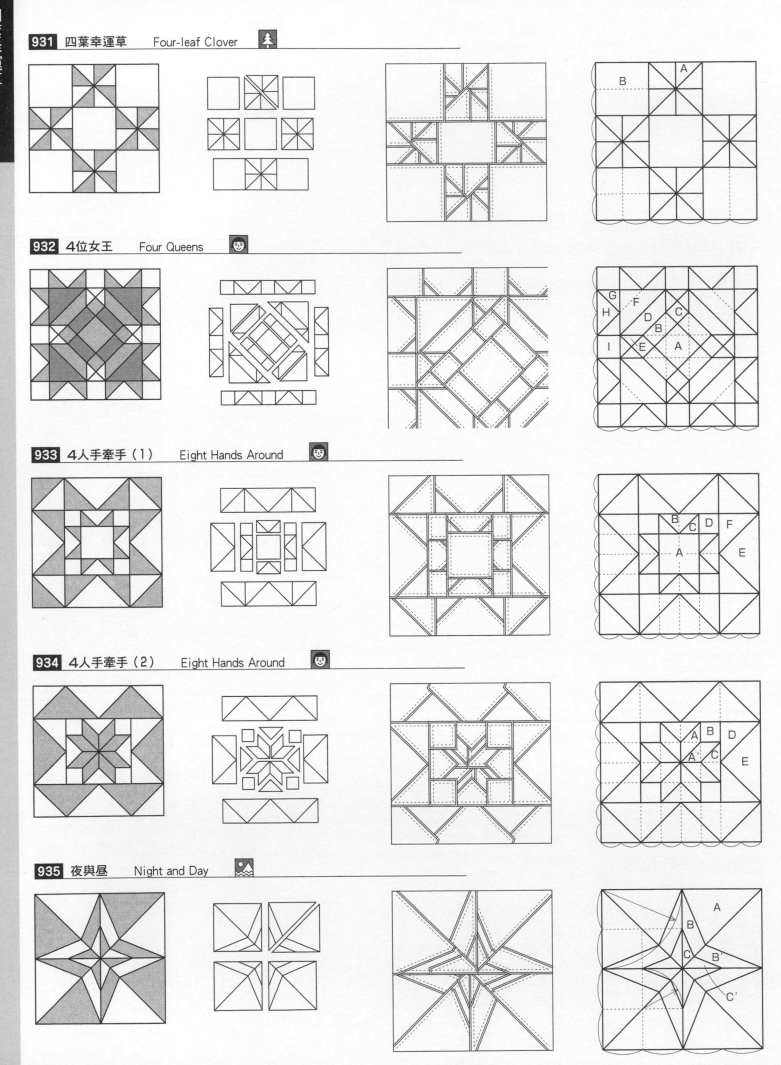

931 四葉幸運草　　Four-leaf Clover

932 4位女王　　Four Queens

933 4人手牽手（1）　　Eight Hands Around

934 4人手牽手（2）　　Eight Hands Around

935 夜與晝　　Night and Day

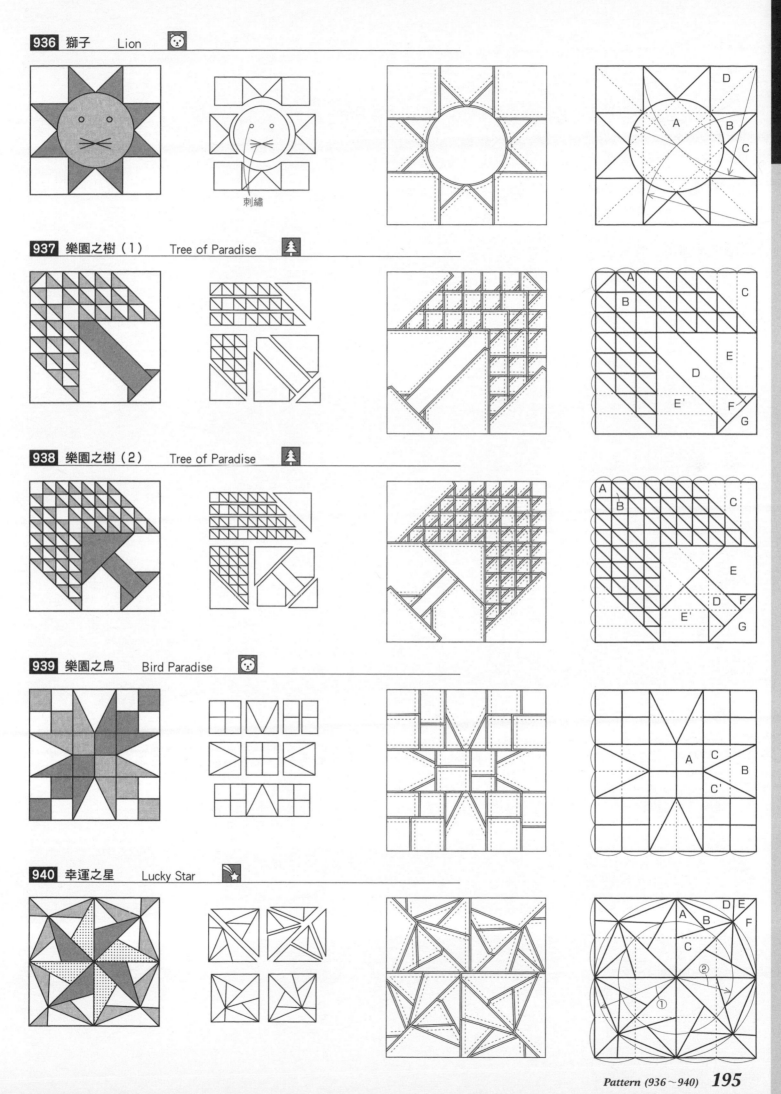

936 獅子　Lion

937 樂園之樹（1）　Tree of Paradise

938 樂園之樹（2）　Tree of Paradise

939 樂園之鳥　Bird Paradise

940 幸運之星　Lucky Star

刺繡

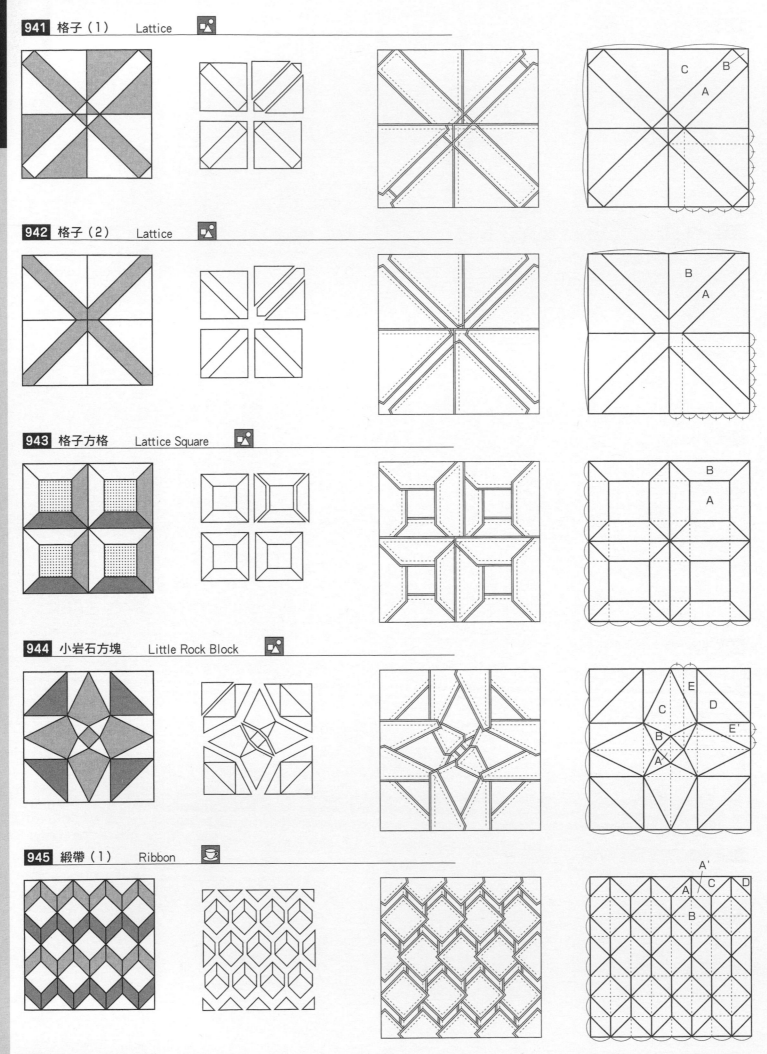

941 格子（1）　Lattice

942 格子（2）　Lattice

943 格子方格　Lattice Square

944 小岩石方塊　Little Rock Block

945 緞帶（1）　Ribbon

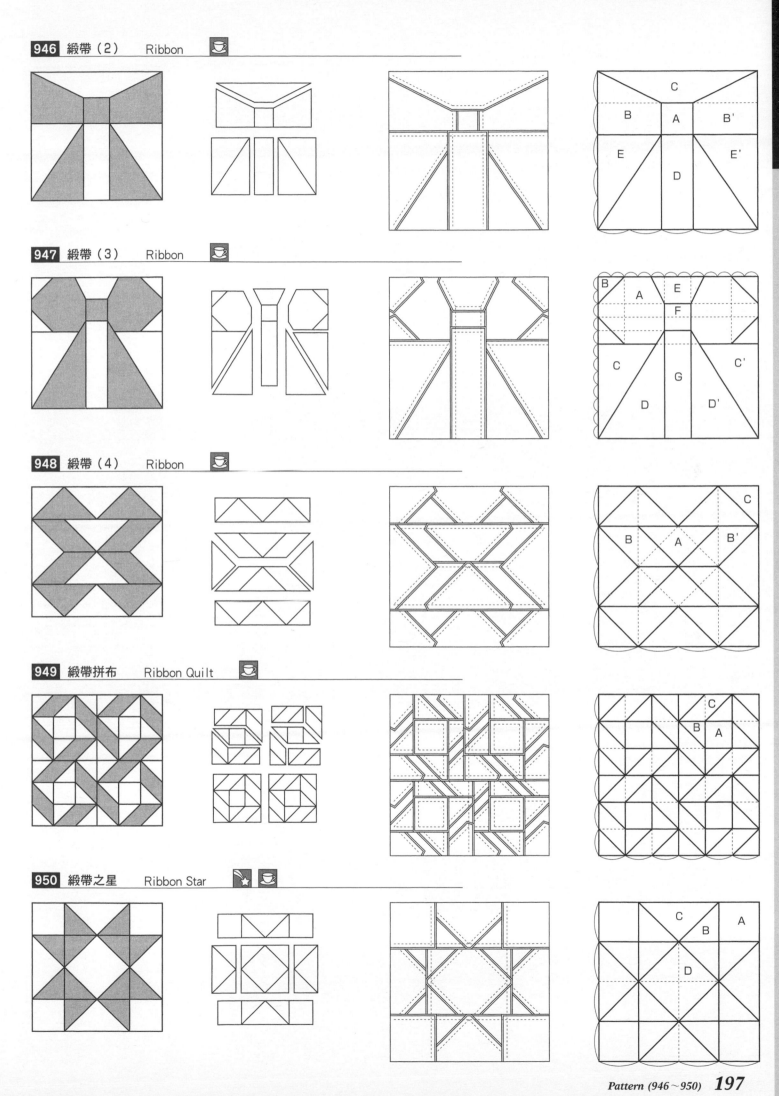

946 緞帶（2）　Ribbon

947 緞帶（3）　Ribbon

948 緞帶（4）　Ribbon

949 緞帶拼布　Ribbon Quilt

950 緞帶之星　Ribbon Star

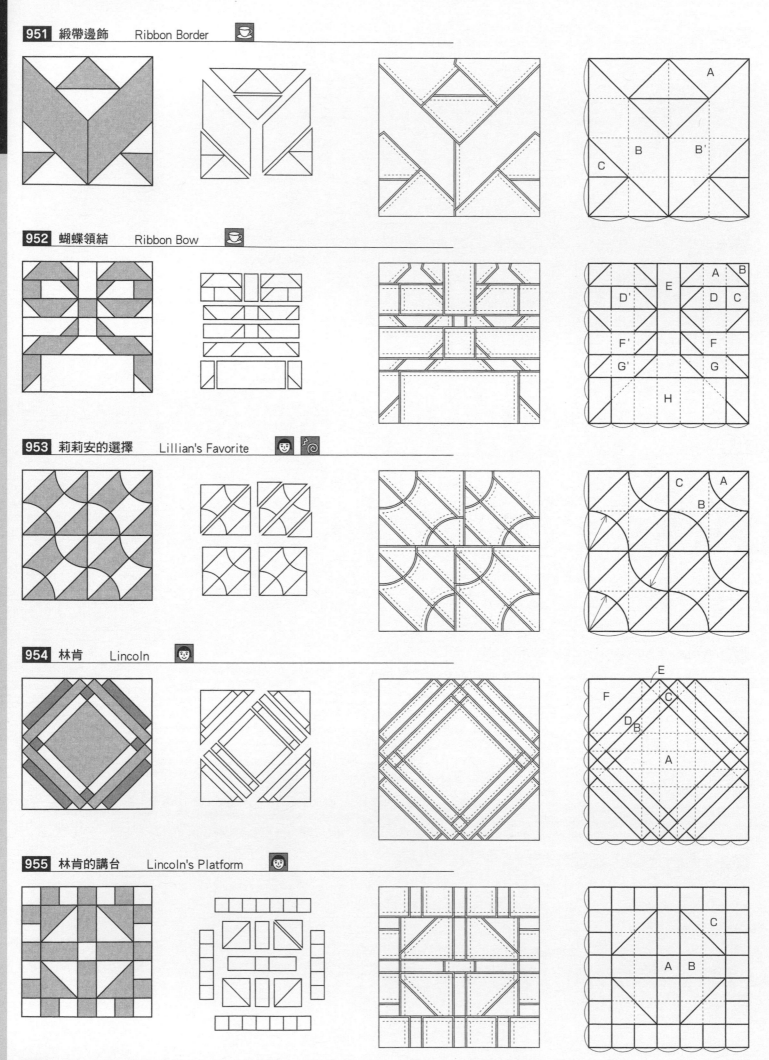

951 緞帶邊飾　Ribbon Border

952 蝴蝶領結　Ribbon Bow

953 莉莉安的選擇　Lillian's Favorite

954 林肯　Lincoln

955 林肯的講台　Lincoln's Platform

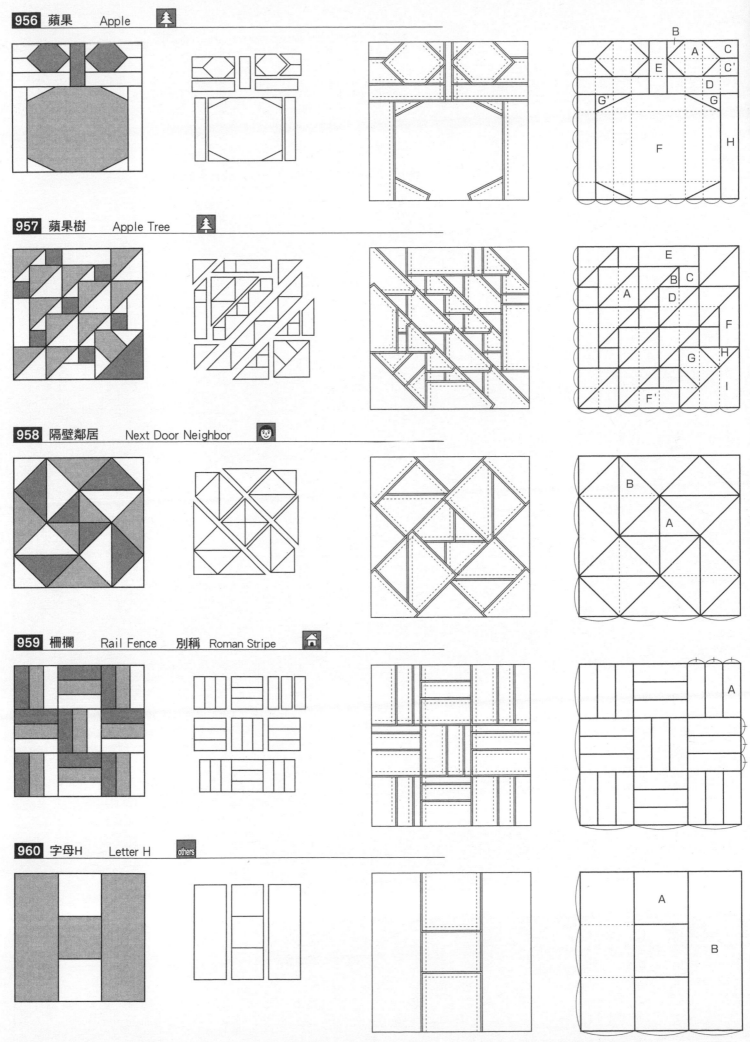

956 蘋果　Apple

957 蘋果樹　Apple Tree

958 隔壁鄰居　Next Door Neighbor

959 柵欄　Rail Fence　別稱　Roman Stripe

960 字母H　Letter H

961 字母X　　Letter X　　others

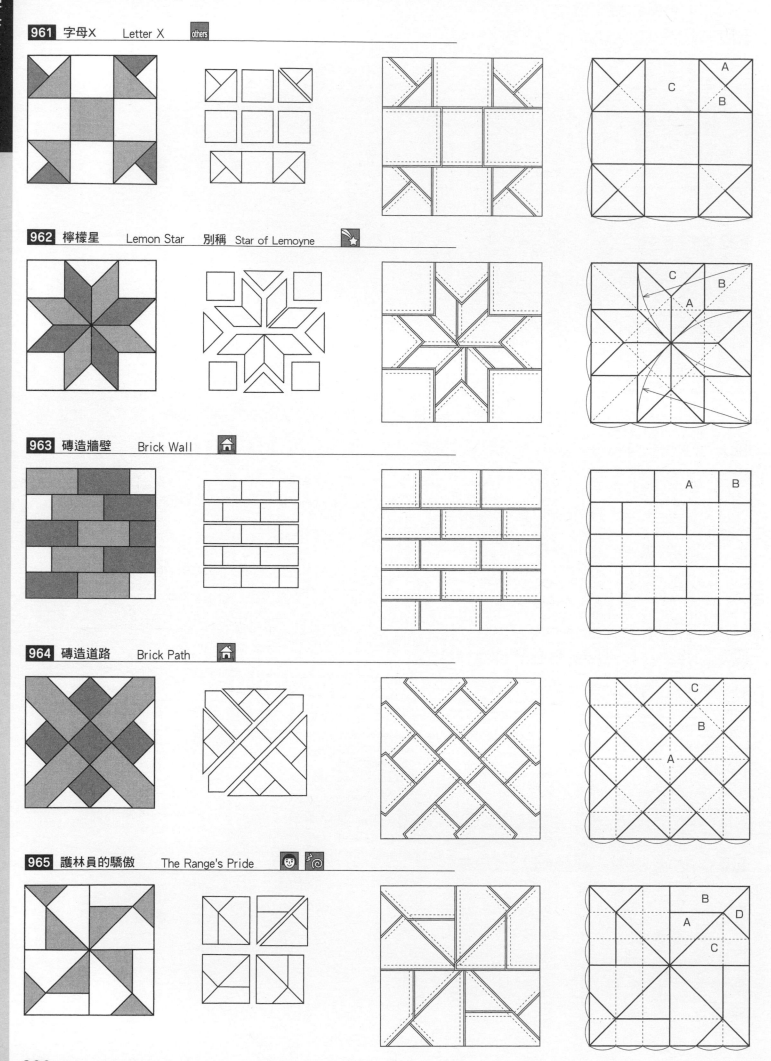

962 檸檬星　　Lemon Star　　別稱　Star of Lemoyne

963 磚造牆壁　　Brick Wall

964 磚造道路　　Brick Path

965 護林員的驕傲　　The Range's Pride

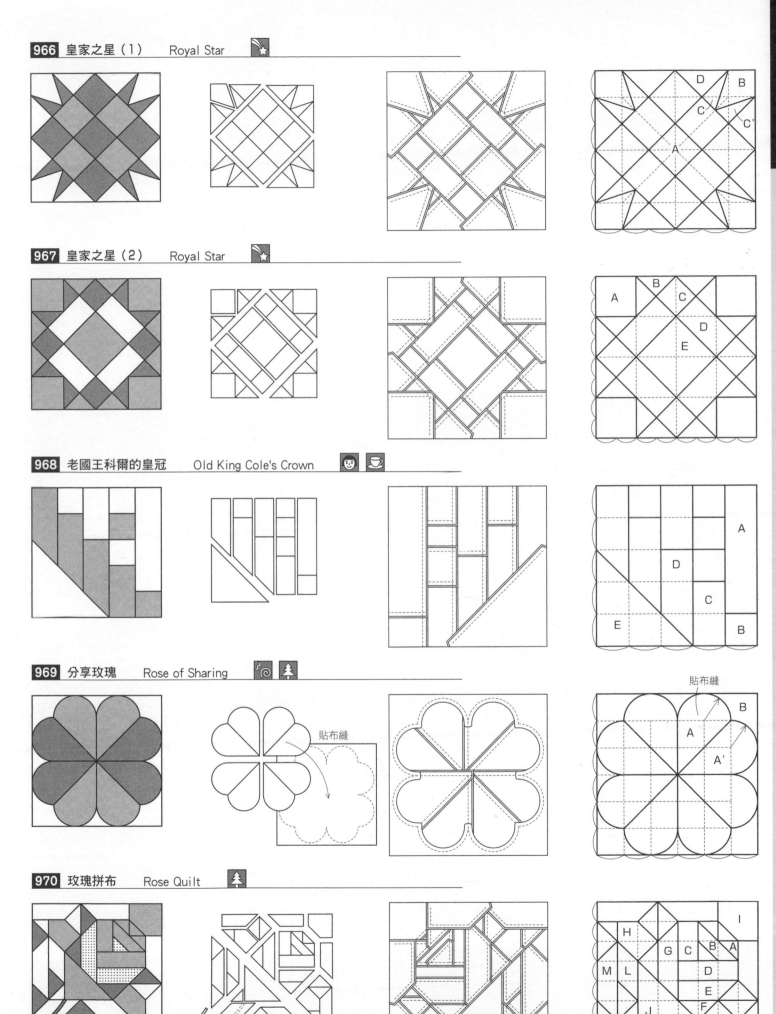

966 皇家之星（1） Royal Star

967 皇家之星（2） Royal Star

968 老國王科爾的皇冠 Old King Cole's Crown

969 分享玫瑰 Rose of Sharing

貼布縫

970 玫瑰拼布 Rose Quilt

貼布縫

貼布縫

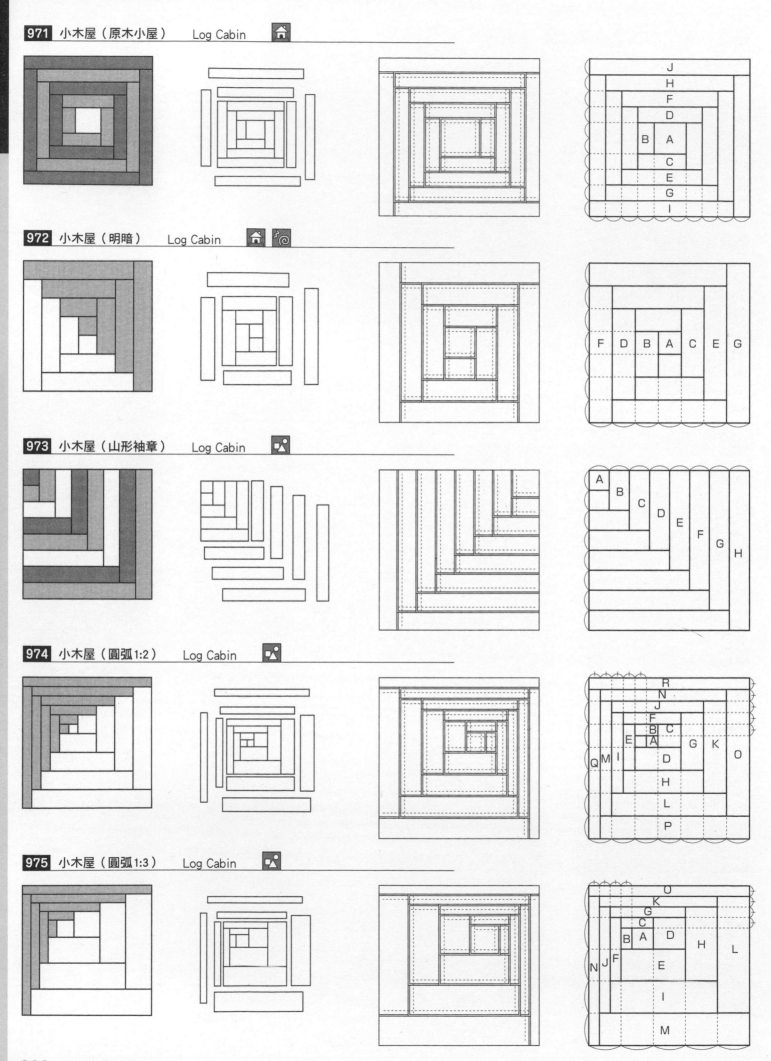

971 小木屋（原木小屋） Log Cabin

972 小木屋（明暗） Log Cabin

973 小木屋（山形袖章） Log Cabin

974 小木屋（圓弧1:2） Log Cabin

975 小木屋（圓弧1:3） Log Cabin

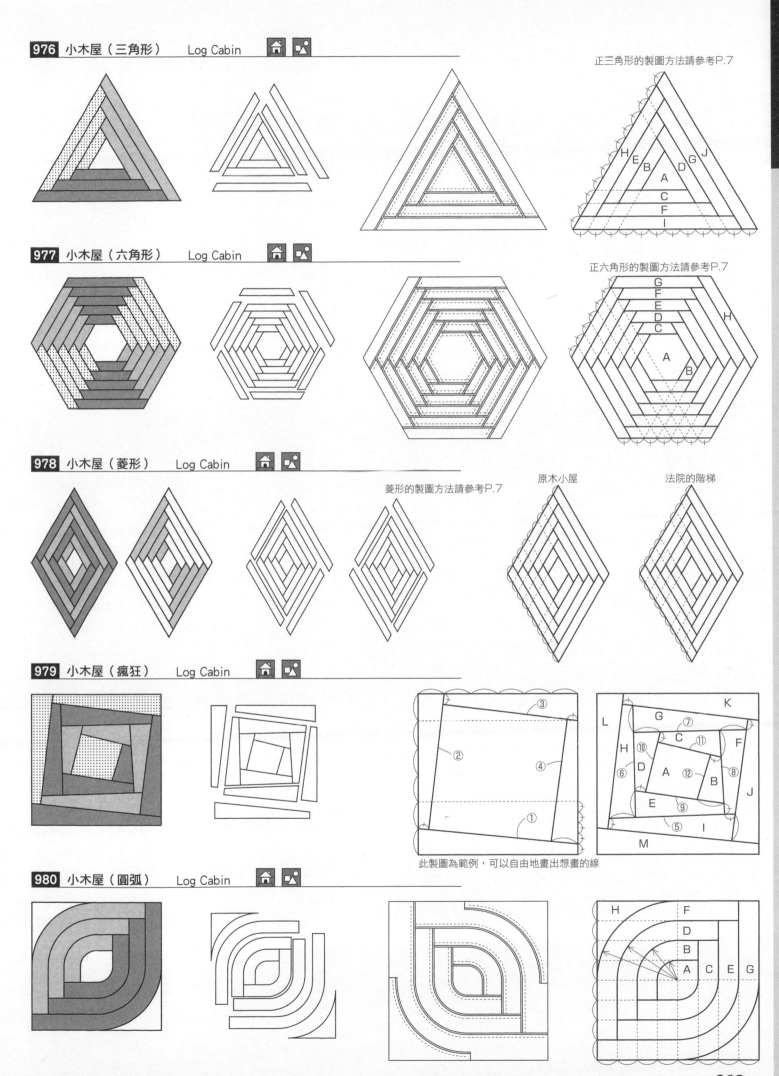

976 小木屋（三角形） Log Cabin

正三角形的製圖方法請參考P.7

977 小木屋（六角形） Log Cabin

正六角形的製圖方法請參考P.7

978 小木屋（菱形） Log Cabin

菱形的製圖方法請參考P.7

原木小屋　　　法院的階梯

979 小木屋（瘋狂） Log Cabin

此製圖為範例，可以自由地畫出想畫的線

980 小木屋（圓弧） Log Cabin

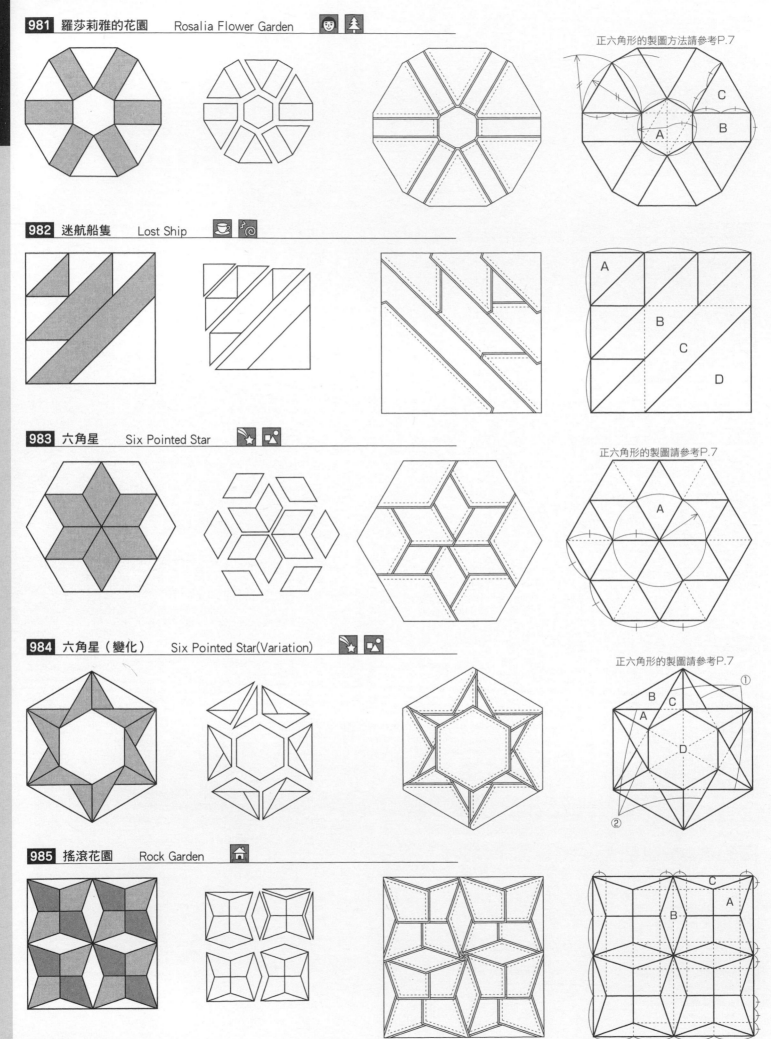

981 羅莎莉雅的花園　Rosalia Flower Garden

正六角形的製圖方法請參考P.7

C
A
B

982 迷航船隻　Lost Ship

A
B
C
D

983 六角星　Six Pointed Star

正六角形的製圖請參考P.7

A

984 六角星（變化）　Six Pointed Star(Variation)

正六角形的製圖請參考P.7

①
B C
A
D
②

985 搖滾花園　Rock Garden

C
A
B

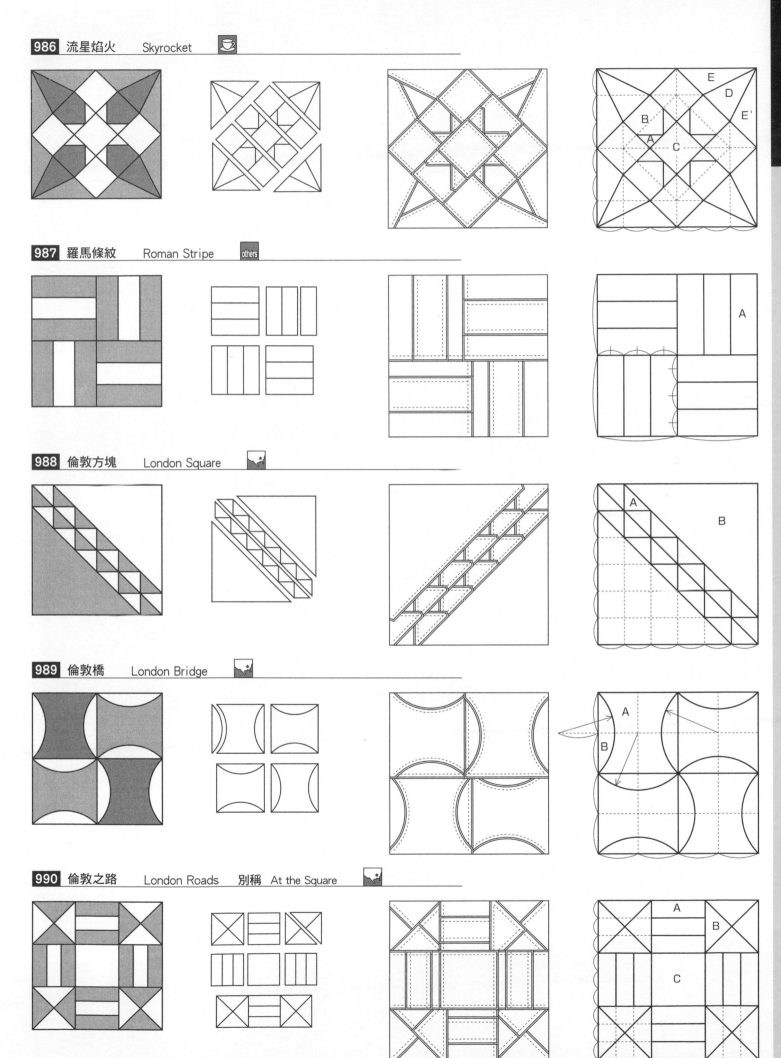

986 流星焰火　Skyrocket

987 羅馬條紋　Roman Stripe　others

988 倫敦方塊　London Square

989 倫敦橋　London Bridge

990 倫敦之路　London Roads　別稱　At the Square

991 波濤　Wild Wave

992 野鵝　Wild Goose　別稱 Pineapple

993 野鵝追逐（1）　Wild Goose Chase

994 野鵝追逐（2）　Wild Goose Chase

995 野鵝追逐（3）　Wild Goose Chase

996 紅酒杯　Wine Glass

G

A B

C C'

E

D D'

F

997 我們村莊的綠地　Our Village Green

B A

998 華盛頓雪球　Washington Sonwball

B

A

999 華盛頓步道　Washington Pavement　別稱　Roman Cross

C D

B

A

1000 華盛頓拼圖　Washington's Puzzle

C

B

A

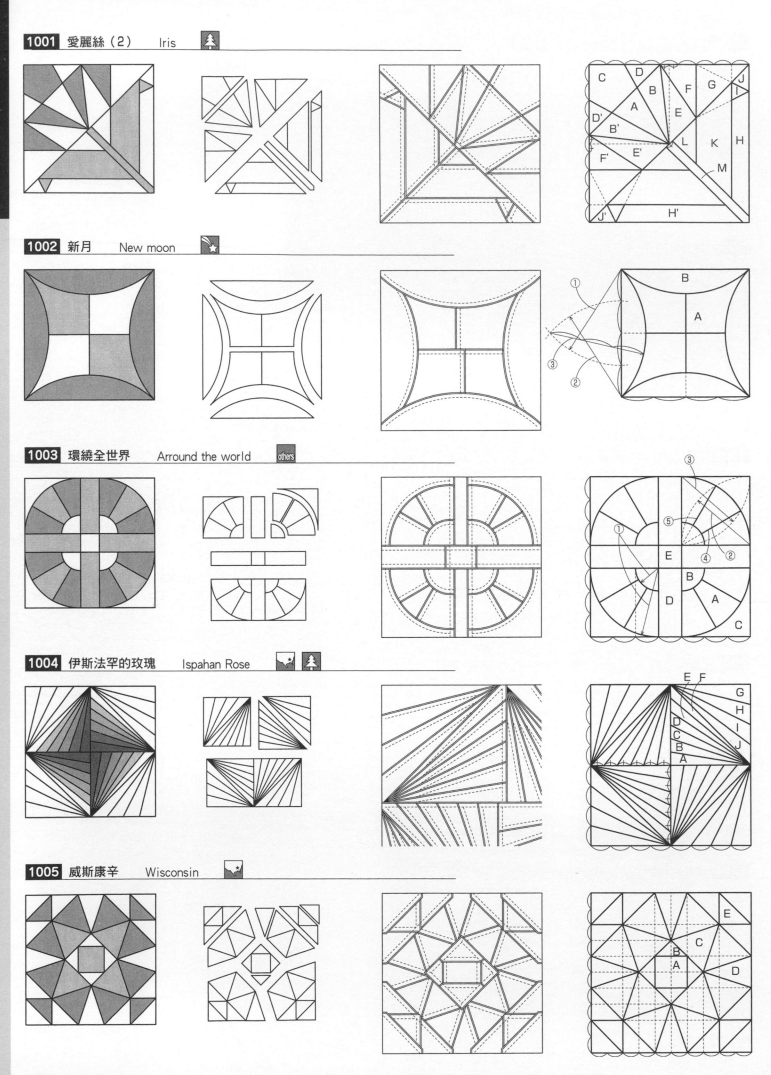

1001　愛麗絲（2）　Iris

1002　新月　New moon

1003　環繞全世界　Arround the world　others

1004　伊斯法罕的玫瑰　Ispahan Rose

1005　威斯康辛　Wisconsin

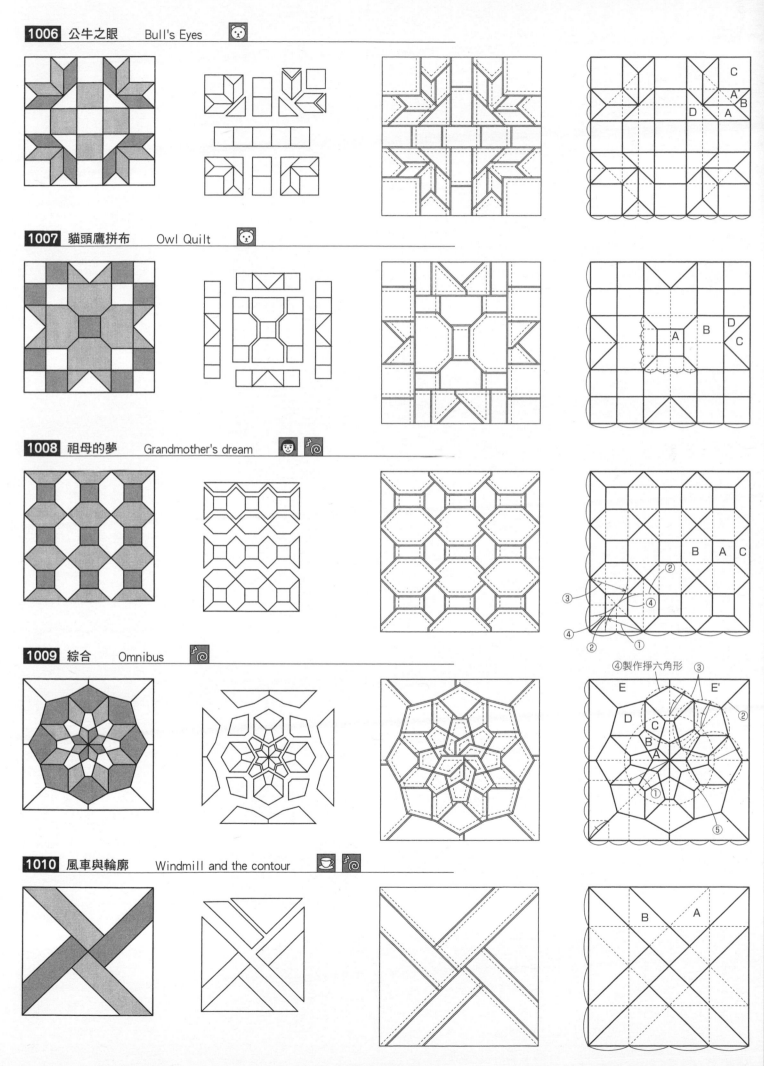

1006 公牛之眼　Bull's Eyes

1007 貓頭鷹拼布　Owl Quilt

1008 祖母的夢　Grandmother's dream

1009 綜合　Omnibus

④製作拚六角形

1010 風車與輪廓　Windmill and the contour

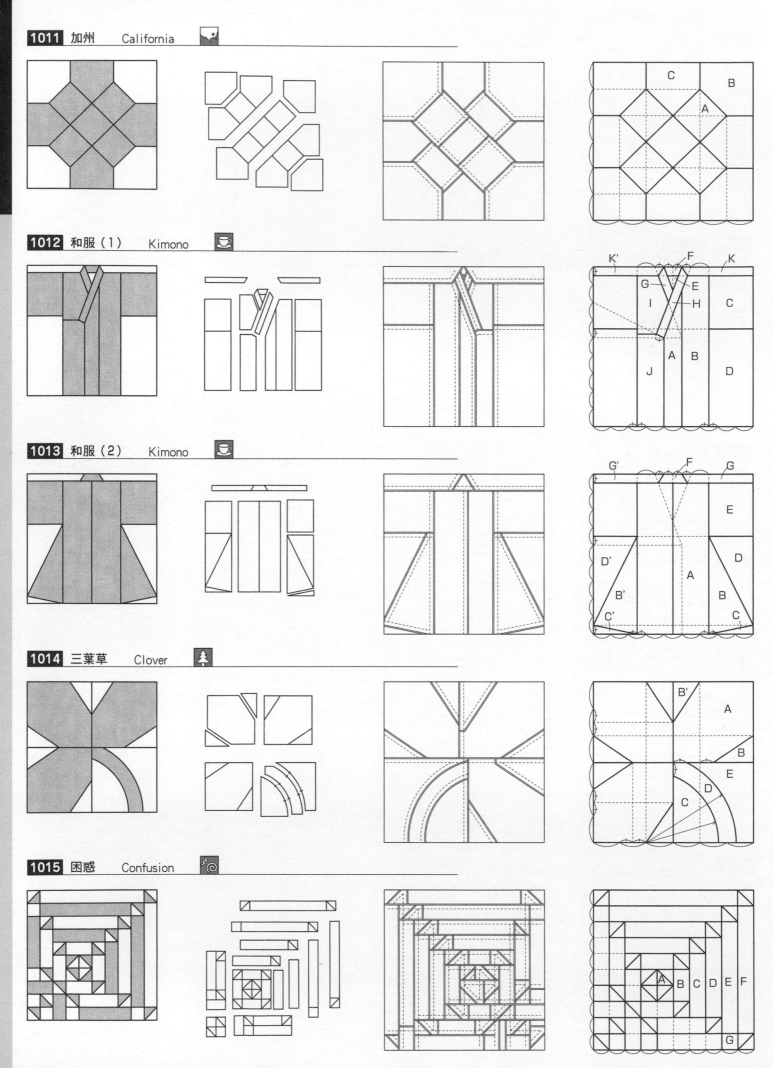

1011 加州　California

1012 和服（1）　Kimono

1013 和服（2）　Kimono

1014 三葉草　Clover

1015 困惑　Confusion

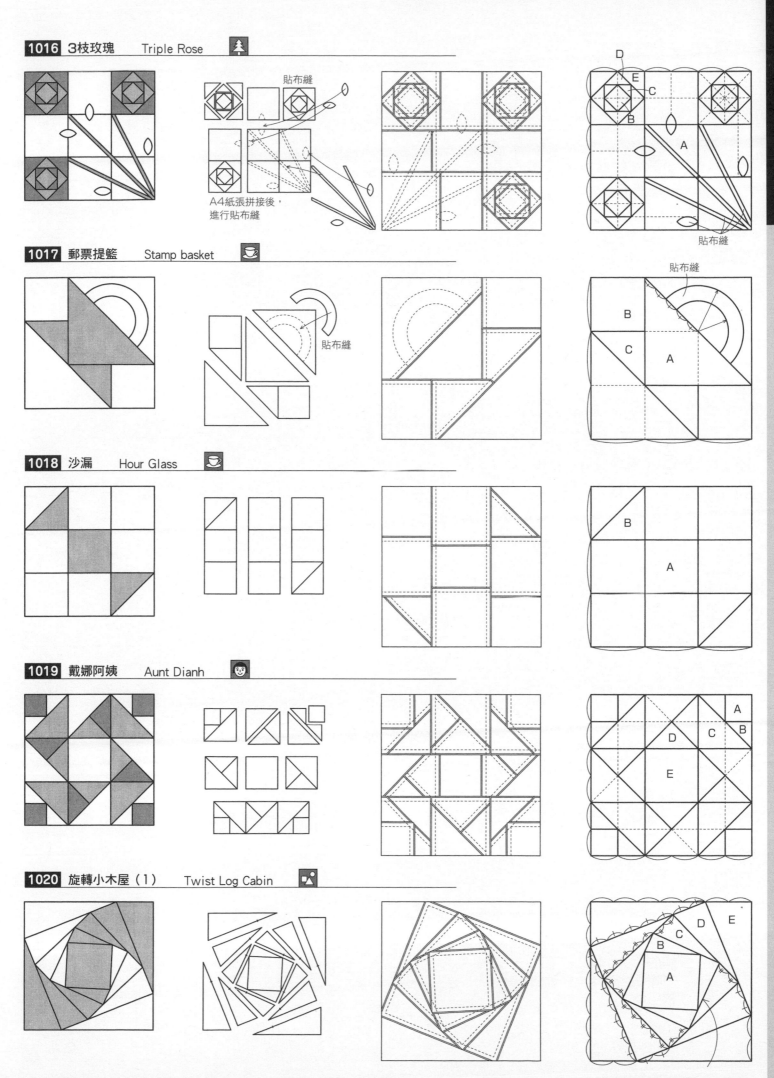

1016 3枝玫瑰　Triple Rose

貼布縫

A4紙張拼接後，
進行貼布縫

D
E
C
B
A
貼布縫

1017 郵票提籃　Stamp basket

貼布縫

貼布縫

B
C
A

1018 沙漏　Hour Glass

B
A

1019 戴娜阿姨　Aunt Dianh

A
B
D　C
E

1020 旋轉小木屋（1）　Twist Log Cabin

D　E
C
B
A

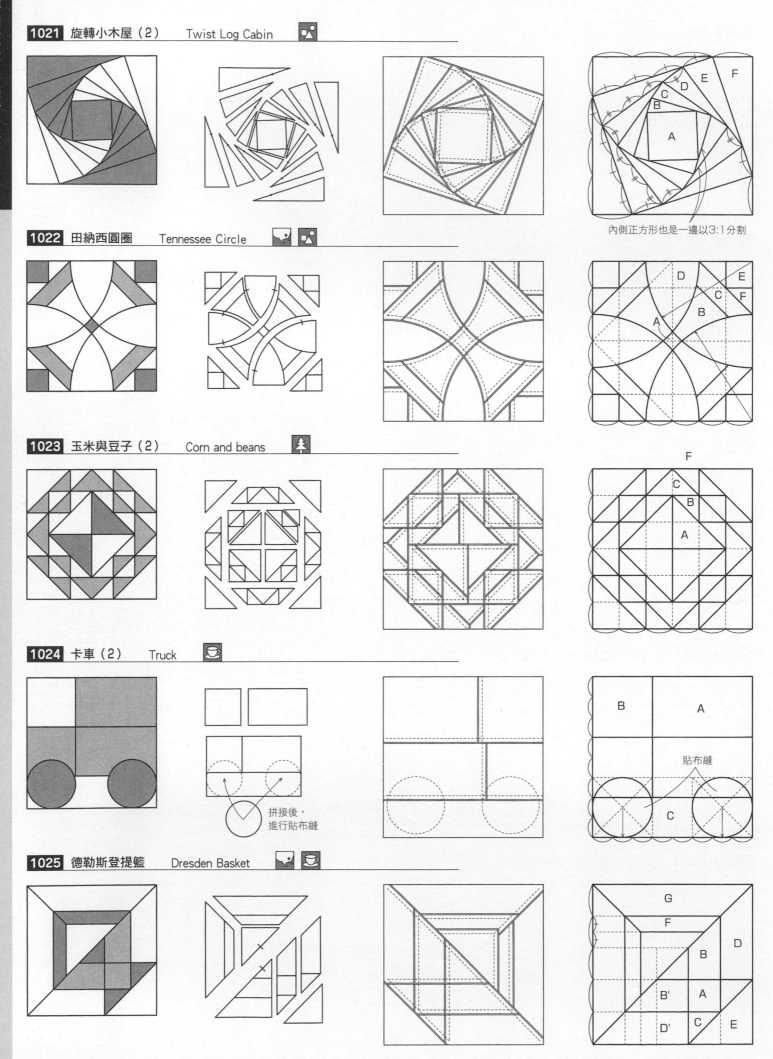

1021 旋轉小木屋（2） Twist Log Cabin

內側正方形也是一邊以3:1分割

1022 田納西圓圈 Tennessee Circle

1023 玉米與豆子（2） Corn and beans

1024 卡車（2） Truck

拼接後，
進行貼布縫

貼布縫

1025 德勒斯登提籃 Dresden Basket

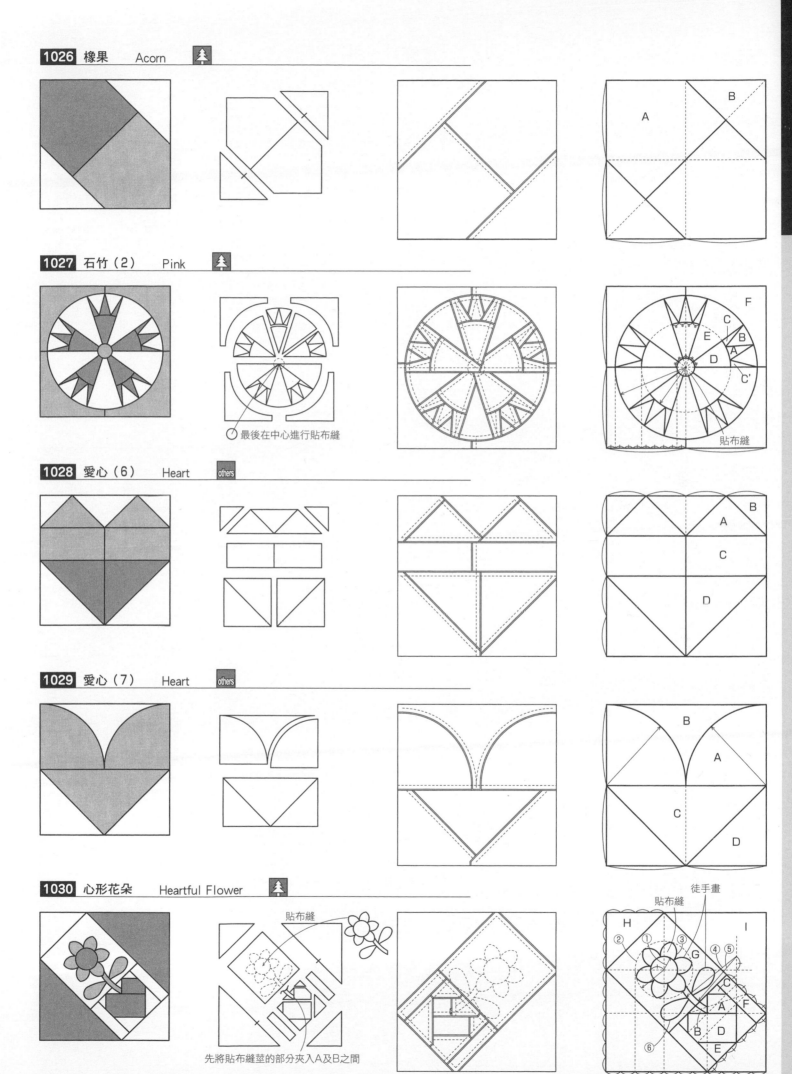

1026 橡果　Acorn

1027 石竹（2）　Pink

⑦最後在中心進行貼布縫

貼布縫

F
C
E B
A
D
C'

1028 愛心（6）　Heart　others

B
A
C
D

1029 愛心（7）　Heart　others

B
A
C
D

1030 心形花朵　Heartful Flower

貼布縫

徒手畫
貼布縫

H　　　　I
②　①　③
G
④⑤
C
A　F
B　D
⑥　　　　E

先將貼布縫莖的部分夾入A及B之間

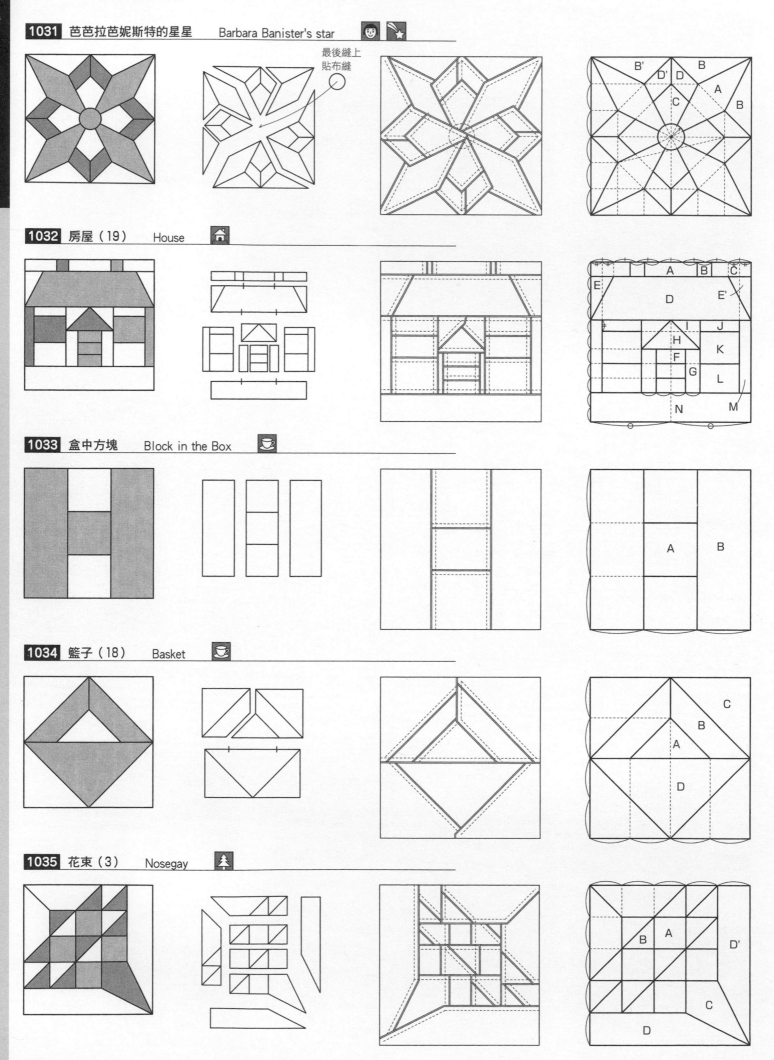

1031 芭芭拉芭妮斯特的星星　Barbara Banister's star

最後縫上
貼布縫

B' | B
D' D
C | A
| B

1032 房屋（19）　House

A | B | C
E | D | E'
I | J
H | K
F | L
G
N | M

1033 盒中方塊　Block in the Box

A | B

1034 籃子（18）　Basket

C
B
A
D

1035 花束（3）　Nosegay

B | A | D'
C
D

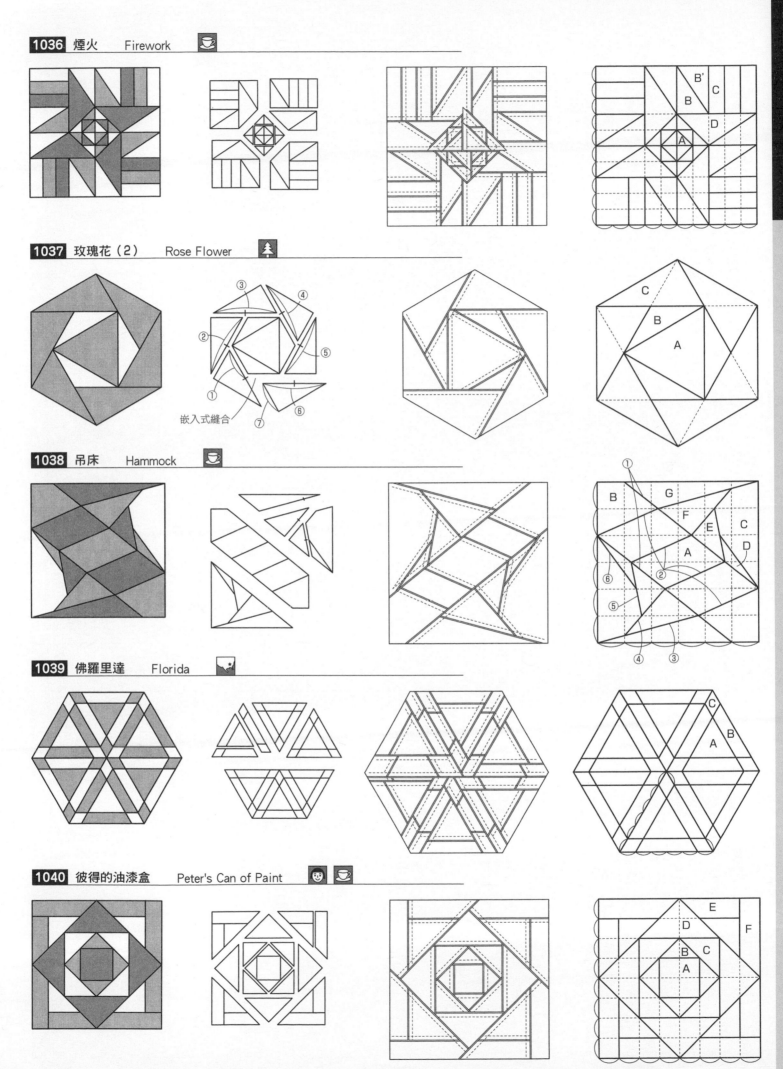

1036 煙火　　Firework

1037 玫瑰花（2）　　Rose Flower

嵌入式縫合

1038 吊床　　Hammock

1039 佛羅里達　　Florida

1040 彼得的油漆盒　　Peter's Can of Paint

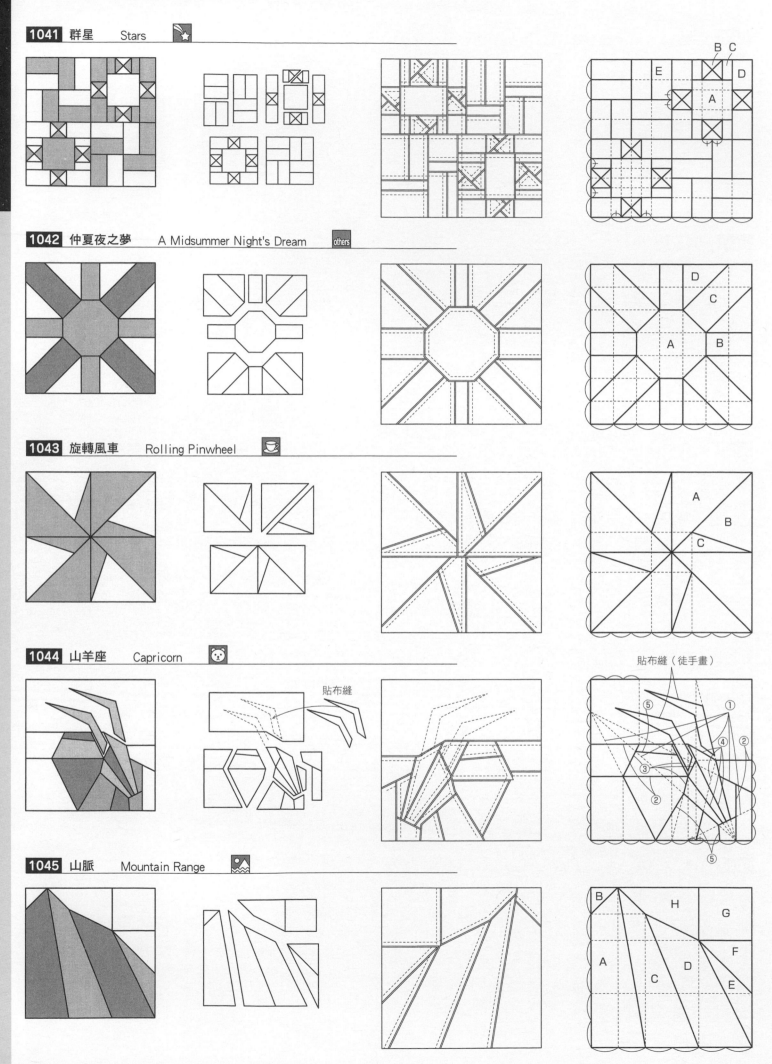

1041 群星　Stars

1042 仲夏夜之夢　A Midsummer Night's Dream　others

1043 旋轉風車　Rolling Pinwheel

1044 山羊座　Capricorn

貼布縫

貼布縫（徒手畫）

1045 山脈　Mountain Range

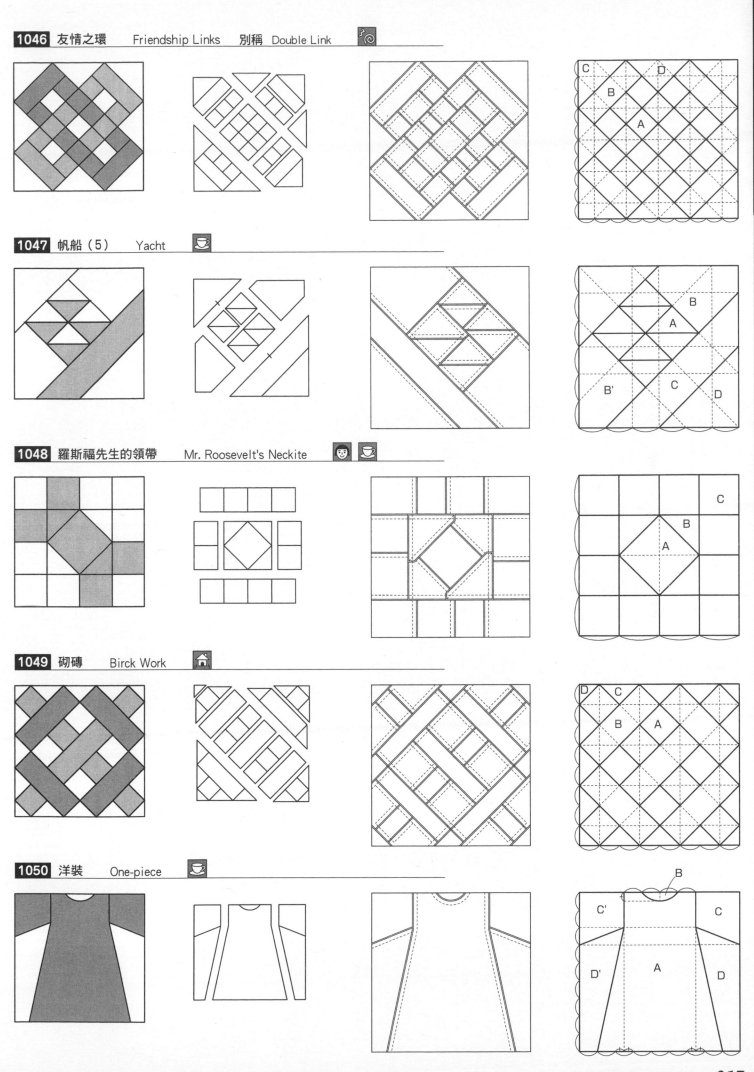

1046 友情之環　Friendship Links　別稱　Double Link

1047 帆船（5）　Yacht

1048 羅斯福先生的領帶　Mr. Roosevelt's Neckite

1049 砌磚　Birck Work

1050 洋裝　One-piece

雙重婚戒

角是正方形形狀的戒指

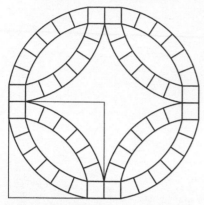

戒指弧線相連的部分會變成正方形的圖案。是比較容易製圖的圖案，推薦初學者使用。P.208的戒指全部的拼接處都是正方形的戒指。

角是正方形形狀的戒指

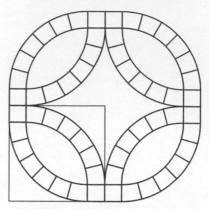

比左邊的戒指來得偏四角形的圖案。若將拼接處的正方形放大，會愈接近四角形。在古老的拼布上很常使用這種四角形的圖案。

摺紙式雙重婚戒

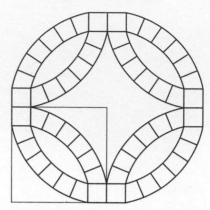

不使用圓規及量角器的製圖方法。只要以摺紙方式就可以製作紙型。但若沒有仔細對齊摺好，較難作出正確的紙型。

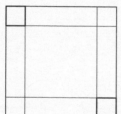

1
以戒指的半徑為邊，畫出正方形，在四個角上，將一個邊畫出6至7等分的小塊正方形。

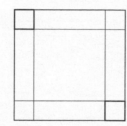

1
以戒指的半徑為邊，畫出正方形，在四個角上，將一個邊畫出6至7等分的小塊正方形。

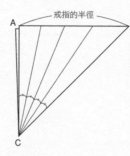

1
準備與戒指半徑同尺寸的正方形紙張。沿對角線對摺，再對摺，將角分成4等分。

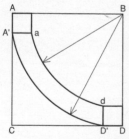

2
以正方形的右方邊角的B為中心，以圓規畫出2條圓弧。連接通過4個角的正方形頂點A'a與D'd畫出長圓弧。

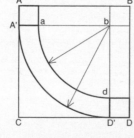

2
從正方形的內側交點b開始，畫出通過A'B'與通過ab的圓弧。這樣就可以畫出1/4的圓。

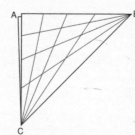

2
相反側的B角也與1相同方式，仔細地摺出4等分。重點在於使用確實為正方形的紙。

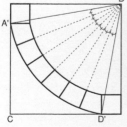

3
將A'a、B、D'連接起來的圓弧，以量角器測量後分成6等分。與B點連接後製作戒指的各個拼片。

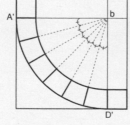

3
A'、b、D'連接起來的圓弧分成6等分，再畫出戒指的各個拼片。1/4圓分成6等分的方法請參考P.209。

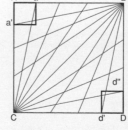

3
展開紙張，從與A、D角距離最近的摺線a'a"、d'd"，畫出垂直線，4個角畫出正方形。

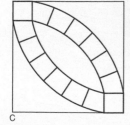

4
這次將相反一側的C為中心畫出2條圓弧。與1至3步驟相同，將相反側的圓弧分成6等分，再畫出各個拼片。

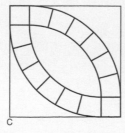

4
這裡也同樣地以C為中心，以1至3的重點畫出圓弧，相反側的戒指分成6等分，畫出各個拼片。

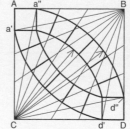

4
以BC為中心，以圓規自兩側畫出圓弧，連上1與2的摺線交會處，分割圓弧。

葡萄皮

角呈現圓弧的戒指

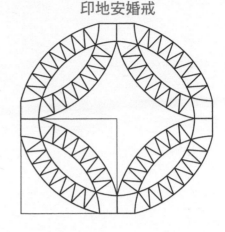

印地安婚戒

（上方第三個圖）

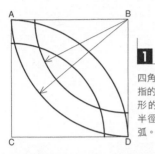

1 四角的拼接處是弧形戒指的基本圖形。將正方形的一邊作為戒指的半徑，以B中心畫出圓弧。

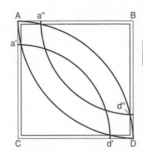

1 與左方的「葡萄皮」的畫法相同，在正方形的中間畫出圓弧，重畫出小一圈的正方形。

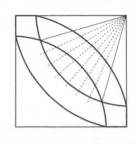

1 與左邊戒指的步驟1相同畫法。在步驟2分割圓弧時，以量角器測量分成7等分。

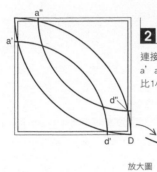

2 連接圓弧與圓弧的交點 a' a" 與 d' d"，畫出比1小的正方形。

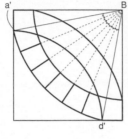

2 a'Bd'組成的角用量角器測量後分成幾等分，再畫出各個拼片。這裡示範分成6等分。

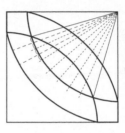

2 將分成7等分的角度再分成2等分，全部共分成14格。角度的2等分分法請參考以下圖示。

3 擦掉原本畫的稍大一點的正方形後，圖案完成。以這個圖案為基本圖形，再畫出左方的2種圖案。

3 另一邊，連接2的分割線與對角線交會的交點與C，這樣就完成了戒指圖案

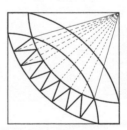

3 7等分的交點與中間的點連接畫出三角形拼片。依喜好來增減拼片的數量。

水手羅盤

● 圓的分割法

先記住圓的分割方法，在進行水手羅盤的製圖時會很實用。將分成2等分的部分再分成2等分，就會變成4等分，若是2的倍數，要分成幾等分都是有可能的。風扇跟德勒斯登圓盤圖案也是一樣。

2等分	4等分	3等分	6等分	水手羅盤
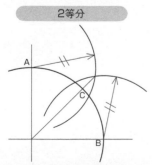	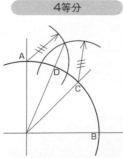	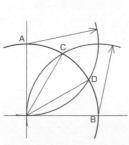	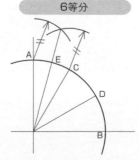	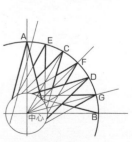
以想要分割的圓弧AB兩點為中心，適當的長度作為半徑畫出圓弧，交會出交點C，再與中心連接。	分成2等分後，再分2分。自AC兩點以任意長度的半徑畫出圓弧，將交點D與中心連接。	1/4圓只以圓規可以分出3等分。自AB兩點，以圓的半徑畫出弧形，交點與中心連接。	圓弧分成3等分後，再分成2等分。自AC兩點以任意長度畫出圓弧，交點E與中心連結。	圓弧分成6等分或8等分，分出自己想要的等分，連接中心小圓的交點與外圍的交點。

219

INDEX

形狀分類
種類分類
格數分類

即使不知道圖案名，可以以動物、星星這樣有具體外觀及印象的關鍵字查詢。而格數分類，一邊分成3格，就歸類為3格，但也有與製圖上格數不同的情況。

INDEX

原創圖案
■中嶋由美子---狗（4）（5）車子 象（2）卡車 貓咪
（2）（4）冷杉木（2）綜合 和服（1）困惑 煙火 吊
床 山脈 ■ Marie-Jose MICHEL伊斯法罕的玫瑰 星星
們 山羊座 ■いいむらえつこ 洋裝 ■臼井方惠 三葉
草 ■小林美彌子心形花朵 ■宮內真理子 房屋（19）
其他，向過去曾經設計出美麗圖案的偉大拼布家們致上
謝意…

圖案製作／荒卷明子 菅野和代 菊池洋子 菊地昌惠 吉川欣美琴 小池潔子 後藤洋子 東埜純子 瀧田裕子 豐田啓子 中山しげ代 西澤まり子 西谷小百合 信國安城子 松尾綠 圓山くみ 茂木三枝子 本島育子 渡邊美江子

並列編排出新圖案

將圖案大量連續的拼接，就會出現新的設計。
推薦運用於大型拼布及床罩設計。

■ 紅磚道路

拼接細長斜向的拼片後，出現格子圖樣，就像圖案名一樣，變成了紅磚道路。出現4格方塊。

■ 荷蘭水車

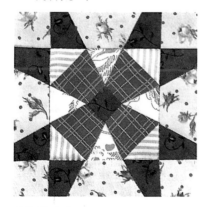

將旋轉的水車以放射狀的設計來表現。連接往外向四方延伸的拼片，呈現新的樣貌。

■ 破損箭矢

連接三角拼片，十字與風車的圖樣交互出現的設計。以十字中心的正方形拼片為重點配色。

■ 加州

連接十字交叉圖樣會呈現格子圖樣，看起來像七巧板。將正方形拼片當作花朵圖案配色。

■ 十字路口

呈現格子及圓形圖樣。弧線拼片搭配
4種顏色，讓圖案變得生動活潑。

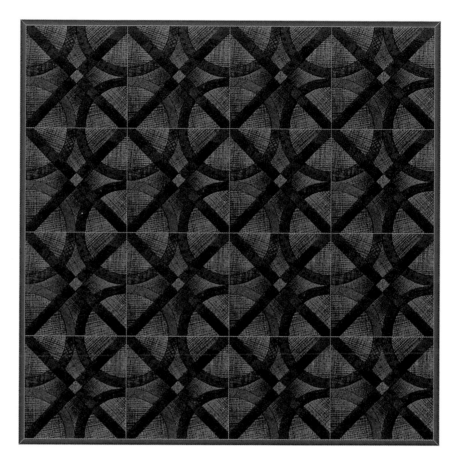

■ 春之美

浮現濃淡相間的花瓣圖樣及橢圓狀的
形狀。內側與外側的菱形拼片加上對
比色，強調出色彩的強弱，讓畫面更
為繽紛活潑。

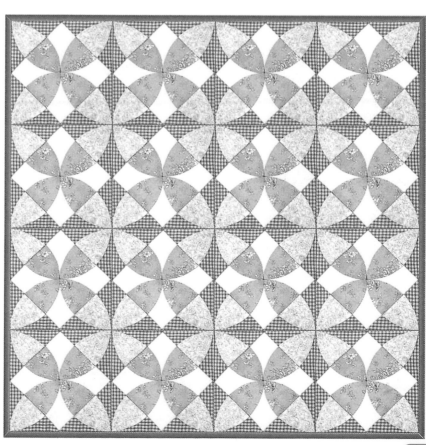

■ 號角齊鳴

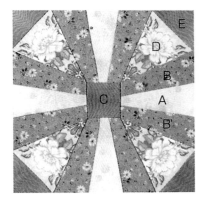

呈放射狀往外延伸的BB'拼片與E的
拼片相接，以菱形將A包圍。

■ 仲夏夜之夢

拼接上從中心八角形往外呈放射狀延
伸的細長方形的拼片。長方形的拼片
配上2種顏色，圖案會變得更有立體
感。

圖案與單色方塊的組合

圖案與圖案中間放入留白的單色方塊，讓圖案更加生動。
細心地縫製單色方塊，加上刺繡或貼布縫，讓圖案更為豐富。

■ 聖保羅

單一圖案畫面就很豐富，加上單色方塊，可以更加凸顯出圖案的特色。

■ 番紅花

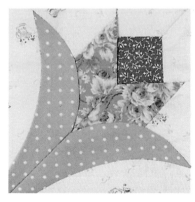

花的具體圖案經常會呈現斜放的樣子，例如右方圖將圖案轉向，圖案會變正。在空隙間放入的單色方塊上縫製與圖案相同的花紋也會有不同的感覺。

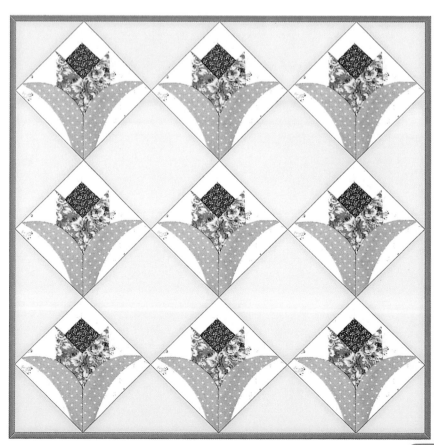

改變圖案方向作變化

旋轉圖案後再排列,呈現新的主題。

■ 阿拉伯格子

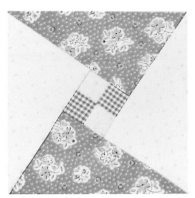

像是字母Z的圖案。方向交互變化排列,呈現風車的形狀。

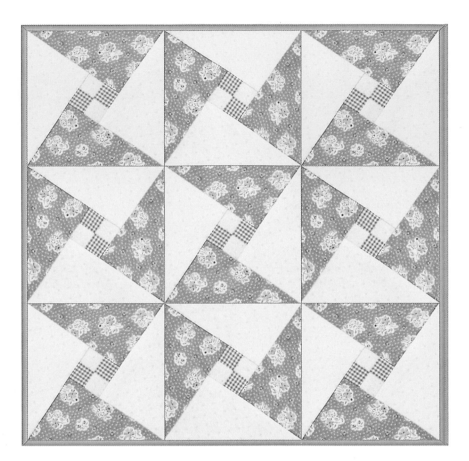

■ 鐵砧

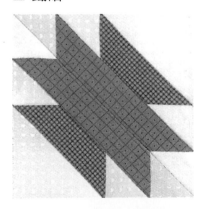

4片圖案往中心集中,有如花朵圖案。主題形狀的部分搭配2種顏色,讓整體感覺更加生動。

■ 飛鳥

小三角拼片連接起來，2片方塊橫向
依序排列，會出現大三角形的圖案。
像是飛舞的鵝圖案一樣，十分有趣。

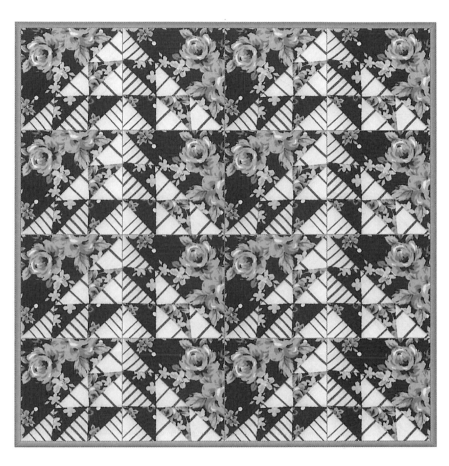

■ 蝸牛足跡

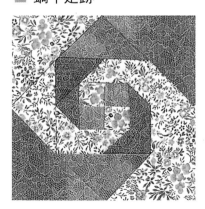

呈現像漩渦一樣的圖案，搭配2種顏
色，將圖案旋轉90度排列中，連接
起漩渦圖案，呈現出手裡劍的樣子。

帶狀排列

先以帶狀方式排列圖案。也可以加入單色色塊作為間隔。

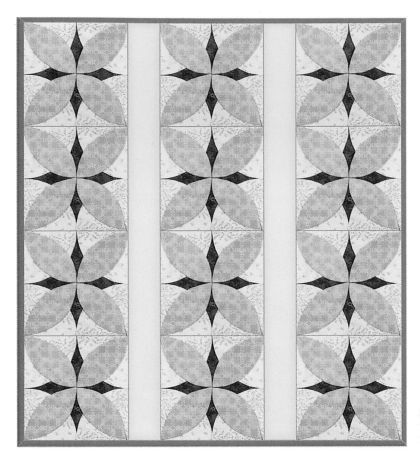

■ 阿拉巴馬美人

縱向排列的圖案間放入長方形的單色
色塊。連接起來的圖案像是一片帶有
花樣的布。

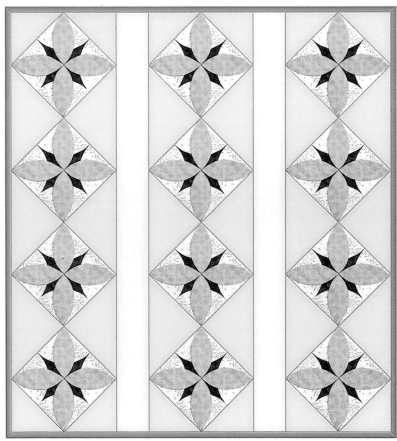

將相同圖案轉向，縱向排
列。強調出圖案的形狀，
讓畫面活潑起來。

斜向排列

將圖案的方向轉向，以菱形連接各個圖案。空隙中加入單色方塊也很有趣。

■ 碎片花籃

■ 提籃

可使用在轉向後形狀變正的圖案上。
相同籃子圖案交替排列，帶出節奏
感。

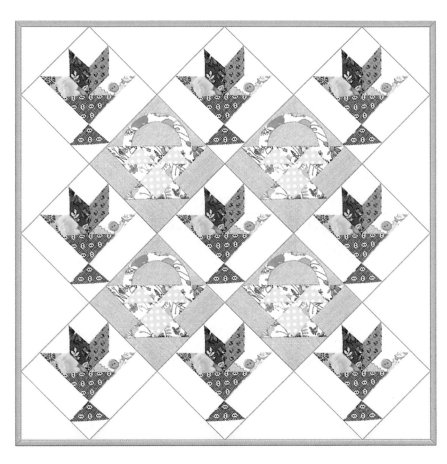

■ 天鵝的足跡

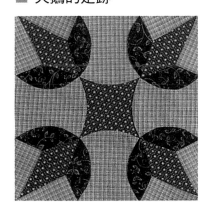

改變方向就會有不同感覺的圖案，適
合斜向排列。縱向接合的方塊以交錯
方式排列，空隙會出現鋸齒狀。

加入長條格子

圖案的空隙加入長條格子，會讓圖案更加鮮明。長條格子除了是簡單的一片布，
也可以拼接作貼布縫，以各種不同的設計呈現。

■ 正放的格子

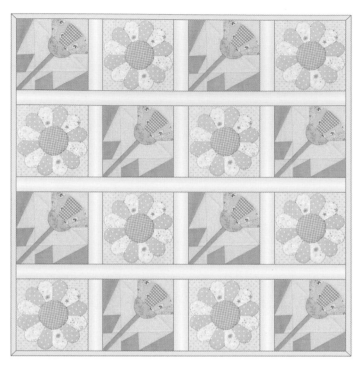

蒲公英

■ 斜放格子

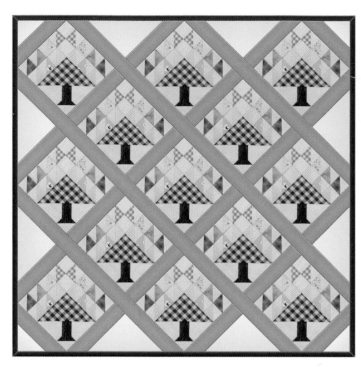

將松木的圖案斜放，讓圖形轉正，搭配與樹幹同是棕色系的長條格。

■ 閣樓窗戶長條格子

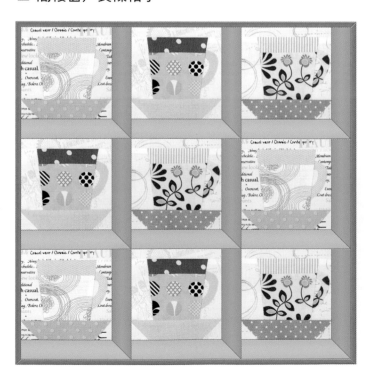

有立體感的閣樓窗戶長條格子與杯子圖案搭配，呈現出杯子排列的圖樣。

■ 長條框格

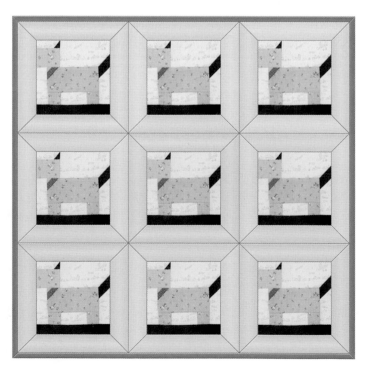

框格包住圖案。相對的框格以不同顏色交錯排列，讓整體設計看起來更加立體。

拼接與貼布縫用的長條格

格子的交叉部分放入圖案，連結帶狀圖案，讓圖案更為講究。請思考與拼接圖案搭配的整體感。

交叉點當作方塊

■ 交叉部分設計成星星方塊

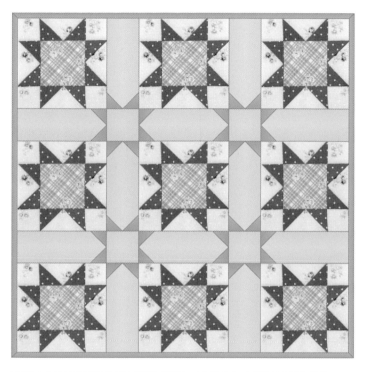

夜晚之星的圖案與星星長條格搭配，呈現出大小星星並列的設計。

■ 連接長條格帶

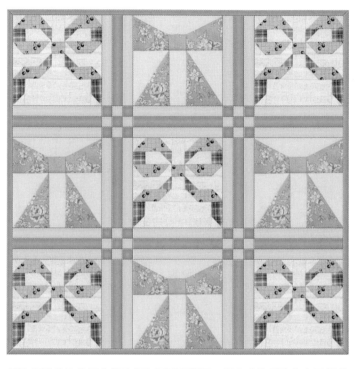

領結與蝴蝶結的圖案拼接3條細長形帶子，組合成的長條格交叉部分是九拼片圖案。

■ 各式各樣的長條格

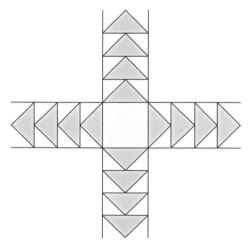

加入飛舞的鵝圖案的長條格。交叉部分使用顯眼的顏色強調圖案。

菱形拼接的長條格。基本款的圖案，與各種圖案搭配都很合適。

葉子與莖部的貼布縫適合搭配花朵圖案。交叉部分放入圖案或是單色方塊都可以。

2種圖案交互排列時，會浮現出另一種圖樣。
還有，將有關聯性的圖案搭配在一起也很有趣。

組合相同分割數的圖案

相同分割數的圖案，將拼片連接後，比較容易顯現出圖樣。
注意如何配色讓圖樣能更加明顯亮眼。

■ 木星

■ 萬花筒

搭配出粉紅色與水藍色的配色。拼接木星與萬花筒的拼片，呈現栩栩如生的圖案。

■ 廚房的木柴桶

■ 杯子與盤子

分成3等分的圖案之間的組合。正放與斜放的四角形邊框交錯地排列。

■ 手織織法

■ 九拼片

組合結構相似的圖案。大的
四角形與四角形邊框重疊。

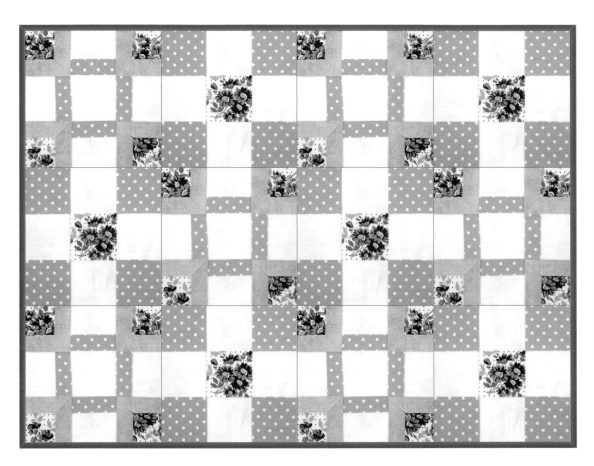

■ 藝術方塊

■ 夜晚之星

4格分割圖案間的組合。藝
術戶塊的棕色拼片與夜晚之
星底色部分相連,變成尖形
十字架。

相關圖案的組合

搭配主題將有關聯的圖案組合起來也很好玩。
將2組以上的圖案組合，就是很吸引人的設計。

■ 花束 ※

■ 愛心

將花束圖案正放，愛心以正
方形圖案嵌入。帶著結婚祝
福，喜氣洋洋的圖案。

※花束的圖案增加拼片，變化出「新娘捧花」

■ 海洋波浪

■ 帆船

飄浮在海上的帆船與波浪圖
案的搭配。當作男孩房間的
壁毯如何呢？

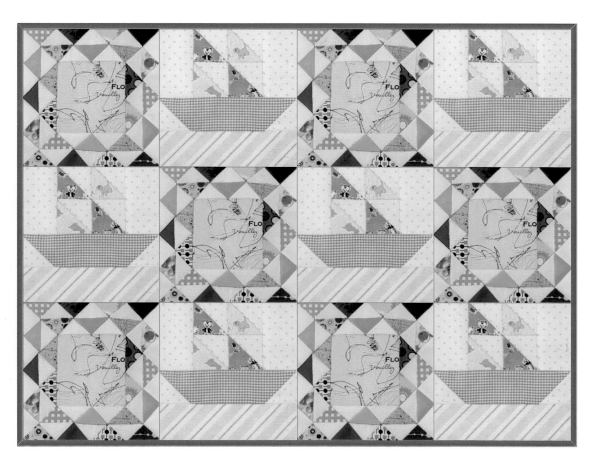

■ 蜂巢

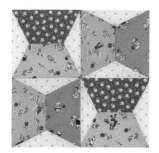

■ 蜜蜂

組合蜂巢、成群蜜蜂與花朵
的圖案。

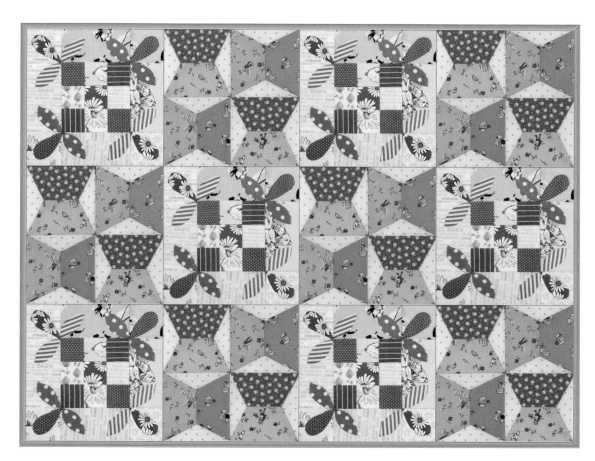

■ 針插

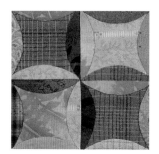

■ 線軸

裁縫工具的組合。線軸放入
粗長條格的交叉位置。

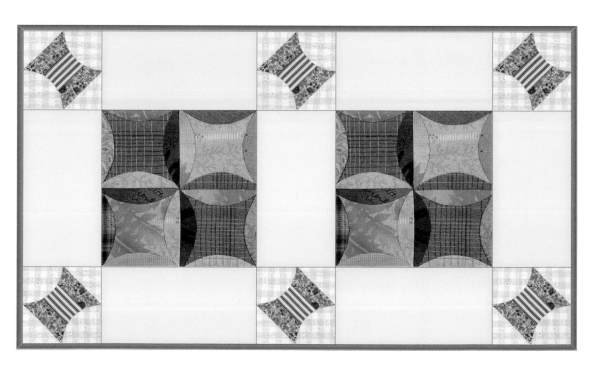

整面圖案的拼接法

整面圖案指的不是同一圖案的重覆排列，而是構成圖案的方塊或拼片重覆排列拼接的圖案。
以下介紹4種種類的圖案拼接方法。

■ 牽牛花

拼接起來，形成九拼片重覆的圖形。
連接方塊及拼片，排列成帶狀。

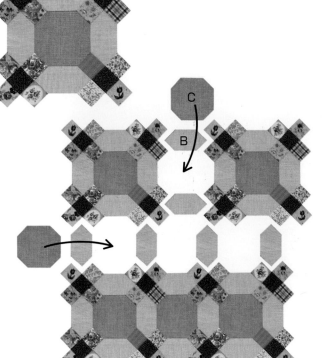

■ 海之風暴

3種方塊以2種格帶連接，重新排列。

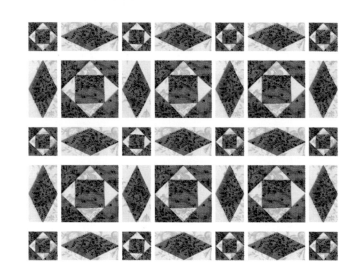

■ 七巧板

圖案之間拼接B拼片，空白部分拼接C
拼片。

■ 雙重婚戒

舉例拼接3×4列時，會分成像這樣
的方塊縫合，排列成帶狀組合。帶子
之間拼接時以平滑的線條縫合分別方
塊。